控制工程基础

翟中生　王选择　编著

中国水利水电出版社
www.waterpub.com.cn
·北京·

内 容 提 要

《控制工程基础》主要讲述线性控制系统的经典控制理论及其应用，主要内容包括绪论、拉氏变换与欧拉公式、控制系统的数学模型、控制系统的传递函数、控制系统的时间响应分析、控制系统的频率特性分析、控制系统的稳定性分析、控制系统的综合与校正、控制系统的 MATLAB 仿真、工程应用典型案例分析。

《控制工程基础》结合编者近十年来的教学和工程实践，突出理论溯源性，把那些生涩难懂的公式定理，尽量通过简洁的溯源方式解释给读者，希望读者找到对抽象理论知识理解的乐趣。书中的思维导图让读者直观了解各知识点之间的逻辑关系，第 9 章的 MATLAB 仿真能让读者对前面的理论部分进行仿真验证和实例控制需求的设计，第 10 章的典型应用案例使得读者可以深刻理解所学的相关内容。每章后面都配有习题，便于读者巩固所学知识。

《控制工程基础》适合作为机械工程及自动化、机械电子工程和自动化、测控技术与仪器等相关专业的本科生教材，亦可供有关工程技术人员学习参考。

图书在版编目（CIP）数据

控制工程基础 / 翟中生，王选择编著. -- 北京：
中国水利水电出版社，2022.5
ISBN 978-7-5170-8556-0

Ⅰ. ①控… Ⅱ. ①翟… ②王… Ⅲ. ①自动控制理论
Ⅳ. ①TP13

中国版本图书馆CIP数据核字(2021)第260999号

书　　名	控制工程基础 KONGZHI GONGCHENG JICHU
作　　者	翟中生　王选择　编著
出版发行	中国水利水电出版社 （北京市海淀区玉渊潭南路 1 号 D 座　100038） 网址：www.waterpub.com.cn E-mail：zhiboshangshu@163.com 电话：(010)62572966-2205/2266/2201（营销中心）
经　　售	北京科水图书销售有限公司 电话：(010)68545874、63202643 全国各地新华书店和相关出版物销售网点
排　　版	北京智博尚书文化传媒有限公司
印　　刷	河北文福旺印刷有限公司
规　　格	185mm×260mm　16 开本　15.25印张　337 千字
版　　次	2022 年 5 月第 1 版　2022 年 5 月第 1 次印刷
印　　数	0001—2000 册
定　　价	49.00 元

凡购买我社图书，如有缺页、倒页、脱页的，本社营销中心负责调换

前言

本书是普通高等学校机械类、仪器类专业的专业基础课程教材之一。本书是湖北工业大学省级精品课程教学团队集十余年的教学经验,结合众多的参考书而形成的,全书共分十章,包括绪论、拉氏变换与欧拉公式、控制系统的数学模型、控制系统的传递函数、控制系统的时间响应分析、控制系统的频率特性分析、控制系统的稳定性分析、控制系统的综合与校正、控制系统的 MATLAB 仿真、工程应用典型案例分析。本书以介绍经典控制论基本概念为主,由于控制工程课程具有理论性强的特点,本书把那些生涩难懂的公式定理,尽量通过简洁的溯源方式解释给读者。使他们在学习中,因为看到这些溯源的解释,找到一丝丝对抽象理论知识理解的乐趣,而不是直接委屈地接受那种填鸭式灌输。另外,读者应用这种溯源方法弄懂过程,其实是一种探究与创新思维过程。有了这样的过程,读者自然会形成一个良好的学习习惯,从而拥有批判质疑与刨根问底的学习素养。这也是建构理论所体现出来的教育与学习思维。本书针对控制工程中难以理解的理论问题,进行了大量的阐释与体会。主要特色如下:

- 每一章加入了思维导图,增强学生对核心知识的理解。
- 许多章节从溯源的角度分析问题,让学生能更好的理解。如:对拉氏变换和欧拉公式的内涵进行了深入剖析,并引入实虚部的旋转公式及在分析控制问题的便捷性。对比较难的数学建模问题提出了更好的建模方法;在频率特性分析章节,介绍了频率特性的本质及在滤波中的应用等,在稳态误差章节加入了平衡分析法。
- 利用一章的内容,系统介绍了利用 MATLAB 对经典控制内容进行仿真分析的方法。
- 对一些常见的控制实例进行了详细分析,便于学生将理论应用于实践。
- 核心知识点制作成视频、PPT 等电子资源,读者可以扫描二维码进行自学。

本书由湖北工业大学翟中生、王选择编著。参加编写工作的有翟中生(第 1 章、第 7 章、第 9 章)、王选择(第 2 章、第 3 章、第 6 章)、李伟(第 8 章、第 10 章)、朱永平(第 1 章)、徐巍(第 6 章)、范宜艳(第 4 章)、王正家(第 8 章、第 10 章)、涂君(第 5 章)、邬文俊(第 7 章)、董正琼(第 4 章)、周向东(第 9 章)、陈涛(第 2 章)、冯维(第 3 章)、刘梦然(第 5 章),全书由翟中生统稿。

本书在编写过程中参阅了较多参考书和教材,主要参考资料目录已列在本书后。在此对有关参考书和教材作者表示衷心的感谢!

为了便于学习,本书每章后均附有本章小结和习题。

由于编者水平有限,书中难免存在不妥之处,敬请读者批评指正。

湖北工业大学

翟中生

目录

第 1 章　绪　　论

本章导学思维导图

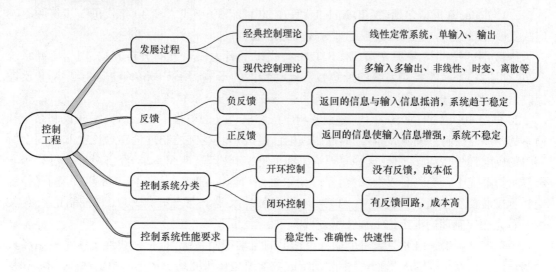

1.1　控制工程概述

随着现代科学技术迅猛发展,人们对系统控制的自动化程度、控制精度和速度及其适应能力的要求越来越高,从而推动了自动控制理论和技术的迅速发展。20 世纪 60 年代以来,电子计算机技术的迅猛发展,为自动控制理论及其应用的发展奠定了坚实的基础,控制理论逐步形成了一门融合系统理论、控制理论、信息论、数学以及其他各门学科的综合性现代科学分支。

视频:控制工程基础

控制理论是关于控制原理与控制方法的学科,它研究事物变化和发展的一般规律。控制理论是第二次世界大战中在电子技术、火力控制技术、航空自动驾驶、生产自动化、高速电子计算机等科学技术迅速发展的基础上形成的,其中心思想是通过信息的传递、加工处理和反馈来进行控制。

按照发展的过程,控制理论分为经典控制理论和现代控制理论两个部分。

1.1.1　经典控制理论

控制理论的形成远比控制技术的应用要晚。在古罗马,人们家里的水管系统中就已经应用了按反馈原理构成的简单水位控制装置。中国北宋元祐七年(1092 年)就建成了反馈调节装置——水运仪象台。但是直到 1787 年瓦特离心式调速器在蒸汽机转速控制上得到普遍应用,才开始出现研究控制理论的需要。

1868 年,英国科学家麦克斯韦(James Clerk Maxwell)首先解释了瓦特速度控制系统中出现的不稳定现象,指出振荡现象的出现与由系统导出的一个代数方程根的分布形态有密切的关系,开辟了用数学方法研究控制系统中运动现象的途径。英国数学家劳斯(E. J. Routh)和德国数学家胡尔维茨(Adolf Hurwitz)推进了麦克斯韦的工作,他们分别在1875年和1895年独立地建立了直接根据代数方程的系数判别系统稳定性的准则。

1932年,美国物理学家奈奎斯特(Harry Nyquist)运用复变函数理论的方法建立了根据频率响应判断反馈系统稳定性的准则。这种方法比当时流行的基于微分方程的分析方法有更强的实用性,也更便于设计反馈控制系统。奈奎斯特的工作奠定了频率响应法的基础。随后,伯德(H. W. Bode)和尼科尔斯(N. B. Nichols)等在20世纪30年代末和40年代进一步将频率响应法发展,使之更为成熟,经典控制理论遂开始形成。

1948年,美国科学家尹文斯(W. R. Evans)提出了名为根轨迹的分析方法,用于研究系统参数(如增益)对反馈控制系统的稳定性和运动特性的影响,并于1950年进一步应用于反馈控制系统的设计,构成了经典控制理论的另一核心方法——根轨迹法。

20世纪40年代末和50年代初,频率响应法和根轨迹法被推广用于研究采样控制系统和简单的非线性控制系统,标志着经典控制理论已经成熟。经典控制理论在理论上和应用上所获得的成就,促使人们试图把这些原理推广到生物控制机理、神经系统、经济及社会过程等非常复杂的系统中。美国的数学家、信息理论家维纳(Norbert Wiener),于1948年发表了《控制论》,标志着控制理论学科的创立。1954年我国科学家钱学森出版专著《工程控制论》(英文版),首先把控制理论推广到工程技术领域。

经典控制理论的研究对象是单输入单输出的自动控制系统,特别是线性定常系统。经典控制理论的特点是以输入、输出特性为系统的数学模型。研究系统运动的稳定性、时间域和频率域中系统的运动特性(过渡过程、频率响应)、控制系统的设计原理和校正方法。本书主要讲授经典控制理论部分。

◎ **1.1.2　现代控制理论**

现代控制理论是在20世纪50年代中期迅速兴起的空间技术的推动下发展起来的。空间技术的发展迫切要求建立新的控制原理,以解决诸如把火箭和人造卫星用最少燃料或用最短时间准确地发射到预定轨道一类的控制问题。这类控制问题十分复杂,采用经典控制理论难以解决。

1958年,苏联科学家列夫·庞特里亚金提出了名为极大值原理的综合控制系统的新方法。在这之前,美国学者R. 贝尔曼于1954年创立了动态规划,并在1956年应用于控制过程。他们的研究成果解决了空间技术中出现的复杂控制问题,并开拓了控制理论中的最优控制理论这一新的领域。

1960—1961年,美国学者卡尔曼(Rudolf Emil Kalman)和R. S. 布什建立了卡尔曼-布什滤波理论,因而有可能有效地考虑控制问题中所存在的随机噪声的影响,把控制理论的研究范围扩大,纳入更为复杂的控制问题。几乎在同一时期内,贝尔曼、卡尔曼等人把状态空间法系统地引入控制理论中。状态空间法对揭示和认识控制系统的许多重要特性具有关键的作用。其中能控性和能观测性尤为重要,成为控制理论两个最基本的概念。到20世纪60年代初,一套以状态空间法、极大值原理、动态规划、卡尔曼-布什滤波为基础的分析和设计控制系统的新的原理与方法已经确立,这标志着现代控制理论的形成。

现代控制理论比经典控制理论所能处理的控制问题要广泛得多,包括线性系统和非线性系统,定常系统和时变系统,单变量系统和多变量系统。它所采用的方法和算法也更适合于在数字计算机上进行控制。现代控制理论还为设计和构造具有指定性能指标的最优控制系统提供了可能性。

◎ 1.1.3 控制工程研究的对象

控制工程研究的对象是系统,以"系统"的观点认识、分析、处理客观对象,是科学技术发展的需要,也是人类在认识论与方法论上的一大进步。

系统是由两个或两个以上的要素组成的具有整体功能和综合行为的统一集合体,即系统就是由相互联系、相互作用的若干部分构成,而且有一定的目的或一定的运动规律的一个整体。具备系统要素的一切事物或对象都可称为广义系统,如机器系统、生命系统、经济系统等。

根据系统的属性分析,在自然界、社会界、工程领域中存在着各式各样的系统,系统行为是指系统在外界环境作用(输入)下所作的反应(输出)。任何一个系统莫不处于同外界(即同其他系统)的相互联系之中,也莫不处于运动之中。系统由于其内部相应的机制,又由于其同外界相互的作用,就会有相应的行为、响应或输出。外界对系统的作用和系统对外界的作用,分别以"输入"和"输出"表示。一般的"系统"可以用图1-1的框图表示。对工程技术中的大量系统,主要只能用试验方法(包括观测方法)获得系统的输入与输出,然后建立数学模型来进行研究。

图 1-1 系统框图

系统的输入与输出,往往又分别称为"激励"与"响应"。例如,机械系统的"激励"一般是外界对系统的作用,如作用在系统上的力,即载荷等,而"响应"则一般是系统的变形或位移等。

一个系统的激励,如果是人为地、有意识地加上去的,往往又称为"控制";如果是偶然因素产生而一般无法完全人为控制的,则称为"扰动"。扰动是一种对系统的输出量产生相反作用的信号。如果扰动产生在系统的内部,称为内扰;如果扰动产生在系统外部,则称为外扰。

系统具有如下特性:

1)系统的性能不仅与系统的元素有关,还与系统的结构有关。

2)系统的内容比组成系统的各元素的内容要丰富很多。

3)系统往往具有表现在时间域、频率域或空间域等领域内的动态特性。

⬤ 1.2 反馈与反馈控制

反馈是控制理论中一个最基本、最重要的概念,也是工程系统的动态模型或许多动态系统的一大特点。

1. 反馈的定义

系统的输出不断直接或经过中间变换后全部或部分地返回到输入端,并与输入共同作用于系统的过程,如图1-2所示。反馈在本质上是信息的传递与交互。

以汽车司机开车为例说明反馈的含义。在开车过程中,司机用眼睛观察转速表上的实际车速并由大脑将实际车速与希望车速进行比较,大脑根据比较后的偏差对脚发出指令,控制油门踏板,从而使实际车速与希望车速一致。这里,人和车构成一个控制系统。在该系统中,眼

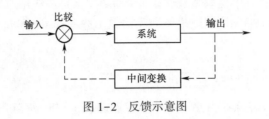

图 1-2　反馈示意图

睛将实际车速这一信息送入大脑并与大脑中储存的希望车速信息进行比较,这一过程就是信息反馈过程。

2. 反馈控制

反馈控制是指将系统的输出信息返送到输入端,与输入信息进行比较,并利用二者的偏差进行控制的过程。反馈控制的作用是通过不断的控制偏差,以达到预定的目的,反馈控制是实现自动控制的最基本的方法。根据反馈的作用方式,反馈分为正反馈和负反馈。

1) 正反馈。如果返回的信息作用是增强输入信息,使总输入增大,则称为正反馈,正反馈可以使信号得到加强。正反馈是一种"自推动"性循环。正反馈机制能够自主地推动系统以正加速度离开原初状态,自动地走向新的状态,其速度是出人意料的,正反馈会加剧系统的不稳定。如自激振荡器、机器疲劳破坏、疾病、学习和工作中的正反馈。

2) 负反馈。在控制系统中,如果返回的信息的作用是抵消输入信息,使总输入减小,则称为负反馈,负反馈可以使系统趋于稳定。负反馈是测偏与纠偏的过程,当输出偏离设定值时,反馈作用使输出偏离程度减小,并力图达到设定值。负反馈是控制论的核心问题。常见的具有负反馈系统的发动机离心调速系统如图 1-3 所示。

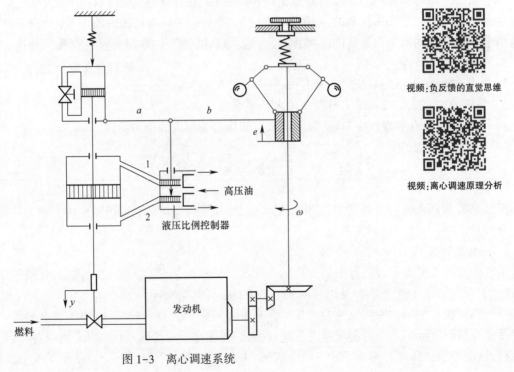

视频:负反馈的直觉思维

视频:离心调速原理分析

图 1-3　离心调速系统

发动机离心调速系统的原理是:如果负载变化使ω增大,离心机构滑套上移,液压滑阀上移,动力活塞下移,油门关小,ω减小,直到滑阀回复到中位,ω回到设定值。通过离心机构检测系统的实际输出值,并与设定值进行比较,反过来作用于系统,形成反馈,进而调节系统的输出。

◉ 1.3 控制系统的分类

为研究、分析或综合问题方便起见,可对控制系统从不同角度加以分类。自动控制系统有多种分类方法,按控制方式的不同可分为开环控制、反馈控制(闭环控制);按元件类型的不同可分为机械系统、电气系统、机电系统、液压系统、气动系统、生物系统等;按系统功用的不同可分为温度控制系统、压力控制系统、位置控制系统等;按系统性能的不同可分为线性系统和非线性系统、连续系统和离散系统、定常系统和时变系统、确定性系统和不确定系统等;按输入量变化规律的不同可分为恒值控制系统、随动控制系统和程序控制系统等。

本书将详细介绍按反馈情况和输出变化规律的不同分类。

◎ 1.3.1 按反馈情况的不同分类

利用反馈控制原理构成的自动控制系统,称为反馈控制系统。反馈控制系统是一种能对输出量与参考输入量进行比较,并力图保持两者之间的既定关系的系统,它利用输出量与参考输入量的偏差进行控制。在工程中,根据有无反馈回路,可将控制系统分为开环控制系统和闭环控制系统。

1. 开环控制系统

所谓开环控制系统,是指系统的输出端和输入端之间不存在反馈回路的控制系统。系统没有任何一个环节的输入受到系统输出的反馈作用。例如,图1-4所示的数控机床进给系统,该进给系统由步进电机驱动,其方框图如图1-5所示。在此系统中,输入装置、控制装置、伺服驱动装置和工作台这四个环节的输入的变化自然会影响工作台位置即系统的输出。但是系统的输出并不能反过来影响任一环节的输入,因为这里没有任何反馈回路。

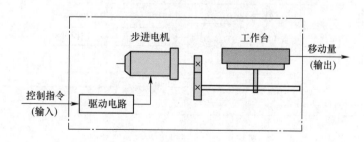

图1-4 开环控制机床系统

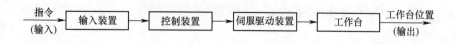

图1-5 机床开环控制系统框图

2. 闭环控制系统

所谓闭环控制系统,是指系统的输出端和输入端之间存在反馈回路的控制系统。控制装置的输入受到输出的反馈作用时,该系统就称为全闭环系统,或简称为闭环系统。例如,图 1-6 的数控机床进给系统,其方框图如图 1-7 所示;系统的输出通过由位移检测装置构成的反馈回路后,也成为控制装置的一个输入。显然,系统的输出与控制装置的输入有交互作用,因而会影响驱动装置与工作台的输入。

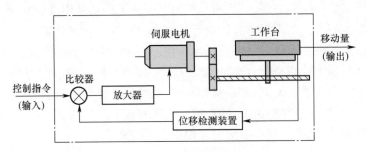

图 1-6　闭环控制机床系统

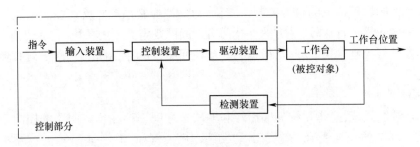

图 1-7　机床闭环控制系统框图

图 1-8 为一个典型闭环控制系统的框图,该系统的控制部分由以下几个环节组成。

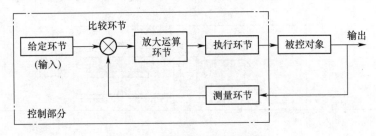

图 1-8　闭环控制系统的组成

（1）给定环节

给定环节是给出输入信号的环节,用于确定被控对象的"目标值"（或称给定值）,给定环节可以以各种形式（电量、非电量、数字量、模拟量等）发出信号。例如,数控机床进给系统的输入装置就是给定环节。

（2）测量环节

测量环节用于测量被控变量,并将被控变量转换为便于传送的另一物理量（一般为电量)。例如,数控机床进给系统的工作台位置检测装置就是这类环节。一般说来,测量环节是非电量的电测量环节。

(3) 比较环节

在比较环节中,将输入信号与反馈信号相比较得到一个偏差信号。比较环节可以是差接电路,也可以是机械差动机构等。

(4) 放大运算环节

为了实现控制,要将偏差信号做必要的运算,然后进行功率放大,以便推动执行环节,为此需设放大运算环节。常用的放大类型有电流放大、电气-液压放大等。

(5) 执行环节

执行环节接收放大环节送来的控制信号,驱动被控对象按照预期的规律运行。执行环节一般是一个有源的功率放大装置,工作中要进行能量转换。例如,把电能通过直流电机转换成机械能,驱动被控对象进行机械运动。前述例中的工作台驱动装置等属于这类环节。

给定环节、测量环节、比较环节、放大运算环节和执行环节一起,组成了这一控制系统的控制部分,目的是对被控对象(即被控部分)实现控制。

当然,有的装置可兼有两个环节的作用。例如,所谓的控制器,也称为控制装置,包括放大运算环节和执行环节。

由上可知,一个闭环的自动控制系统主要由控制部分和被控部分组成。控制部分的功能是接收指令信号和被控部分的反馈信号,并对被控部分发出控制信号。被控部分的功能则是接收控制信号、发出反馈信号,并在控制信号的作用下实现被控运动。

闭环控制系统的优点是利用反馈检测出实际控制量和目标量之间的偏差,以此作用于控制系统来减小偏差,因此控制精度高。其缺点是该系统是靠检测偏差来纠正偏差的,靠偏差进行控制,而实际工作过程总会存在偏差,再加上控制元件或负载的惯性,很容易引起振荡,使系统丧失稳定,所以控制精度和系统稳定性始终是闭环控制存在的一对矛盾。而开环控制系统,因无反馈控制,故控制精度低,一般不存在稳定性问题。

◎ 1.3.2 按输出变化规律的不同对自动控制系统进行分类

1. 自动调节系统

自动调节系统即在外界干扰作用下,系统的输出仍能基本保持为常量的系统。如空调、冰箱等恒温调节系统,室温为其输出。当恒温室受到某种干扰致使室温偏离给定值时,热敏感元件将发生作用,接通电路,开动调温装置,直到室温回到给定值时为止。显然,这类系统是闭环系统。

视频:恒温箱控制
——人工变自动

2. 随动系统

使输出量能够以一定的准确度跟随输入量的变化而变化的系统称为随动系统。如果输出量为力矩、速度和位置三个运动要素,则随动系统也称为伺服系统。伺服是指系统跟随外部指令进行人们所期望的运动,伺服的主要任务是按控制命令的要求,对功率进行放大、变换与调控等处理,使驱动装置输出的力矩、速度和位置可被控制得更加灵活方便。例如,电液伺服电机、液压仿形刀架等都是这类系统。

3. 程序控制系统

程序控制系统即在外界条件作用下,系统的输出按预定程序变化的系统。例如,图 1-4、

图1-6所示的数控机床进给系统就是程序控制系统。显然,程序控制系统可以是开环系统,也可以是闭环系统。

1.4 对控制系统性能的基本要求

用于评价一个控制系统的指标是多种多样的,但对控制系统的基本要求(即控制系统所需的基本性能)一般可归纳为稳定性、准确性和快速性,简称稳、准、快。

1. 系统的稳定性

稳定性是指系统抵抗动态过程振荡倾向和系统能够恢复平衡状态的能力。输出量偏离平衡状态后应该随着时间而收敛,并且最后回到初始的平衡状态。由于闭环控制存在反馈,系统又存在惯性,当系统参数匹配不当时,将会引起系统的振荡乃至越来越远离平衡位置,直至失去工作能力。

2. 响应的准确性

准确性是指在调节过程结束后输出量与给定的输入量之间的偏差程度,这一偏差也称为静态精度,也是衡量系统工作性能的重要指标。例如,数控机床精度越高,则表明其控制系统的响应准确性也越高,从而加工精度也越高。

3. 响应的快速性

快速性是指当系统输出量与给定的输入量之间产生偏差时,消除这种偏差的快速程度。快速性好是指系统反应快、灵敏、瞬态品质好。

稳定性是系统工作的必要条件,响应的准确性和快速性是在系统稳定的前提下提出的。系统的稳、准、快是相互制约的,快速性好,可能引起强烈振荡,而改善系统的稳定性又可能减小快速性,控制精度也可能变差。但是由于被控对象的具体情况不同,各种系统对稳、准、快的要求各有侧重,例如,随动系统对响应快速性要求较高,而自动调整系统对稳定性要求较高,因此,应视被控对象的具体要求,综合确定控制系统的性能指标。

本 章 小 结

本章概述了机械控制工程的产生、发展、基本概念及控制系统的基本要求。

1) 机器系统、生命系统甚至社会与经济系统中,都存在个一共同的本质的特点,即通过信息的传递、处理与反馈来进行控制。信息、反馈与控制是控制论的三要素。

2) 控制工程基础是运用经典控制理论解决工程系统的控制问题,本书将主要结合机电系统介绍工程上共同遵循的基本控制规律。

3) 信息是表征事物之间联系的消息、情报、指令、数据或信号。从纯客观的角度,信息表征信息源客体(事物)存在方式和运动状态的特性。对工程控制系统,通常是使用系统的一系列参数来反映和描述系统的运动状态与方式。

4) 任何工程系统都存在信息的传递与反馈,并可利用反馈进行控制。如果反馈信息与原信息起相同的作用,使总输入增大,则称为正反馈;如果反馈信息与原信息起相反的作用,使总输入减小,则称为负反馈。

5) 根据有无人为的反馈作用,可将控制系统分为开环控制与闭环控制。控制系统的控制部分由给定环节、测量环节、比较环节、校正放大环节和执行环节组成,目的是对被控对象(即被控部分)实现控制。

6) 对控制系统的基本要求一般可归纳为稳定性、准确性和快速性,简称稳、准、快。

习　　题

1.1　试述控制论的中心思想。

1.2　试述控制论的发展历程。

1.3　学习控制工程基础这门课程的目的是什么?

1.4　简述系统的基本属性。

1.5　阐述信息、反馈与反馈控制的基本概念,说明内在反馈的意义。

1.6　简述开环控制与闭环控制的特点及基本构成。

1.7　简述闭环控制的组成及各环节的作用。

1.8　简述对系统控制的基本要求。

1.9　分析题 1.9 图所示钢板厚度控制系统工作原理并绘制系统功能框图。

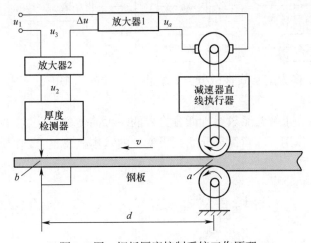

题 1.9 图　钢板厚度控制系统工作原理

视频:钢板厚度控制实例分析

本书教学大纲

第2章　拉氏变换与欧拉公式

本章导学思维导图

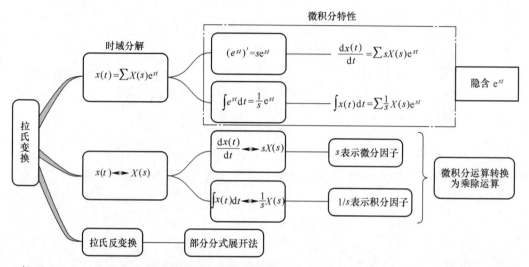

拉氏(Laplace)变换为定常线性微分方程提供了方便的求解方法,理解并掌握它可为微分方程的求解奠定基础。

拉氏变换是分析和求解常系数线性微分方程的一种简便的方法,在自动控制系统的分析和综合中起着重要的作用。本章简要介绍拉氏变换的基本概念、主要性质以及对它的理解与逻辑性的记忆。

◉ 2.1　拉氏变换与拉氏反变换的定义

拉氏变换的定义如下:

$$X(s) = L[x(t)] = \int_{-\infty}^{+\infty} x(t)\, \mathrm{e}^{-st} \mathrm{d}t$$

工程上一般认为当 $t < 0$ 时, $x(t) = 0$,因此积分下限可以为0,即

$$X(s) = L[x(t)] = \int_{0}^{+\infty} x(t)\, \mathrm{e}^{-st} \mathrm{d}t \tag{2-1}$$

拉氏变换可以理解为一种分解运算,表示计算 $x(t)$ 内含有多少个 e^{st},而且计算结果是从整体时间轴上来考察的,也就是说这里表示从整体时间轴上来看, $x(t)$ 内含有 $X(s)$ 个 e^{st} 。

这样把 $x(t)$ 分解成由多个 e^{st} 组成的函数形式,一个重要原因是定常线性系统微分方程的解满足 e 指数函数的形式,另一个原因是它使微分方程的求解变得简单方便。

特别地,需记住如下的 e 指数函数微积分公式:

$$\left.\begin{array}{l} \dfrac{\mathrm{d}e^{st}}{\mathrm{d}t} = se^{st} \\[4mm] \displaystyle\int e^{st}\mathrm{d}t = \dfrac{1}{s}\,e^{st} \end{array}\right\} \tag{2-2}$$

对函数 e^{st} 的微分或积分求解,相当于是对该函数乘以 s 或除以 s 的运算。

　　同样,拉氏反变换可以看成是一种合成运算,表示对于所有的 s 而言,$X(s)$ 个 e^{st} 共同累加后,得到 $x(t)$ 。

$$x(t) = L^{-1}[X(s)] = \int_{-\infty}^{+\infty} X(s)\,e^{st}\mathrm{d}t \tag{2-3}$$

这种分解与合成运算解释了拉氏变换与拉氏反变换的来源、目的及意义。

2.2　拉氏变换的基本性质

　　若 $x(t)$ 的拉氏变换为 $X(s)$,则根据拉氏变换的定义或式(2-2),很容易推导出如下的性质。

　　1) 微分性质:

$$L\left[\dfrac{\mathrm{d}x(t)}{\mathrm{d}t}\right] = sX(s) \tag{2-4}$$

　　2) 积分性质:

$$L\left[\int x(t)\,\mathrm{d}t\right] = \dfrac{1}{s}X(s) \tag{2-5}$$

　　3) 线性性,若 a 为常数,则有

$$L[ax(t)] = aX(s) \tag{2-6}$$

　　4) 叠加性,若 a、b 为常数,且 $y(t)$ 的拉氏变换为 $Y(s)$,则有

$$L[ax(t) + bx(t)] = aX(s) + bY(s) \tag{2-7}$$

　　5) e 指函数 e^{at} 正反拉氏变换,若 a 为常数,则有

$$\left.\begin{array}{l} L(e^{at}) = \dfrac{1}{s-a} \\[4mm] L^{-1}\!\left(\dfrac{1}{s-a}\right) = e^{at} \end{array}\right\} \tag{2-8}$$

2.3　拉氏反变换的数学方法

视频:拉氏反变换的求解

　　已知象函数 $F(s)$,求原函数 $f(t)$ 的方法有:①查表法,即直接查表得到相应的原函数,这适用于比较简单的象函数;②有理函数法,它根据拉氏反变换公式求解,求解过程比较复杂;③部分分式法,通过代数运算,先将一个复杂的象函数化为数个简单的部分分式之和,再分别求出各个分式的原函数,总的原函数即可求得。这种方法更简单实用,且便于理解控制工程中的系统稳定性条件。

◎ **2.3.1　部分分式法求拉氏反变换**

一般，$F(s)$ 是复数 s 的有理代数式，可表示为

$$F(s) = \frac{b_m s^m + b_{m-1} s^{m-1} + \cdots + b_0}{a_n s^n + a_{n-1} s^{n-1} + \cdots + a_0} = \frac{K(s-z_1)(s-z_2)\cdots(s-z_m)}{(s-p_1)(s-p_2)\cdots(s-p_n)} \quad (2\text{-}9)$$

式中：$p_1, p_2, \cdots, p_n$ 和 $z_1, z_2, \cdots, z_n$ 分别为 $F(s)$ 的极点和零点，它们是实数或共轭复数，且满足 $n > m$。

根据极点种类的不同，将式(2-9)化为部分分式之和有以下两种情况。

1. $F(s)$ 无重极点的情况

极点值 $p_1, p_2, \cdots, p_n$ 各不相等的条件下，$F(s)$ 总是能展开为下面简单的部分分式之和：

$$F(s) = \frac{k_1}{s-p_1} + \frac{k_2}{s-p_2} + \cdots + \frac{k_n}{s-p_n} \quad (2\text{-}10)$$

式中：$k_1, k_2, \cdots, k_n$ 为待定系数。

显然，根据拉氏变换叠加性以及 e 指函数 e^{at} 正反拉氏变换性质，可得 $F(s)$ 的原函数为

$$f(t) = L^{-1}[F(s)] = \sum_{i=1}^{n} k_i\, e^{p_i t} \quad (2\text{-}11)$$

待定系数 k_i 的求解是关键，可以用如下的简便方法。

首先在式(2-10)两边同乘以 $(s-p_i)$，则有

$$(s-p_i)F(s) = \frac{k_1(s-p_i)}{s-p_1} + \frac{k_2(s-p_i)}{s-p_2} + \cdots + \frac{k_i(s-p_i)}{s-p_i} + \cdots + \frac{k_n(s-p_i)}{s-p_n}$$

由于上述等式对任何 s 恒成立，若令 $s \to p_i$，则得到 k_i 的解为

$$k_i = \lim_{s \to p_i}(s-p_i)F(s) \quad (2\text{-}12)$$

当 $F(s)$ 的某极点等于 0，或为共轭复数时，同样可用上述方法。注意，由于 $f(t)$ 是一个实函数，若 p_1 和 p_2 是一对共轭复数极点，则相应的系数 K_1 和 K_2 也是共轭复数，只要求出 K_1 或 K_2 中的一个值，即可得另一值。

【例 2-1】　求 $F(s) = \dfrac{14 s^2 + 55s + 51}{2s^3 + 12 s^2 + 22s + 12}$ 的拉氏反变换。

解：

$$F(s) = \frac{14s^2 + 55s + 51}{2s^3 + 12s^2 + 22s + 12} = \frac{14 s^2 + 55s + 51}{2(s+1)(s+2)(s+3)}$$

则 $p_1 = -1, p_2 = -2, p_3 = -3$，令

$$\frac{14 s^2 + 55s + 51}{2(s+1)(s+2)(s+3)} = \frac{k_1}{s+1} + \frac{k_2}{s+2} + \frac{k_3}{s+3}$$

利用式(2-12)，可得

$$k_1 = \lim_{s \to -1} (s+1) \frac{14s^2 + 55s + 51}{2(s+1)(s+2)(s+3)} = \lim_{s \to -1} \frac{14s^2 + 55s + 51}{2(s+2)(s+3)} = 2.5$$

$$k_2 = \lim_{s \to -2} (s+2) \frac{14s^2 + 55s + 51}{2(s+1)(s+2)(s+3)} = \lim_{s \to -2} \frac{14s^2 + 55s + 51}{2(s+1)(s+3)} = 1.5$$

$$k_3 = \lim_{s \to -3} (s+3) \frac{14s^2 + 55s + 51}{2(s+1)(s+2)(s+3)} = \lim_{s \to -3} \frac{14s^2 + 55s + 51}{2(s+1)(s+2)} = 3$$

进一步,根据拉氏变换叠加性以及 e 指数函数 e^{at} 正反拉氏变换性质,得

$$f(t) = L^{-1}[F(s)] = L^{-1}\left(\frac{2.5}{s+1}\right) + L^{-1}\left(\frac{1.5}{s+2}\right) + L^{-1}\left(\frac{3}{s+3}\right) = 2.5e^{-t} + 1.5e^{-2t} + 3e^{-3t}$$

2. $F(s)$ 有重极点的情况

假设 $F(s)$ 有 r 个重极点 p_1,其余极点均不相同,则

$$F(s) = \frac{B(s)}{A(s)} = \frac{B(s)}{a_n (s-p_1)^r (s-p_{r+1})(s-p_n)}$$

$$= \frac{K_{11}}{(s-p_1)^r} + \frac{K_{12}}{(s-p_1)^{r-1}} + \cdots + \frac{K_{1r}}{(s-p_1)} + \frac{K_{r+1}}{(s-p_{r+1})}$$

$$+ \frac{K_{r+2}}{(s-p_{r+2})} + \cdots + \frac{K_n}{(s-p_n)} \tag{2-13}$$

式中:K_{11},K_{12},$\cdots$,K_{1r} 的求法如下:

$$K_{11} = F(s)(s-p_1)^r \big|_{s=p_1}$$

$$K_{12} = \frac{\mathrm{d}}{\mathrm{d}s}[F(s)(s-p_1)^r] \big|_{s=p_1}$$

$$K_{13} = \frac{1}{2!} \frac{\mathrm{d}^2}{\mathrm{d}s^2}[F(s)(s-p_1)^r] \big|_{s=p_1}$$

$$\vdots$$

$$K_{1r} = \frac{1}{(r-1)!} \frac{\mathrm{d}^{r-1}}{\mathrm{d}s^{r-1}}[F(s)(s-p_1)^r] \big|_{s=p_1}$$

其余系数 K_{r+1},K_{r+2},$\cdots$,K_n 的求法与第一种情况所述的方法相同,即

$$K_j = [F(s)(s-p_j)] \big|_{s=p_j} = \frac{B(p_j)}{A'(x p_j)} (j = r+1, r+2, \cdots, n) \tag{2-14}$$

求得所有的待定系数后,对 $F(s)$ 作反拉氏变换,即

$$f(t) = L^{-1}[F(s)] = \left[\frac{K_{11}}{(r-1)!} t^{r-1} + \frac{K_{12}}{(r-2)!} t^{r-2} + \cdots + K_{1r}\right] e^{p_1 t} + K_{r+1} e^{p_{r+1}t} + \cdots + K_n e^{p_n t}$$

$$\tag{2-15}$$

◎ 2.3.2　初值与终值定理

1. 初值定理

从式(2-11)中可以看出,若 $t=0$,则得到原函数的初值为

$$f(0) = \sum_{i=1}^{n} k_i$$

由于式(2-10)中两边同乘以 s 后有

视频:初值与
终值定理

$$sF(s) = \frac{k_1 s}{s - p_1} + \frac{k_2 s}{s - p_2} + \cdots + \frac{k_i s}{s - p_i} + \cdots + \frac{k_n s}{s - p_n}$$

若 $s \to \infty$，利用上式右边分子分母除以 s 后的极限定理，可以推导出

$$\lim_{s \to \infty} sF(s) = \sum_{i=1}^{n} k_i$$

结合上述推导，得到如下的初值定理公式：

$$f(0) = \lim_{s \to \infty} sF(s) \qquad (2-16)$$

2. 终值定理

若满足所有的 p_i 实部小于或等于 0，且没有纯虚数，则有

$$\left. \begin{aligned} \lim_{t \to \infty} e^{p_i t} &= 0 \ ,\text{若} \ p_i \ \text{实部小于} \ 0 \\ \lim_{t \to \infty} e^{p_i t} &= 1 \ ,\text{若} \ p_i = 0 \end{aligned} \right\}$$

因此，若 $t \to \infty$，则得到原函数的终值满足式(2-6) $p_i = 0$ 的待定系数值

$$f(\infty) = k_i$$

又根据式(2-12)，由于

$$k_i = \lim_{s \to 0}(s - 0)F(s)$$

结合上述推导，得到如下的终值定理公式

$$f(\infty) = \lim_{s \to 0} sF(s) \qquad (2-17)$$

注意终值定理与初值定理不同的是它对极值是有条件限制的。

【例2-2】 求 $F(s) = \dfrac{9s^2 + 27s + 12}{s^3 + 5s^2 + 6s}$ 的初值与终值。

方法1：直接利用初值定理[式(2-13)]与终值定理[式(2-14)]进行计算

$$f(0) = \lim_{s \to \infty} sF(s) = \lim_{s \to \infty} \frac{9s^3 + 27s^2 + 12s}{s^3 + 5s^2 + 6s} = 9$$

$$f(\infty) = \lim_{s \to 0} sF(s) = \lim_{s \to 0} \frac{9s^3 + 27s^2 + 12s}{s^3 + 5s^2 + 6s} = 2$$

方法2：分解后，先拉氏反变换，再求解

$$F(s) = \frac{9s^2 + 27s + 12}{s^3 + 5s^2 + 6s} = \frac{2}{s} + \frac{3}{s + 2} + \frac{4}{s + 3}$$

拉氏反变换后有

$$f(t) = 2 + 3e^{-2t} + 4e^{-3t}$$

显然直接代入计算有

$$\left. \begin{aligned} f(0) &= 9 \\ f(\infty) &= 2 \end{aligned} \right\}$$

2.4 拉氏变换的理解

视频：拉氏变换的理解

拉氏变换与拉氏反变换有利于微分方程的分析与求解，因此对它的理解与记忆十分重要。

14

◎ 2.4.1　拉氏变换的逻辑推导与理解

视频:拉氏
变换应用的理解

首先,从直观上理解式(2-8)中 e^{at} 与其拉氏变换 $\dfrac{1}{s-a}$ 之间的关系。

对于 e^{at} 而言,它本身是一个 e 指数函数,且函数中指数的系数为 a。考虑到拉氏变换是一种针对 e 指数函数 e^{st} 的分解运算,而这种分解变换的结果 $\dfrac{1}{s-a}$,具有当趋于 $s=a$ 时无穷大的特点。这个特点在一定程度上说明拉氏变换的结果反映了对 e 指数函数特别是其系数的选择性。

以这个函数的拉氏变换为基础,利用拉氏变换的微积分与叠加性质,可以很容易推导出其他典型函数的拉氏变换。

首先由 $L(e^{at})=\dfrac{1}{s-a}$,令 $a=0$,容易得到

$$L[u(t)]=L\left(e^{at}\Big|_{a=0}\right)=\frac{1}{s-a}\Big|_{a=0}=\frac{1}{s}$$

利用微分定理,可推导出脉冲函数的拉氏变换:

$$L[\delta(t)]=L\left[\frac{\mathrm{d}u(t)}{\mathrm{d}t}\right]=sL[u(t)]=s\,\frac{1}{s}=1$$

同样,利用积分定理得到

$$L(t)=L\left[\int_0^t u(t)\,\mathrm{d}t\right]=\frac{1}{s}L[u(t)]=\frac{1}{s^2}$$

再次利用积分定理得到

$$L(t^2)=L\left(\int_0^t 2t\,\mathrm{d}t\right)=\frac{1}{s}L(2t)=\frac{1}{s}\,\frac{2}{s^2}=\frac{2}{s^3}$$

利用叠加原理得到

$$\left.\begin{array}{l}L(\cos(\omega t))=L\left(\dfrac{e^{j\omega t}+e^{-j\omega t}}{2}\right)=\dfrac{1}{2}L(e^{j\omega t})+\dfrac{1}{2}L(e^{-j\omega t})=\dfrac{1}{2}\left(\dfrac{1}{s-j\omega}+\dfrac{1}{s+j\omega}\right)=\dfrac{s}{s^2+\omega^2}\\[3mm]L(\sin(\omega t))=L\left(\dfrac{e^{j\omega t}-e^{-j\omega t}}{2j}\right)=\dfrac{1}{2j}L(e^{j\omega t})-\dfrac{1}{2j}L(e^{-j\omega t})=\dfrac{1}{2j}\left(\dfrac{1}{s-j\omega}-\dfrac{1}{s+j\omega}\right)=\dfrac{\omega}{s^2+\omega^2}\end{array}\right\}$$

◎ 2.4.2　拉氏变换敛散特性

从前面的推导可以发现,一般情况下,我们讨论的函数都可以用指数函数 $f(t)=ke^{at}$ 的形式来表达,a 为一复数,它的拉氏变换则可以表达为 $\dfrac{k}{s-a}$ 的形式。

反观 $f(t)=ke^{at}$ 的曲线形式,可以看出曲线是否收敛,要求复数 a 的实部小于 0。也就是当复数 a 处于 XOY 的左半坐标平面时,随着 $t\to\infty$,函数的极限存在,且趋于 0。

图 2-1 的对应的函数分别为曲线① $e^{-0.3t}$、曲线② $e^{-t}\cos 2\pi t$、曲线③ $0.1e^{0.5t}$ 与曲线④ $0.2e^{0.2t}\cos(2\pi t)$。

显然曲线①、②收敛,因为其指数的系数小于 0;③、④发散,因为指数的系数大于 0。要理解

这种收敛、发散与指数系数的关系,对敛散特性的理解为后期系统稳定性条件的判断奠定了基础。

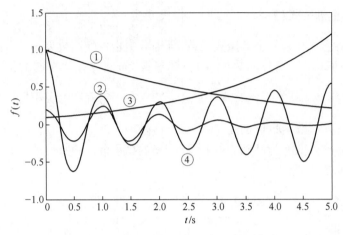

图 2-1 $f(t) = k\mathrm{e}^{at}$ 不同指数系数的曲线

◎ 2.4.3 拉氏正反变换分解合成的理解

对拉氏变换,可以从分解与合成的角度去理解,只有这样,才能充分理解拉氏变换所涉及的微积分算子的应用。

一个时间函数 $x(t)$,可通过拉氏变换分解为无穷多个 e 指数形式的函数之和,所不同的是,不同的指数系数其权重不相等,这里的权重量即为拉氏变换的结果 $X(s)$。分解的好处在于对于 e 指数形式的函数,微积分的求解可以转化为对其指数系数的乘除法运算。

例如,$a\mathrm{e}^{st}$ 权重为 a,对 t 积分后的形式为 $\dfrac{a\mathrm{e}^{st}}{s} = \dfrac{a}{s}\mathrm{e}^{st}$,权重由 a 变为 $\dfrac{a}{s}$。

把每一个分量进行积分后,就得到每一个分量的权重,根据各个分量的权重进行合成运算,即拉氏反变换,就能够顺利地得到原始函数的积分结果,如图 2-2 所示。

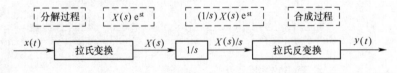

图 2-2 拉氏变换分解合成的理解示意图

理解:$x(t)$ 里面含有 $X(s)$ 个 e^{st},而积分后则含有 $X(s)/s$ 个 e^{st}。最后拉氏反变换的结果为 $y(t)$,表示 $y(t)$ 内含有 $X(s)/s$ 个 e^{st}。

若 $x(t)$ 的拉氏变换为 $X(s)$,可以认为 $x(t)$ 内隐含 $X(s)$ 个 e^{st},也就是 $x(t)$ 可以分解为 $X(s)$ 个 e^{st}。为了便于理解,下式右边隐去了对 s 的积分,直接写成

$$x(t) \Leftrightarrow X(s)\mathrm{e}^{st}$$

两边对 t 直接求导,得到

$$\dot{x}(t) \Leftrightarrow sX(s)\mathrm{e}^{st}$$

可以理解为，$\dot{x}(t)$ 内含有 $sX(s)$ 个 e^{st}，也就是 $\dot{x}(t)$ 的拉氏变换为 $sX(s)$。这里 s 代表微分定理中的微分算子。

继续求导，有

$$\ddot{x}(t) \Leftrightarrow s^2 X(s)\, e^{st}$$

可以理解为，$\ddot{x}(t)$ 内含有 $s^2 X(s)$ 个 e^{st}，即 $\ddot{x}(t)$ 的拉氏变换为 $s^2 X(s)$。

同样，对公式两边积分，得到

$$\int x(t)\,\mathrm{d}t \Leftrightarrow \frac{1}{s} X(s)\, e^{st}$$

可以理解为，$\int x(t)\,\mathrm{d}t$ 内含有 $\frac{1}{s}X(s)$ 个 e^{st}，即 $\int x(t)\,\mathrm{d}t$ 的拉氏变换为 $\frac{1}{s}X(s)$。这里 $\frac{1}{s}$ 代表积分定理中的积分算子。

例如，我们知道，常数 1 的积分是 t，t 的积分是 $t^2/2$，以此类推。图 2-3 展示了利用拉氏正反变换的分解与合成方法对常数 1 的积分过程。

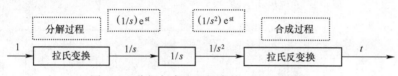

图 2-3　分解与合成理解常数 1 的积分过程

理解：1 里面含有 $1/s$ 个 e^{st}，而积分后则含有 $1/s^2$ 个 e^{st}；实际上含有 $1/s^2$ 个 e^{st} 的函数就是 t。（注意这里的积分符号为 $1/s$，为什么？）则

$$K_P x(t) + K_I\int x(t)\,\mathrm{d}t + K_D\,\dot{x}(t) \Leftrightarrow K_P X(s)\, e^{st} + \frac{K_I}{s}X(s)\, e^{st} + K_D\, sX(s)\, e^{st}$$

$$= \left(K_P + \frac{K_I}{s} + K_D s \right) X(s)\, e^{st}$$

可以理解为 $K_P x(t) + K_I\int x(t)\,\mathrm{d}t + K_D\,\dot{x}(t)$ 内含有 $\left(K_P + \frac{K_I}{s} + K_D s \right) X(s)$ 个 e^{st}，即 $K_P x(t) + K_I\int x(t)\,\mathrm{d}t + K_D\,\dot{x}(t)$ 的拉氏变换为 $\left(K_P + \frac{K_I}{s} + K_D s \right) X(s)$。

用分解与合成的理解方法理解拉氏变换与拉氏反变换的本质，为后期灵活使用拉氏变换求解微分方程与理解传递函数奠定了基础。

◎ 2.4.4　拉氏变换的逻辑记忆网

应用以上对拉氏变换的理解，结合拉氏变换的性质，可以给出典型函数的拉氏变换逻辑推导记忆网。图 2-4 展示了典型时间函数及其拉氏变换的推导过程。

视频：拉氏变换
逻辑记忆方法

逻辑推导记忆网从 e^{at} 的拉氏变换出发，利用拉氏变换叠加性与微积分性质，推导出几乎所有常规的其他函数的拉氏变换。

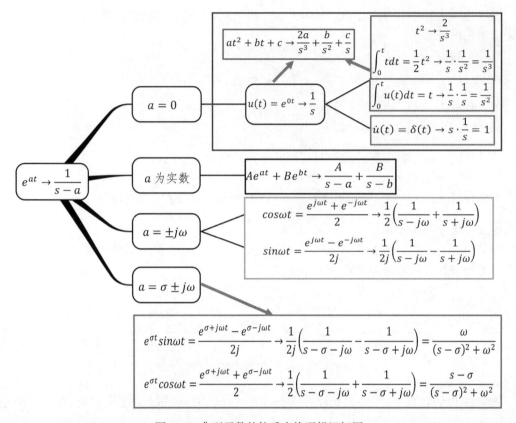

图 2-4　典型函数的拉氏变换逻辑记忆网

由 $a=0$ 得到阶跃信号 $u(t)$ 的拉氏变换,通过微分运算得到脉冲函数 $\delta(t)$,运用拉氏变换微分性质得到脉冲函数 $\delta(t)$ 的拉氏变换,通过积分运算得到 t 函数,运用拉氏变换积分定理得到函数 t 的拉氏变换,进一步的积分运算,得到 t^2 的拉氏变换,最后通过拉氏变换叠加性质得到多项式的拉氏变换。

由 $a=j\omega$ 或 $a=-j\omega$,应用欧拉公式,得到三角函数以及复指数函数的拉氏变换。

◎ 2.5　欧拉公式的来源及理解

理查德·费曼称欧拉公式为"数学最奇妙的公式",因为它把 5 个最基本的数学常数简洁地联系起来。两个超越数:自然对数的底 e,圆周率 π,两个单位:虚数单位 j 和自然数的单位 1,以及数学里常见的 0。数学家们评价它是"上帝创造的公式",我们既要看懂它也要能理解它。

在弄清欧拉公式之前,我们必须把 j 与 $e^{j\theta}$ 的由来加以解释,这样才能让我们顺理成章地接受这个公式的结论。

视频:sin 与 cos 函数和 e 的关系

◎ 2.5.1　欧拉公式的来源

我们知道,在实轴上用一个数字可以表达一个点。但平面上我们需要两个数字才能表达一个点。那么,能不能针对平面也用一个数字来表达一个点呢,即把两个数字通过某种方式合成在一起呢? 于是,有人建议用 $x+yj$ 来表达,j 表示纵轴。但这样表达后,有什么实际意义呢?

我们知道直线运动局限在一条线上,如果配合旋转运动,可以拓展到平面上,从这个旋转角度来思考,看它有没有什么实际意义。

如图 2-5 所示,先假设实轴上一点 A,其大小为 a。

绕原点逆时针旋转 90°,那么 $a \rightarrow ja$。也就是认为乘 j 代表逆时针旋转 90°。那么 j 到底是个什么数呢? 数学家们认为:既然乘 j 表示旋转 90°,再乘 j 表示再旋转 90°,即一共旋转 180°。

旋转过程如图 2-5 所示,旋转 180° 后,坐标值变为 $j^2a=-a$,也就是这里 $j^2=-1$。这样 j 就与一个实数联系起来,或许它就是 j 值的由来。

我们逆时针旋转 90° 可以用乘 j 来表达,同样旋转 -90° 即顺时针旋转 90°,可以用除以 j 来表示,那么旋转任意角度 θ 呢?

从图 2-6 中可以看出,a 旋转 θ 后,变为 $a(\cos\theta + j\sin\theta)$,也就是说旋转任意 θ 角度,可以用乘以 $(\cos\theta + j\sin\theta)$ 来表达,这样旋转运动就转化为代数上的乘法运算。

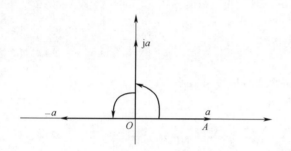

图 2-5　$j^2=-1$ 由来的图形旋转示意图

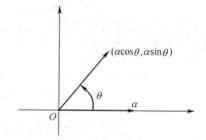

图 2-6　旋转任意角度向量的变化过程

至于初始向量不是实数的情况,可以验证,仍然可以用乘以 $(\cos\theta + j\sin\theta)$ 来表达。想一想其中的道理,有助于对欧拉公式实质的理解。

欧拉又想到:旋转运动其实是相位角的变化,其实是一种角度相加的运算,那如何把乘法运算变为加运算呢? 他又联想指数函数底数相乘等价于指数相加的这个特点,根据对符号表达的经验,天才的欧拉提出了一个大胆的设想,令

$$e^{j\theta} = \cos\theta + j\sin\theta \tag{2-18}$$

表示旋转 θ 角度,且有 $e^{j\pi/2} = j$。

这样把相角移到指数上,并乘 j 以示与一般指数函数的区别。有了这个设想后,欧拉又进一步小心求证,发现这个公式非常完美,它满足一切微积分、三角函数积化和差运算等所有定律。至此,该公式正式得到确认。

欧拉公式满足三角函数的运算功能,这里仅仅展示满足微积分的运算功能,有助于大家的理解。下面将进行公式的验证体会。

◎ 2.5.2　欧拉公式的理解

下面从两个角度,在囊括了加、减、乘、除以及微分、积分这些数学所有的运算环节的方法中去体会它,从而体会这个公式的内在含义以及这些数学常数能够连接在一起的原因。

1. 简化三角函数积化和差或和差化积的运算(比例方面)

(1) $\sin(\alpha+\beta)=\sin\alpha\cos\beta+\cos\alpha\sin\beta$,试证明 $e^{j(\alpha+\beta)}=\cos(\alpha+\beta)+j\sin(\alpha+\beta)$。

视频:欧拉公
式的理解

有如下的展开式子:

$$e^{j(\alpha+\beta)}=e^{j\alpha}\,e^{j\beta}=(\cos\alpha+j\sin\alpha)(\cos\beta+j\sin\beta)$$
$$=\cos\alpha\cos\beta-\sin\alpha\sin\beta+j(\sin\alpha\cos\beta+\cos\alpha\sin\beta)$$

因此,比较实部与虚部,得

$$\left.\begin{aligned}\sin(\alpha+\beta)=\sin\alpha\cdot\cos\beta+\cos\alpha\cdot\sin\beta\\\cos(\alpha+\beta)=\cos\alpha\cdot\cos\beta-\sin\alpha\cdot\sin\beta\end{aligned}\right\}$$

(2) 如果有 $A\sin(\omega t+\varphi)=A_1\sin(\omega t+\varphi_1)+A_2\sin(\omega t+\varphi_2)$,则 $A\cos(\omega t+\varphi)=A_1\cos(\omega t+\varphi_1)+A_2\cos(\omega t+\varphi_2)$ 也恒成立。

并且

$$\left.\begin{aligned}A=\sqrt{(A_1\cos\varphi_1+A_2\cos\varphi_2)^2+(A_1\sin\varphi_1+A_2\sin\varphi_2)^2}\\\varphi=\arctan\frac{A_1\sin\varphi_1+A_2\sin\varphi_2}{A_1\cos\varphi_1+A_2\cos\varphi_2}\end{aligned}\right\}$$

证明:

$$A e^{j(\omega t+\phi)}=A_1\,e^{j(\omega t+\varphi_1)}+A_2\,e^{j(\omega t+\varphi_2)}=e^{j\omega t}(A_1\,e^{j\varphi_1}+A_2\,e^{j\varphi\varphi_2})$$
$$=e^{j\omega t}[A_1\cos\varphi_1+A_2\cos\varphi_2+j(A_1\sin\varphi_1+A_2\sin\varphi_2)]$$
$$=\sqrt{(A_1\cos\varphi_1+A_2\cos\varphi_2)^2+(A_1\sin\varphi_1+A_2\sin\varphi_2)^2}\,e^{j\arctan\frac{A_1\sin\varphi_1+A_2\sin\varphi_2}{A_1\cos\varphi_1+A_2\cos\varphi_2}}\,e^{j\omega t}$$
$$=\sqrt{(A_1\cos\varphi_1+A_2\cos\varphi_2)^2+(A_1\sin\varphi_1+A_2\sin\varphi_2)^2}\,e^{j\left(\omega t+\arctan\frac{A_1\sin\varphi_1+A_2\sin\varphi_2}{A_1\cos\varphi_1+A_2\cos\varphi_2}\right)}$$

结果得证。

(3) 如果有 $A\sin(\omega t+\varphi)=A_1\sin(\omega t+\varphi_1)+A_2\sin(\omega t+\varphi_2)+\cdots+A_n\sin(\omega t+\varphi_n)$,利用上述方法,可以直接证明

$$\left.\begin{aligned}A=\sqrt{(A_1\cos\varphi_1+A_2\cos\varphi_2+\cdots+A_n\cos\varphi_n)^2+(A_1\sin\varphi_1+A_2\sin\varphi_2+\cdots+A_n\sin\varphi_n)^2}\\\varphi=\arctan\frac{A_1\sin\varphi_1+A_2\sin\varphi_2+\cdots+A_n\sin\varphi_n}{A_1\cos\varphi_1+A_2\cos\varphi_2+\cdots+A_n\cos\varphi_n}\end{aligned}\right\}$$

(4) 和差化积的证明 $\cos\alpha+\cos\beta=2\cos\dfrac{\alpha+\beta}{2}\cos\dfrac{\alpha-\beta}{2}$。

证明:

$$e^{j\alpha}+e^{j\beta}=\cos\alpha+\cos\beta+j(\sin\alpha+\sin\beta)$$

同时,

$$e^{j\alpha}+e^{j\beta}=e^{j\left(\frac{\alpha+\beta}{2}+\frac{\alpha-\beta}{2}\right)}+e^{j\left(\frac{\alpha+\beta}{2}-\frac{\alpha-\beta}{2}\right)}=e^{j\frac{\alpha+\beta}{2}}e^{j\frac{\alpha-\beta}{2}}+e^{j\frac{\alpha+\beta}{2}}e^{j\frac{\beta-\alpha}{2}}$$

上式右边有

$$e^{j\alpha}+e^{j\beta}=\left[\left(\cos\frac{\alpha+\beta}{2}+j\sin\frac{\alpha+\beta}{2}\right)\left(\cos\frac{\alpha-\beta}{2}+j\sin\frac{\alpha-\beta}{2}\right)\right]$$

$$+ \left[\left(\cos \frac{\alpha + \beta}{2} + \text{jsin} \frac{\alpha + \beta}{2} \right) \left(\cos \frac{\beta - \alpha}{2} + \text{jsin} \frac{\beta - \alpha}{2} \right) \right]$$

进一步展开后合并计算：

$$e^{j\alpha} + e^{j\beta} = 2\cos \frac{\alpha + \beta}{2} \cos \frac{\alpha - \beta}{2} + j2\sin \frac{\alpha + \beta}{2} \cos \frac{\alpha - \beta}{2}$$

比较 $e^{j\alpha} + e^{j\beta}$ 两种求解结果的实虚部，得到

$$\left. \begin{array}{l} \cos\alpha + \cos\beta = 2\cos \dfrac{\alpha + \beta}{2} \cos \dfrac{\alpha - \beta}{2} \\[3mm] \sin\alpha + \sin\beta = 2\sin \dfrac{\alpha + \beta}{2} \cos \dfrac{\alpha - \beta}{2} \end{array} \right\}$$

（5）$\cos\alpha \cos\beta$ 等于多少

因为利用欧拉公式有

$$\left. \begin{array}{l} e^{j(\alpha+\beta)} = e^{j\alpha} e^{j\beta} = (\cos\alpha + \text{jsin}\alpha)(\cos\beta + \text{jsin}\beta) \\ e^{j(\alpha-\beta)} = e^{j\alpha} e^{-j\beta} = (\cos\alpha + \text{jsin}\alpha)(\cos\beta - \text{jsin}\beta) \end{array} \right\}$$

上式的乘法运算展开后，可得

$$\left. \begin{array}{l} e^{j(\alpha+\beta)} = \cos\alpha\cos\beta - \sin\alpha\sin\beta + j(\cos\alpha\sin\beta + \sin\alpha\cos\beta) \\ e^{j(\alpha-\beta)} = \cos\alpha\cos\beta + \sin\alpha\sin\beta + j(-\cos\alpha\sin\beta + \sin\alpha\cos\beta) \end{array} \right\}$$

进行相加与相减运算后有

$$\left. \begin{array}{l} e^{j(\alpha+\beta)} + e^{j(\alpha-\beta)} = 2\cos\alpha\cos\beta + j2\sin\alpha\cos\beta \\ e^{j(\alpha+\beta)} - e^{j(\alpha-\beta)} = -2\sin\alpha\sin\beta + j2\cos\alpha\sin\beta \end{array} \right\}$$

而由欧拉公式可以得到

$$\left. \begin{array}{l} e^{j(\alpha+\beta)} + e^{j(\alpha-\beta)} = \cos(\alpha+\beta) + \cos(\alpha-\beta) + j[\sin(\alpha+\beta) + \sin(\alpha-\beta)] \\ e^{j(\alpha+\beta)} - e^{j(\alpha-\beta)} = \cos(\alpha+\beta) - \cos(\alpha-\beta) + j[\sin(\alpha+\beta) - \sin(\alpha-\beta)] \end{array} \right\}$$

比较上述两个公式可得

$$\left. \begin{array}{l} 2\cos\alpha\cos\beta = \cos(\alpha+\beta) + \cos(\alpha-\beta) \\[2mm] 2\sin\alpha\cos\beta = \sin(\alpha+\beta) + \sin(\alpha-\beta) \\[2mm] -2\sin\alpha\sin\beta = \cos(\alpha+\beta) - \cos(\alpha-\beta) \\[2mm] 2\cos\alpha\sin\beta = \sin(\alpha+\beta) - \sin(\alpha-\beta) \end{array} \right\}$$

2. 满足与符合三角函数微积分的运算（微分与积分方面）

$$e^{j\omega t} = \cos(\omega t) + \text{jsin}(\omega t)$$

（1）微分运算

首先对欧拉左边进行微分运算，并代入上式，得到

$$(e^{j\omega t})' = j\omega e^{j\omega t} = j\omega\cos(\omega t) + j^2\omega\sin(\omega t)$$

运用 $j^2 = -1$，即可得到

$$(e^{j\omega t})' = -\omega\sin(\omega t) + j\omega\cos(\omega t)$$

再对右边直接进行微分运算，得到

$$[\cos(\omega t) + \text{jsin}(\omega t)]' = -\omega\sin(\omega t) + j\omega\cos(\omega t)$$

由此可见，其满足微分运算。

（2）积分运算。

首先对左边进行积分运算，并带入上式得

$$\int e^{j\omega t} dt = \frac{1}{j\omega} e^{j\omega t} + C = \frac{1}{j\omega} \cos(\omega t) + \frac{1}{\omega} \sin(\omega t) + C$$

运用 $j^2 = -1$，即可判断

$$\int e^{j\omega t} dt = = -\frac{j}{\omega} \cos(\omega t) + \frac{1}{\omega} \sin(\omega t) + C$$

再对右边进行积分运算得

$$\int [\cos(\omega t) + j\sin(\omega t)] dt = \frac{1}{\omega} \sin(\omega t) - \frac{j}{\omega} \cos(\omega t) + C$$

由此可见，其满足积分运算。

2.6　复数运算在控制工程中的物理意义

2.6.1　旋转的物理意义

若逆时针旋转为正，顺时针旋转为负，那么 $j = e^{j\frac{\pi}{2}}$，代表逆时针旋转 $90°$，旋转 $+90°$；而 $\frac{1}{j} = -j = e^{-j\frac{\pi}{2}}$，代表顺时针旋转 $90°$，旋转 $-90°$。

$a + bj = \sqrt{a^2 + b^2} \, e^{j\arctan\frac{b}{a}}$，代表角度旋转 $\arctan\frac{b}{a}$，模长度变为 $\sqrt{a^2 + b^2}$ 倍。

$\dfrac{1}{a + bj} = \dfrac{1}{\sqrt{a^2 + b^2}} \, e^{-j\arctan\frac{b}{a}}$，代表角度旋转 $-\arctan\frac{b}{a}$，模长度变为 $\dfrac{1}{\sqrt{a^2 + b^2}}$ 倍。

例如：

$1 + j = \sqrt{2} \, e^{j\frac{\pi}{4}}$ 代表旋转 $45°$，模长变为 $\sqrt{2}$ 倍。

$\dfrac{1}{1 + j} = \dfrac{1}{\sqrt{2} \, e^{j\frac{\pi}{4}}}$ 代表旋转 $-45°$，模长变为 $\dfrac{1}{\sqrt{2}}$ 倍。

2.6.2　三角函数幅值与相位变换运算的复数表达

（1）如 $A\sin(\omega t) \Leftrightarrow B\sin(\omega t + \varphi)$ 或 $A\cos(\omega t) \Leftrightarrow B\cos(\omega t + \varphi)$ 相当于幅值变为 $\dfrac{B}{A}$ 倍，相位增加了 φ，那么对应的运算复数为

$$\frac{B}{A} e^{j\varphi} = \frac{B}{A} \cos\varphi + j\frac{B}{A} \sin\varphi$$

例如，$\sin(\omega t) \to \cos(\omega t)$ 即 $\sin\left(\omega t + \dfrac{\pi}{2}\right)$，对应复数为 j（相当于旋转 $90°$）。

（2）$\left.\begin{array}{l} \sin(\omega t) \to \sin\left(\omega t + \dfrac{\pi}{4}\right) \\ \cos(\omega t) \to \cos\left(\omega t + \dfrac{\pi}{4}\right) \end{array}\right\}$ 相当于旋转 $45°$，模长不变，那么对应的复数运算为

$$e^{j\frac{\pi}{4}} = \cos\frac{\pi}{4} + j\sin\frac{\pi}{4} = \frac{1}{\sqrt{2}}(1 + j)$$

（3）$\left.\begin{array}{l} \sin\omega t \rightarrow \sin\left(\omega t - \dfrac{\pi}{4}\right) \\[2mm] \cos\omega t \rightarrow \cos\left(\omega t - \dfrac{\pi}{4}\right) \end{array}\right\}$ 相当于旋转 $-45°$，模长不变，那么对应的复数运算为

$$e^{-j\frac{\pi}{4}} = \frac{1}{\sqrt{2}}(1 - j) = \frac{\sqrt{2}}{1 + j}$$

◎ 2.6.3　多复数乘除运算与三角函数幅相角运算关系

如下所示的分子、分母由多个复数所构成的式子：

$$\frac{\prod\limits_{k=1}^{m}(a_k + b_k j)}{\prod\limits_{k=1}^{n}(c_k + d_k j)} = \frac{\prod\limits_{k=1}^{m}\sqrt{a_k^2 + b_k^2}}{\prod\limits_{k=1}^{n}\sqrt{c_k^2 + d_k^2}} e^{j\left(\sum\limits_{k=1}^{m}\arctan\frac{b_k}{a_k} - \sum\limits_{k=1}^{n}\arctan\frac{d_k}{c_k}\right)}$$

作用于三角函数时表示幅值变化为 $\dfrac{\prod\limits_{k=1}^{m}\sqrt{a_k^2 + b_k^2}}{\prod\limits_{k=1}^{n}\sqrt{c_k^2 + d_k^2}}$ 倍，相位变化为 $\sum\limits_{k=1}^{m}\arctan\dfrac{b_k}{a_k} - \sum\limits_{k=1}^{n}\arctan$

$\dfrac{d_k}{c_k}$。

举例说明如下：

（1）$\dfrac{j}{1 + j}$ 表示幅值变为 $\dfrac{1}{\sqrt{2}}$ 倍，相位增加 $\dfrac{\pi}{4}$（其中分子 j 为 90°，分母 1+j 为 45°，那么 90° − 45° = 45°）。

（2）$\dfrac{1 + j}{j^2}$ 表示幅值变为 $\sqrt{2}$ 倍，相位增加 $-\dfrac{3}{4}\pi$（其中分子 1+j 为 45°，分母 j^2 为 180°，45° − 180° = −135°）。

（3）$\dfrac{j}{(1 + j)(1 + j)}$ 表示幅值变为 $\dfrac{1}{2}$ 倍，相位不变（其中分子 j 为 90°，分母 1+j 为 45°，90° − 45° − 45° = 0°）。

本 章 小 结

（1）理解拉氏变换使得 t 形式改为 s 形式的真正含义，它是一种函数的分解，有利于微积分的计算。

（2）微分形式为乘 s，$X(t) \Leftrightarrow X(s)$，那么 $X(t) \Leftrightarrow sX(s)$。

（3）积分形式为除 s，$X(t) \Leftrightarrow X(s)$，那么 $\int_0^t x(t)\,\mathrm{d}t \Leftrightarrow \dfrac{1}{s}X(s)$。

习　　题

2.1　试求下列函数的拉氏变换,假设当 $t<0$ 时 $f(t)=0$。

(1) $f(t)=5(1-\cos 3t)$

(2) $f(t)=e^{-0.5t}\cos 10t$

(3) $f(t)=2t+3t^3+2e^{-3t}$

(4) $f(t)=\begin{cases} \sin t & (0\leqslant t\leqslant \pi) \\ 0 & (t<0,t>\pi) \end{cases}$

2.2　试求下列象函数的拉氏反变换。

(1) $F(s)=\dfrac{1}{s^2+4}$

(2) $F(s)=\dfrac{s}{s^2-2s+5}+\dfrac{s+1}{s^2+9}$

(3) $F(s)=\dfrac{1}{s(s+1)}$

(4) $F(s)=\dfrac{s+1}{(s+2)(s+3)}$

2.3　已知 $F(s)=\dfrac{10}{s(s+1)}$,要求:

(1) 利用终值定理,求 $t\to\infty$ 时的 $f(t)$ 值。

(2) 通过取 $F(s)$ 的拉氏反变换,求 $t\to\infty$ 时的 $f(t)$ 值。

2.4　求下列式子代表旋转的物理意义。

(1) $(3+4j)(4+3j)$

(2) $\dfrac{1}{(3+4j)(4+3j)}$

(3) $\dfrac{1+j}{(3+4j)(4+3j)j}$

2.5　以下各式作用于三角函数时,相位变化-90°或-180°,分别计算 ω 的取值。幅值保持不变时,分别计算 ω 的取值。

(1) $\dfrac{1}{(1+0.01\omega j)^3}$

(2) $\dfrac{10}{(1+0.01\omega j)(2+0.01\omega j)(3+0.01\omega j)}$

2.6　给出下列函数的敛散性。

(1) $f(t)=e^{-0.5t}\cos 10t$

(2) $f(t)=e^{-0.5t}\cos 10t+e^{0.5t}\sin 30t$

(3) $f(t)=e^{-0.5t}+3$

第3章 控制系统的数学模型

本章导学思维导图

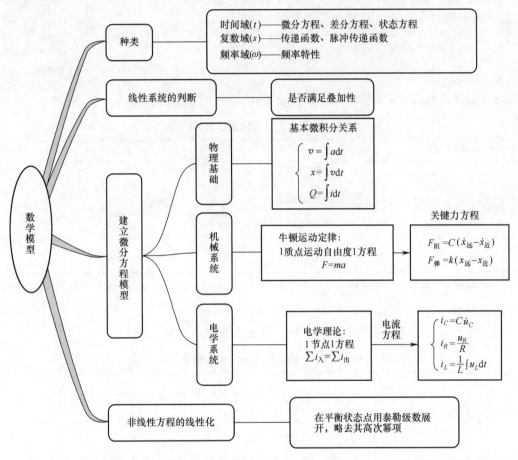

数学模型是定量地描述系统的动态性能,揭示系统的结构、参数与动态性能之间关系的数学表达式,主要类型有微分方程、差分方程、统计学方程、传递函数、频率特性、各种响应式等。本书主要介绍以下三种域数学模型:

- 时间域(t)——微分方程、差分方程、状态方程。
- 复数域(s)——传递函数、脉冲传递函数。
- 频率域(ω)——频率特性。

本章主要把物理运动模型转化为数学模型。物理运动模型中主要包括机械运动系统与电学系统。通过微分方程的描述,用与时间相关的数学函数的形式表达运动系统的运动过程与运动状态。

3.1　数学建模基础

对于机械系统,主要讨论运动系统直线位移或角度位移的动态变化过程或运动状态。对于电学系统,主要讨论动态变化过程中电压或电流的变化过程。如果把系统运动的变化参量描述为一个函数,那么这个函数就是以时间 t 为自变量的函数。

微积分方程(组)可以认为是为建立动态系统量化模型而准备好的数学工具,它体现了运动参量如位移、电位等随时间 t 而变化的过程。

视频:常见系统
组成元件模型

3.1.1　常见模型的元素

1. 直线位移

对于直线位移机械系统常见的元素见表 3-1,其中 x 为位移量。

表 3-1　直线位移机械系统常见元素

元素名称	符号	动力学方程
质量元件	m	$F = ma = m\ddot{x}$
阻尼元件	C	$F_c = cv = c\dot{x}$
弹性元件	k	$F_k = kx$

注:a—加速度;v—速度;k—弹性系数

2. 机械转动

对于转动机械系统常见的元素见表 3-2,其中 θ 为角位移量。

表 3-2　转动机械系统常见元素

元素名称	符号	动力学方程
惯量元件	J	$T = J\ddot{\theta}(t)$
回转弹性元件	k_J	$T_{k_J} = k_J\theta(t)$
回转阻尼元件	c_J	$T_{c_J} = c_J\dot{\theta}(t)$

注:J—转动惯量,k_J—回转弹性系数,c_J—回转粘性阻尼系数。

3. 电网络

对于电学系统常见的元素见表 3-3,其中 U_R、U_C、U_L 为电压,i_R、i_C、i_L 为电流。

表 3-3　电学系统常见元素

元素名称	符号	动力学方程
电阻元件	R	$U_R = i_R R, i_R = \dfrac{U_R}{R}$

续表

元素名称	符号	动力学方程
电容元件	C ⊣⊢	$U_C = \dfrac{1}{C}\int i_C\mathrm{d}t,\ i_C = C\dfrac{\mathrm{d}U_C}{\mathrm{d}t}$
电感元件	L ⌇⌇⌇	$U_L = L\dfrac{\mathrm{d}i_L}{\mathrm{d}t},\ i_L = \dfrac{1}{L}\int U_L\mathrm{d}t$

◎ 3.1.2　直线位移系统建模原则

视频:直线位移
系统建模原则

直线位移系统主要利用牛顿运动第二定律 $F_合(t) = ma(t)$ 来建立微积分方程,并利用位移、速度与加速度之间的关系 $v(t) = \dot{x}(t),\ a(t) = \ddot{x}(t)$ 消除中间变量 $v(t)$ 与 $a(t)$,建立最终仅与位移相关的数学模型。

因此,数学模型建立的关键在于合外力的求解。

$F_合$ 除外力以外,一般还包括弹性力与阻尼力,对质点的受力分析,主要是弹性力与阻尼力的求解。

1. 弹性力的求解方法

假设如图 3-1 所示的弹簧两端点的位移分别为 $x_左$、$x_右$,弹性系数为 k。弹簧对左质点与右质点所作用弹性力可以进行如下的计算。

(1) 左质点的受力分析。对于左质点而言,受到的弹性力为

$$F_{弹左} = k(x_右 - x_左) \tag{3-1}$$

此时相对于被分析的左质点而言,$x_右$ 被看作弹簧远端点的位移,$x_左$ 被看作弹簧近端点的位移。

若右质点在固定的特定情况下(见图 3-2),$x_右 = 0$,那么根据上述公式,可知 $F_{弹左} = -kx_左$。

图 3-1　弹簧及其端点受力分析　　图 3-2　弹簧右端固定时左质点的受力分析

(2) 右质点的受力分析。对于右质点而言,受到的弹性力为

$$F_{弹右} = k(x_左 - x_右) \tag{3-2}$$

此时相对于被分析的右质点而言,$x_左$ 被看作弹簧远端点的位移,$x_右$ 被看作弹簧近端点的位移。

若左质点在固定的特定情况下(见图 3-3),$x_左 = 0$,那么根据上述公式,可知 $F_{弹右} = -kx_右$。

（3）弹性力分析总结。不管左、右质点固定与否，弹性力的计算正比于弹簧两端点位移之差，且相对质点而言，位移之差为远端点的位移减去近端点的位移，即

$$F_{弹} = k(x_{远} - x_{近})\qquad(3\text{-}3)$$

式中：$x_{远}$、$x_{近}$为相对分析质点而言的弹簧远、近端点的位移。

2. 阻尼力的计算

假设如图 3-4 所示的阻尼器件两端点的位移分别为 $x_{左}$、$x_{右}$，阻尼系数为 c。阻尼器对左质点与右质点所作用阻尼力可以进行如下的计算。

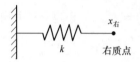

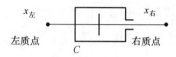

图 3-3　弹簧左端固定时右质点的受力分析　　　图 3-4　阻尼器左、右质点的受力分析

（1）左质点的受力分析。对于左质点而言，受到的阻尼力为

$$F_{阻左} = c(\dot{x}_{右} - \dot{x}_{左})\qquad(3\text{-}4)$$

此时相对于被分析的左质点而言，$x_{右}$被看作阻尼器远端点的位移，$x_{左}$被看作阻尼器近端点的位移。

若右质点在固定的特定情况下（见图 3-5），$x_{右} = 0$，那么根据上述公式，可知 $F_{阻左} = -c\dot{x}_{左}$。

（2）右质点的受力分析。同样，对于右质点而言，受到的阻尼力为

$$F_{阻右} = c(\dot{x}_{左} - \dot{x}_{右})\qquad(3\text{-}5)$$

此时相对于被分析的右质点而言，$x_{左}$被看作阻尼器远端点的位移，$x_{右}$被看作阻尼器近端点的位移。

若左质点在固定的特定情况下（见图 3-6），$x_{左} = 0$，那么根据上述公式，可知 $F_{阻右} = -c\dot{x}_{右}$。

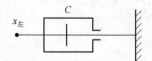

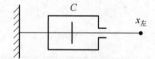

图 3-5　阻尼器右端点固定时　　　　图 3-6　阻尼器左端点固定时
　　　　左质点的受力分析　　　　　　　　右质点的受力分析

（3）阻尼力分析总结。不管左、右质点固定与否，阻尼力的计算正比于阻尼器两端点位移微分之差，且相对质点而言，位移微分之差为远端点的位移微分减去近端点的位移微分。也就是有如下的公式：

$$F_{阻} = c(\dot{x}_{远} - \dot{x}_{近})\qquad(3\text{-}6)$$

式中：$x_{远}$、$x_{近}$为相对分析质点而言的阻尼器的远、近端点位移。

◎ 3.1.3　角运动转动系统建模原则

对于角位移转动方程,满足如下关系:

$$M_{合} = J\frac{\mathrm{d}^2\theta(t)}{\mathrm{d}t^2} \tag{3-7}$$

式中:J 为转动惯量;θ 为角位移量。因此,角运动的数学模型,计算合力矩即可。

另外有外力矩 M 与阻力矩 M_C 的公式分别满足:

$$\left.\begin{aligned} M &= \vec{F} \times \vec{L} \\ M_C &= C_J\frac{\mathrm{d}\theta(t)}{\mathrm{d}t} \end{aligned}\right\}$$

式中:$\vec{F}$ 为外力矢量;$\vec{L}$ 为刚体分析点(支点)到力作用点的矢量;C_J 为回转粘性阻尼系数。

同受力分析类似,对分析刚体而言,回转弹性扭力矩、阻尼扭力矩的计算公式总结如下:

$$\left.\begin{aligned} T_{k_J} &= k_J\left[\theta_{远}(t) - \theta_{近}(t)\right] \\ T_{c_J} &= c_J\left[\dot{\theta}_{远}(t) - \dot{\theta}_{近}(t)\right] \end{aligned}\right\} \tag{3-8}$$

◎ 3.1.4　电学系统建模原则

对于电学系统而言,利用基尔霍夫定律,即满足每一节点流入电流之和为 0,或流入电流之和等于流出电流之和的原则进行数学模型的建立。公式如下:

$$\sum i_{入} = \sum i_{出} \tag{3-9}$$

因此,数学模型的建立过程,就是与节点相关的元器件电流求解的过程。

如图 3-7 所示,假设节点在三个基本元件 R、L、C 的公共右端,元件左端的电位分别为 $V_{左R}$、$V_{左L}$、$V_{左C}$,公共右端的电位为 $V_{右}$,可以根据这些参数求解进行电流的求解。

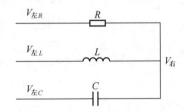

图 3-7　含基本元件 R、L、C 的电路示意图　　视频:**RLC 水电类比**

对于基本的 R、L、C 元件,可以按照一定关系求解流入或流出节点的电流。

1. 分析电阻元件,电流流入或流出节点的计算方法

(1)如图 3-8 所示,假设节点位置在电阻右端,电流从左到右流入节点,那么电流计算如下:

$$i_R = \frac{V_{左} - V_{右}}{R} \tag{3-10}$$

(2)如图 3-9 所示,假设电流从右到左流出节点,那么电流计算如下:

图 3-8 电流通过电阻流入节点   图 3-9 电流通过电阻流出节点

$$i_R = \frac{V_{右} - V_{左}}{R} \qquad (3-11)$$

2. 分析电感元件, 电流流入或流出节点的电流计算方法

1) 如图 3-10 所示, 假设电流从左到右流入节点, 那么电流计算如下:

$$i_L = \frac{1}{L}\int (V_{左} - V_{右})\,\mathrm{d}t \qquad (3-12)$$

2) 如图 3-11 所示, 假设电流从右到左流出节点, 那么电流计算如下:

$$i_L = \frac{1}{L}\int (V_{右} - V_{左})\,\mathrm{d}t \qquad (3-13)$$

图 3-10 电流通过电感流入节点   图 3-11 电流通过电感流出节点

3. 分析电容元件, 电流流入或流出节点的电流计算方法

1) 如图 3-12 所示, 假设电流从左到右流入节点, 那么电流计算如下:

$$i_C = C\frac{\mathrm{d}(V_{左} - V_{右})}{\mathrm{d}t} \qquad (3-14)$$

2) 如图 3-13 所示, 假设电流从右到左流出节点, 那么电流计算如下:

图 3-12 电流通过电容流入节点   图 3-13 电流通过电容流出节点

$$i_C = C\frac{\mathrm{d}(V_{右} - V_{左})}{\mathrm{d}t} \qquad (3-15)$$

总结: 对 RLC 电路而言, 求解电流为其两端电压差的比例、积分与微分运算, 且电压方向为所假设的电流方向。

3.2 线性定常系统与非线性定常系统

3.2.1 线性系统

如果系统的状态变量(或输出变量)与输入变量间的因果关系可以使用线性微分方程或

差分方程来描述,则这种系统称为线性系统,这种方程称为系统的数学模型。线性系统最重要的特性是具有叠加性和频率保持特性。

叠加性是指线性系统的状态变量和输出变量对于所有可能的输入变量与初始状态都满足叠加原理。即,如果系统相应于任意两种输入 x_{i1} 和 x_{i2} 时的输出分别为 x_{o1},和 x_{o2},则当输入和初始状态为 $C_1 x_{i1}+C_2 x_{i2}$ 时,系统的输出和状态必为 $C_1 x_{o1}+C_2 x_{o2}$,如图 3-14 所示。

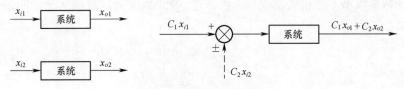

图 3-14 叠加原理示意图

线性系统的叠加原理表明,两个外作用同时加于系统所产生的总输出,等于各个外作用单独作用时分别产生的输出之和,且外作用的数值增大若干倍时,其输出也相应增大同样的倍数。因此,对线性系统进行分析和设计时,如果有几个外作用同时加于系统,则可以将它们分别处理,依次求出各个外作用单独加入时系统的输出,然后将它们叠加。此外,每个外作用在数值上可只取单位值,从而大大简化了线性系统的研究工作。

线性系统的频率保持特性是指线性系统的稳态输出将只有和输入频率相同的频率成分。若含有其他频率成分,可以认为是外界干扰的影响或系统内部的噪声等原因所致。

严格地说,实际的物理系统都不可能是线性系统。但是,通过近似处理和合理简化,大量的物理系统都可在足够准确的意义下和一定的范围内视为线性系统进行分析。例如一个电子放大器,在小信号下就可以看作是一个线性放大器,只是在大范围时才需要考虑其饱和特性即非线性特性。线性系统的理论比较完整,也便于应用,所以有时对非线性系统也近似地用线性系统来处理。例如,在处理输出轴上的摩擦力矩时,常将静摩擦当作与速度成比例的黏性摩擦来处理,以便于得出一些可用来指导设计的结论。从这个意义上来说,线性系统是一类得到广泛应用的系统。

线性系统根据系统不同工作方式又可细分为不同的种类。

1. 线性定常系统

输出与输入仅满足比例、积分与微分关系的定常系统,称为线性定常系统,形式如下:

$$a\ddot{x}(t) + b\dot{x}(t) + cx(t) = dy(t) \tag{3-16}$$

式中:a、b、c、d 均为常数。

2. 线性时变系统

如果描述系统的线性微分方程的系数不为常数,而是随着时间的变化而变化,即系数是时间的函数,则此系统即为线性时变系统。例如:

$$a(t)\ddot{x}(t) + b(t)\dot{x}(t) + c(t)x(t) = d(t)y(t) \tag{3-17}$$

上式所描述的系统其参数随着时间而发生变化。以控制系统参数质量为例,一般处理时认为质量为常数,不随时间变化;但是如果需要考察火箭的发射过程,由于燃料的消耗,火箭的质量随之发生较大变化,此时必须认为质量是时变参数。

对于控制系统的分析而言,线性时变系统的复杂性要远大于定常系统,因此常常对系统做一定的简化,使系统的分析可以近似在线性范围内。比如,弹簧工作在弹性范围内,阻尼是黏性阻尼,其阻尼力的大小与相对运动速度成正比,等等。此时系统即可看作线性定常系统。

◎ 3. 2. 2　非线性系统

若系统的数学模型不能用线性微分方程描述,则此系统为具有高次项的非线性系统。比如系统的动力学方程为

$$x^2(t) = y(t)$$

或者

$$\ddot{x}(t) + \dot{x}^2(t) = y(t)$$

非线性系统无法应用叠加原理,因此分析起来比较复杂。而对大多数实际应用中的机械、电气及液压等控制系统,其变量之间都不同程度地包含有非线性关系,如间隙特性、饱和特性、死区特性、干摩擦等。

定性地说,线性关系只有一种,而非线性关系则千变万化,不胜枚举。线性是非线性的特例,它是简单的比例关系,各部分的贡献是相互独立的;而非线性是对这种简单关系的偏离,各部分之间彼此影响,发生耦合作用,这是产生非线性问题的复杂性和多样性的根本原因。正因为如此,非线性系统中各种因素的独立性就丧失了:整体不等于部分之和,叠加原理失效。因此,对于非线性问题只能具体问题具体分析。

线性与非线性现象的区别一般如下。

1) 在动力学形式上,线性现象一般表现为时空中的平滑运动,并可用性能良好的函数关系表示,而非线性现象则表现为从规则运动向不规则运动的转化和跃变。

2) 线性系统对外界影响的响应平缓、光滑,而非线性系统中参数的极微小变动,在一些关节点上,可以引起系统运动形式的定性改变。

由此可见,在工程应用中大量存在的相互作用都是非线性的,线性作用只不过是非线性作用在一定条件下的近似。若要对非线性系统进行分析,必须进行适当的处理。

◉ 3.3　系统微分方程的建立

◎ 3. 3. 1　复杂的机械运动系统

一个刚体有六个运动自由度,包括三个平动与三个转动,每个自由度理论上都可以建立一个运动微分方程,因此描述一个刚体的运动最多需要建立 6 个微分方程。实际上,前面分析的刚体仅在一个或少于 6 个自由度上产生运动,因此只需 1 个或少于 6 个微分方程就能描述被分析刚体的运动状态。

在复杂的机械运动系统中,对一个简化为质点的运动状态(平动)描述最多需要三个方向的运动微分方程。因此,复杂机械系统的数学建模一般按照如下的步骤来完成。

1）寻找系统中所有需要分析的质点或刚体,该质点或刚体存在运动自由度,且运动状态未知;对于弹性、阻尼等器件之间的直接连接点可以看作质量为 0 的质点。

视频:复杂机械系统建模分析—1 个质点 1 个方程

2）一个质点或刚体的一个运动状态未知的自由度,假设一个位移量(平动位移或角位移),并按照平动或转动运动定律建立一个微分方程。

3）被分析的刚体或质点存在几个运动状态未知的自由度,则需要建立几个微分方程,建立满足系统描述的最终数学模型。

【例 3-1】对于如图 3-15 所示的一维平动系统,在外力 F_i 的作用下,求质量块 m_1 的位移输出。

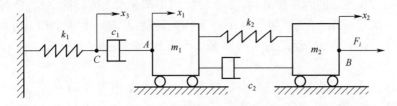

图 3-15　复杂的一维平动系统

分析:该系统包括 3 个运动状态未知的质点,如图中的 A、B、C 三个质点,且每个质点只有一个方向的运动自由度,即水平方向的运动。因此,需要假设三个位移未知量,假设分别为 x_1、x_2、x_3,建立 3 个微分方程。

对于质点 A,受到 3 个力的作用,包括阻尼 c_1 的作用力、阻尼 c_2 的作用力、弹簧 k_2 的作用力,其质量为 m_1,位移为 x_1;那么按照牛顿运动第二定律与各力的求解方法,有

$$c_1(\dot{x_3} - \dot{x_1}) + c_2(\dot{x_2} - \dot{x_1}) + k_2(x_2 - x_1) = m_1 \ddot{x_1}$$

对于质点 B,也受到 3 个力的作用,包括外力 F_i、阻尼 c_2 的作用力、弹簧 k_2 的作用力,其质量为 m_2,位移为 x_2,所以

$$F_i + c_2(\dot{x_1} - \dot{x_2}) + k_2(x_1 - x_2) = m_2 \ddot{x_2}$$

对于质点 C,受到 2 个力的作用,弹簧 k_2 的作用力与阻尼 c_1 的作用力,其质量为 $m_3 = 0$,位移为 x_3,所以

$$c_1(\dot{x_1} - \dot{x_3}) + k_1(0 - x_3) = 0$$

等式右边为 0 的原因是 $m_3 \ddot{x_3} = 0$。

这样,3 个运动未知量的质点,3 个微分方程的数学模型得以建立,整理如下:

$$\left. \begin{array}{c} c_1(\dot{x_3} - \dot{x_1}) + c_2(\dot{x_2} - \dot{x_1}) + k_2(x_2 - x_1) = m_1 \ddot{x_1} \\ F_i + c_2(\dot{x_1} - \dot{x_2}) + k_2(x_1 - x_2) = m_2 \ddot{x_2} \\ c_1(\dot{x_1} - \dot{x_3}) + k_1(0 - x_3) = 0 \end{array} \right\}$$

【例 3-2】　图 3-16 所示是倒立摆系统数学模型的建立。

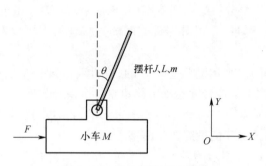

图 3-16 倒立摆结构示意图

对于如图 3-16 所示的倒立摆结构,质量为 M 的小车在水平方向的平动,只有 1 个方向运动量;质量为 m 的摆杆作为刚体,包括在 XOY 平面内转动、X 方向的平动和 Y 方向的平动其 3 个运动量。因此,对于小车的运动分析只需要 1 个方程,摆杆的运动分析需要 3 个方程,共 4 个微分方程。

假设 $x_1(t)$ 为小车的水平位移量,小车对摆杆的水平作用力分别为 $N_x(t)$、$N_y(t)$,摆杆相对其质心的转动惯量为 J,质心到旋转支点的距离为 L,旋转角度为 θ。4 个微分方程按牛顿运动定律与力矩作用转动定律依次建立如下。

对于小车,水平方向受到两个力的作用:外力 $F(t)$ 与摆杆的水平反作用力,有

$$M\ddot{x}_1(t) = F(t) - N_x(t)$$

对于摆杆,转动方程如下。

$J\ddot{\theta}(t) = N_x(t)L\cos\theta(t) - N_y(t)L\sin\theta(t)$ 的平动,设摆杆的水平位移为 $x_2(t)$,由于 $x_2(t) = x_1(t) + L \cdot \sin\theta(t)$,按照牛顿运动第二定律,则方程为

$$m_2 \frac{\mathrm{d}^2[x_1(t) + L\sin\theta(t)]}{\mathrm{d}t^2} = N_x(t)$$

摆杆 Y 方向的平动,由于垂直方向位移为 $y_2(t) = L \cdot \cos\theta(t)$,则方程为

$$m_2 \frac{\mathrm{d}^2[L\cos\theta(t)]}{\mathrm{d}t^2} = N_y(t) - mg$$

从上式可以看出,微分方程组有 4 个未知量,即 $x_1(t)$、$\theta(t)$、$N_x(t)$、$N_y(t)$,同时建立了 4 个微分方程,因此数学模型得以建立。

4 个方程,满足 3 个平动 1 个转动,即 4 个运动未知量的最终方程组整理如下:

$$\left.\begin{array}{l} m_1\ddot{x}_1(t) = F - N_x(t) \\[2mm] J\ddot{\theta}(t) = N_x(t)L\cos\theta(t) - N_y(t)L\sin\theta(t) \\[2mm] m_2\ddot{x}_1(t) + L(\sin\ddot{\theta}(t)) = N_x(t) \\[2mm] m_2L(\cos\ddot{\theta}(t)) = N_y(t) - mg \end{array}\right\}$$

◎ 3.3.2 复杂电学系统的建模

对于复杂的电学系统,按照一个未知电位节点,一个微分方程的原则建立数学模型,可按

如下步骤完成。

（1）在被分析电学系统中，寻找所有的未知电位的节点。

（2）1 个未知节点，假设 1 个电位量。

（3）1 个未知节点，根据假设的电位量以及存在的已知量，按照电流平衡原则，建立 1 个微分方程。

视频：电学系统建模
分析—1 个节点 1 个方程

【例 3-3】 如图 3-17 所示，已知电流源电流 I，两个未知结点 n_1 与 n_2，假设电位分别为 V_1 与 V_2 建立 2 个微分方程。

对于节点 n_1 有

$$I = \frac{V_1 - V_2}{R}$$

对于节点 n_2 有

$$\frac{V_1 - V_2}{R} = C \frac{\mathrm{d}V_2}{\mathrm{d}t}$$

整理如下：

$$\left. \begin{array}{l} I = \dfrac{V_1 - V_2}{R} \\[2mm] \dfrac{V_1 - V_2}{R} = C \dfrac{\mathrm{d}V_2}{\mathrm{d}t} \end{array} \right\}$$

2 个电位未知量 V_1、V_2，2 个方程，满足数学建模的要求。

【例 3-4】 如图 3-18 所示的输入为电压源 V_i，电位未知的节点 n 仅有 1 个，假设电位为 V_o，仅需建立 1 个微分方程。

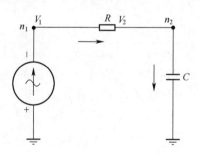

图 3-17　电流源输入的 RC 系统

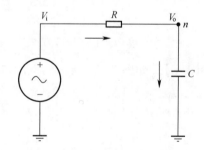

图 3-18　电压源输入的 RC 系统

流入节点的电流 i_R 等于流出节点的电流 i_C，则有方程

$$\frac{V_i - V_o}{R} = C \frac{\mathrm{d}V_o}{\mathrm{d}t}$$

【例 3-5】 图 3-19 所示为电流源输入电路，电流为 I。电位未知节点共 3 个，假设电位分别为 V_1、V_2、V_3，电流方向如图 3-19 所示。

对于节点①，有 $I = I_L + I_{R1}$，写成

$$I = \frac{1}{L} \int (V_1 - V_2) \mathrm{d}t + \frac{V_1 - V_2}{R_1}$$

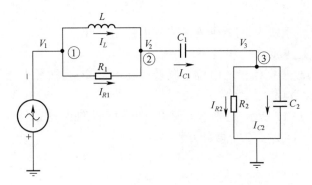

图 3-19　电流源输入的复杂电路系统

对于节点②,有 $I_C + I_{R1} = I_{C1}$,写成

$$\frac{1}{L}\int(V_1 - V_2)\,dt + \frac{V_1 - V_2}{R_1} = C_1\frac{d(V_2 - V_3)}{dt}$$

对于节点③,有 $I_{C1} = I_{R2} + I_{C2}$,写成

$$C_1\frac{d(V_2 - V_3)}{dt} = \frac{V_3 - 0}{R_2} + C_2\frac{d(V_3 - 0)}{dt}$$

3 个未知节点电位,3 个方程整理如下:

$$\left.\begin{array}{l} I = \dfrac{1}{L}\int(V_1 - V_2)\,dt + \dfrac{V_1 - V_2}{R_1} \\[2mm] \dfrac{1}{L}\int(V_1 - V_2)\,dt + \dfrac{V_1 - V_2}{R_1} = C_1\dfrac{d(V_2 - V_3)}{dt} \\[2mm] C_1\dfrac{d(V_2 - V_3)}{dt} = \dfrac{V_3 - 0}{R_2} + C_2\dfrac{d(V_3 - 0)}{dt} \end{array}\right\}$$

【例 3-6】　如图 3-20 所示的电压源输出电路,输入电位 V_i 已知,电位未知的节点共 5 个,假设电位分别为 V_1、V_2、V_3、V_4、V_5,那么按照电流平衡原则,分别建立平衡方程。

对于节点①,有 $I_{C_1} = I_{L_1} + I_{C_2} + I_{R_1}$,即

$$C_1\frac{d(V_i - V_1)}{dt} = \frac{1}{L_1}\int(V_1 - V_2)\,dt + C_2\frac{d(V_1 - V_2)}{dt} + \frac{V_1 - V_2}{R_1}$$

对于节点②,有 $I_{L_1} + I_{C_2} + I_{R_1} = I_{R_2}$,即

$$\frac{1}{L_1}\int(V_1 - V_2)\,dt + C_2\frac{d(V_1 - V_2)}{dt} + \frac{V_1 - V_2}{R_1} = \frac{V_2 - V_3}{R_2}$$

对于节点③,有 $I_{L_2} + I_{C_3} = I_{R_2}$,即

$$\frac{1}{L_2}\int(V_3 - V_4)\,dt + C_3\frac{d(V_3 - V_5)}{dt} = \frac{V_2 - V_3}{R_2}$$

对于节点④,有 $I_{L2} = I_{R3}$,即

$$\frac{1}{L_2}\int(V_3 - V_4)\,dt = \frac{V_4 - 0}{R_3}$$

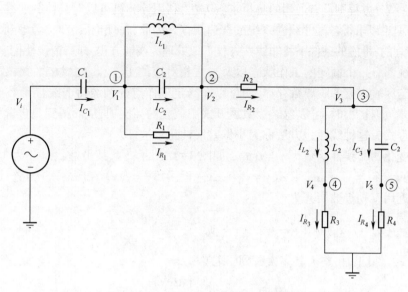

图 3-20 电压源输入的复杂电路系统

对于节点⑤,有 $I_{C_3} = I_{R_4}$,即

$$C_3 \frac{\mathrm{d}(V_3 - V_5)}{\mathrm{d}t} = \frac{V_5 - 0}{R_4}$$

5 个未知电位量,5 个方程整理如下:

$$
\left.
\begin{aligned}
&C_1 \frac{\mathrm{d}(V_i - V_1)}{\mathrm{d}t} = \frac{1}{L_1}\int(V_1 - V_2)\,\mathrm{d}t + C_2 \frac{\mathrm{d}(V_1 - V_2)}{\mathrm{d}t} + \frac{V_1 - V_2}{R_1} \\
&\frac{1}{L_1}\int(V_1 - V_2)\,\mathrm{d}t + C_2 \frac{\mathrm{d}(V_1 - V_2)}{\mathrm{d}t} + \frac{V_1 - V_2}{R_1} = \frac{V_2 - V_3}{R_2} \\
&\frac{1}{L_2}\int(V_3 - V_4)\,\mathrm{d}t + C_3 \frac{\mathrm{d}(V_3 - V_5)}{\mathrm{d}t} = \frac{V_2 - V_3}{R_2} \\
&\frac{1}{L_2}\int(V_3 - V_4)\,\mathrm{d}t = \frac{V_4 - 0}{R_3} \\
&C_3 \frac{\mathrm{d}(V_3 - V_5)}{\mathrm{d}t} = \frac{V_5 - 0}{R_4}
\end{aligned}
\right\}
$$

⬤ 3.4 系统非线性方程的线性化

在建立控制系统的数学模型时,常常会遇到非线性的问题。严格地说,实际物理元件或系统都是非线性的。例如,弹簧的刚度与其形变有关,因此弹簧系数 k 实际上是其位移 x 的函数,而并非常值;电阻、电容、电感等参数与周围环境(温度、湿度、压力等)及流经它们的电流有关,也并非常值;电动机本身的摩擦、死区等非线性因素会使其运动方程复杂化而成为非线性方程。对于线性系统的数学模型的求解,可以借用工程数学中的拉氏变换,原则上总能获得较为准确的解答。

而对于非线性微分方程则没有通用的解析求解方法,利用计算机可以对具体的非线性问题近似计算出结果,但难以求得各类非线性系统的普遍规律。因此,在理论研究时,考虑到工程实际特点,常常在合理的、可能的条件下将非线性方程近似处理为线性方程,即所谓线性化。

控制系统都有一个额定的工作状态以及与之相对应的工作点。由数学的级数理论可知,若函数在给定区域内有各阶导数存在,便可以在给定工作点的领域将非线性函数展开为泰勒级数。当偏差范围很小时,可以忽略级数展开式中偏差的高次项,从而得到只包含偏差一次项的线性化方程式。这种线性化方法称为小偏差线性化方法。

设连续变化的非线性函数为 $y = f(x)$,如图 3-21 所示。取某平衡状态 A 为工作点,对应有 $y_0 = f(x_0)$。当 $x = x_0 + \Delta x$ 时,有 $y = y_0 + \Delta y$。设函数 $y = f(x)$ 在 (x_0, y_0) 点连续可微,则将它在该点附近用泰勒级数展开为

$$y = f(x) = f(x_0) + \left[\frac{\mathrm{d}f(x)}{\mathrm{d}x}\right]_{x_0}(x - x_0) + \frac{1}{2!}\left[\frac{\mathrm{d}^2f(x)}{\mathrm{d}x^2}\right]_{x_0}(x - x_0)^2 + \cdots \qquad (3-18)$$

当增量 $x - x_0$ 很小时,略去其高次幂项,则有

$$y - y_0 = f(x) - f(x_0) = \left[\frac{\mathrm{d}f(x)}{\mathrm{d}x}\right]_{x_0}(x - x_0) \qquad (3-19)$$

令 $\Delta y = y - y_0 = f(x) - f(x_0)$,$\Delta x = x - x_0$,$K = (\mathrm{d}f(x)/\mathrm{d}x)_{x_0}$,则线性化方程可简化为

$$\Delta y = K\Delta x \qquad (3-20)$$

略去增量符号 Δ,便得到函数在工作点附近的线性化方程为

$$y = Kx$$

式中:K 为比例系数,它是函数 $y = f(x)$ 在 A 点附近的切线斜率。

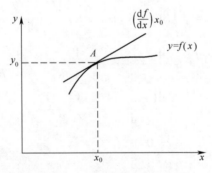

图 3-21　小偏差线性化示意图

【例 3-7】　铁芯线圈电路及其磁通 Φ 与线圈中的电流 i 之间的关系如图 3-22 所示。试列写以 u_r 为输入量,i 为输出量的电路微分方程。

解:设铁芯线圈磁通变化时产生的感应电势为

$$u_\Phi = K_1 \frac{\mathrm{d}\Phi(i)}{\mathrm{d}t}$$

根据基尔霍夫定律可写出电路微分方程为

$$u_r = K_1 \frac{\mathrm{d}\Phi(i)}{\mathrm{d}t} + Ri = K_1 \frac{\mathrm{d}\Phi(i)}{\mathrm{d}i}\frac{\mathrm{d}i}{\mathrm{d}t} + Ri$$

式中:$\mathrm{d}\Phi(i)/\mathrm{d}i$ 是线圈中电流 i 的非线性函数,因此该式是一个非线性微分方程。

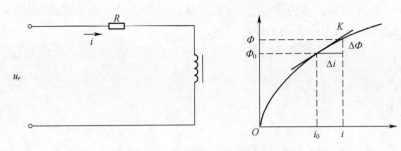

图 3-22　铁芯线圈电路及其特性

在工程应用中,如果电路的电压和电流只在某平衡点 (u_0, i_0) 附近作微小变化,则可设 u_r 相对于 u_0 的增量是 Δu_r, i 相对于 i_0 的增量是 Δi,并设 $\Phi(i)$ 在 i_0 的附近连续可微,则将 $\Phi(i)$ 在 i_0 附近用泰勒级数展开为

$$\Phi(i) = \Phi(i_0) + \left[\frac{\mathrm{d}\Phi(i)}{\mathrm{d}i} \right]_{i_0} \Delta i + \frac{1}{2!} \left[\frac{\mathrm{d}^2\Phi(i)}{\mathrm{d}i^2} \right]_{i_0} (\Delta i)^2 + \cdots$$

当 Δi 足够小时,略去高阶导数项,可得

$$\Phi(i) - \Phi(i_0) = \left[\frac{\mathrm{d}\Phi(i)}{\mathrm{d}i} \right]_{i_0} \Delta i = K\Delta i$$

式中: $K = (\mathrm{d}\Phi(i)/\mathrm{d}i)_{i_0}$,令 $\Delta\Phi = \Phi(i) - \Phi(i_0)$,略去增量符号 Δ,得到磁通 Φ 与线圈中电流 i 之间的增量线性化方程为

$$\Phi(i) = Ki$$

由上式可求得 $\mathrm{d}\Phi(i)/\mathrm{d}i = K$,代入非线性微分方程中,有

$$K_1 K \frac{\mathrm{d}i}{\mathrm{d}t} + Ri = u_r$$

该式便是铁芯线圈电路在平衡点 (u_0, i_0) 的增量线性化方程,若平衡点发生变动,则 K 值也相应改变。

通过上述讨论,应注意以下几点:

(1)线性化方程中的参数与选择的工作点有关,工作点不同,相应的参数也不同。因此,在进行线性化时,应首先确定工作点。

(2)当输入量变化范围较大时,用上述方法进行线性化处理势必会引起较大的误差。所以,要注意它的条件,包括信号变化的范围。

(3)若非线性特性是不连续的,则不能满足展开成为泰勒级数的条件,这时就不能进行线性化处理。这类非线性称为本质非线性,对于这类问题,要用非线性自动控制理论来解决。

本 章 小 结

学习本章,在于把电学模型、机械系统物理模型转化为数学模型,转化过程中利用的原则与方法如下。

(1)牛顿运动第二定律 $F_\text{合}(t) = ma(t)$ 与基尔霍夫定律 $\sum i_\text{入} = \sum i_\text{出}$,为建立机械系统与 RLC 电学系统的数学模型提供了基本原则。

（2）厘清机械系统中弹性力、阻尼力与远近端点位移的关系是关键；厘清电学系统中电流与电阻、电感或电容两端电位差的关系是关键。

（3）对于一维直线运动系统，遵循一个质点一个方程的原则；对于电学系统，遵循一个节点一个方程的原则。

习　题

3.1　简述建立控制系统数学模型的基本方法及其特点。

3.2　简述线性系统及非线性系统的特点及其区别。

3.3　建立如题 3.3 图所示电路网络的数学模型，图中 R、R_1、R_2 为电阻，C 为电容，u_1、u_2 分别为输入和输出电压。

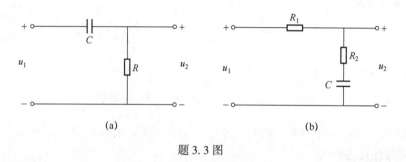

(a) 　　　　　　　　　　　　　(b)

题 3.3 图

3.4　建立如题 3.4 图所示机械系统的数学模型，图中 k_1、k_2 为弹簧弹性系数，B 为阻尼系数，x_1 为输入位移，x_2 为输出位移。

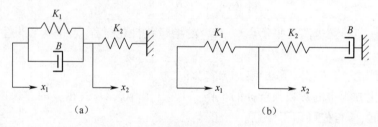

(a) 　　　　　　　　　　　　　(b)

题 3.4 图

3.5　建立如题 3.5 图所示系统的数学模型，其中外力 $f(t)$ 为输入，位移 x_2 为输出。

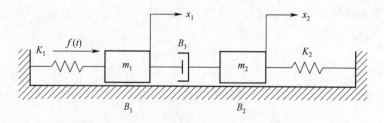

题 3.5 图

3.6　试证明如题 3.6 图所示的两系统具有相同形式的数学模型。电路系统图中,u_1、u_2 分别为输入和输出电压,R_1、R_2 为电阻, C_1、C_2 为电容;机械系统图中,x_1、x_2 分别为输入位移和输出位移,B_1、B_2 为阻尼器阻尼系数,K_1、K_2 为弹簧弹性系数。

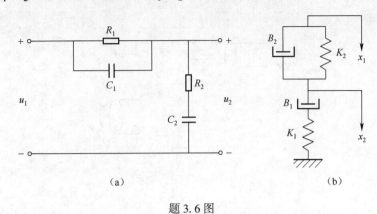

(a)　　　　　　　　　　　　　(b)

题 3.6 图

3.7　建立如题 3.7 图所示的位移输入 x_i 与输出 x_o 的数学模型。

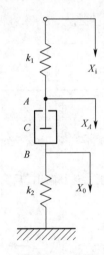

题 3.7 图　弹簧-阻尼-弹簧机械位移系统

3.8　求题 3.8 图中输入电压 $u_r(t)$ 与输出电压 $u_c(t)$ 的数学模型。

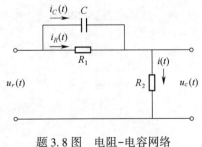

题 3.8 图　电阻-电容网络

3.9 如题 3.9 图所示是齿轮轴传递系统。轴 1 由外部电动机输入扭矩 M，M_{fz} 为负载转矩。各轴的转动惯量、阻尼分别为 J_1、J_2 和 c_1、c_2。求输入转矩与输出轴转角 θ_2 之间的微分方程模型。

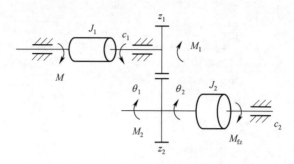

题 3.9 图　齿轮轴传动系统

3.10 如题 3.10 图所示，写出下列系统中输出位移 x_o 与输入位移 x_i 之间的微分方程及传递函数。

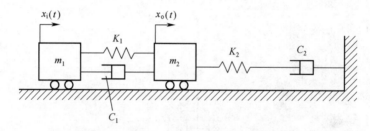

题 3.10 图　弹簧-质量-弹簧受外力位移系统

3.11 如题 3.11 图所示，写出下列系统中输出位移 x 与输入力 F 之间的微分方程及传递函数。

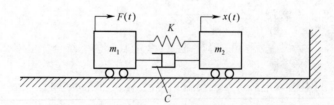

题 3.11 图　弹簧-质量-弹簧受外力位移系统

第4章 控制系统的传递函数

本章导学思维导图

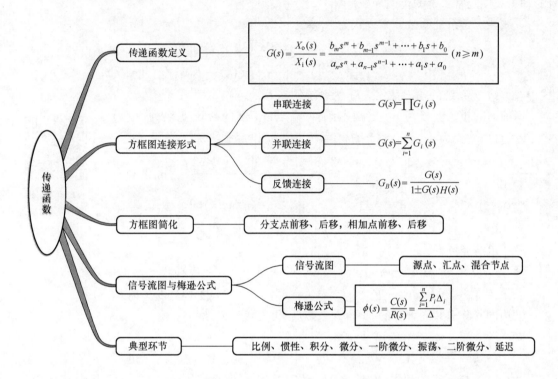

微分方程是描述线性系统运动的一种基本形式的数学模型。通过对它求解,就可以得到系统在给定输入信号作用下的输出响应。但用微分方程表示系统的数学模型在实际应用中一般会遇到如下的困难。

1) 微分方程的阶次高于三阶,求解就有难度,且计算的工作量较大。

2) 对于控制系统的分析,不仅要了解它在给定信号作用下的输出响应,而且更要重视系统的结构、参数与其性能间的关系。对于后者的要求,显然用微分方程去描述是难以实现的。

在控制工程中,一般并不需要精确地求出系统微分方程的解,作出它的输出响应曲线,而是希望用简单的方法了解系统是否稳定及其在动态过程中的主要特征,能判别某些参数的改变或校正装置的加入对系统性能的影响。以传递函数为工具的频率响应就能实现上述要求。传递函数是用来间接分析系统动态性能的一种常用数学模型,即把微分方程进行拉氏变换后,将时间域的数学模型变换为复数域描述的表达式。

4.1 传递函数的定义及其性质

4.1.1 传递函数的基本概念

在零初始条件下，单输入、单输出线性定常系统输出的拉氏变换与其输入的拉氏变换之比，即为线性定常系统的传递函数。

设线性定常系统的微分方程式为

$$a_n x_o^{(n)}(t) + a_{n-1} x_o^{(n-1)}(t) + \cdots + a_1 x_o'(t) + a_0 x_o(t)$$
$$= b_m x_i^{(m)}(t) + b_{m-1} x_i^{(m-1)}(t) + \cdots + b_1 x_i'(t) + b_0 x_i(t) \quad (n \geqslant m) \tag{4-1}$$

式中：$x_o(t)$ 为系统的输出量；$x_i(t)$ 为系统的输入量。

由前面的拉氏变换可知，零初始条件下，若 $x_i(t)$ 的拉氏变换为 $X_I(s)$，$x_o(t)$ 的拉氏变换为 $X_o(s)$，加上隐含的 e^{st}，上式可以写成：

$$a_n \frac{d^n[X_o(s)\,e^{st}]}{dt^n} + a_{n-1} \frac{d^{n-1}[X_o(s)\,e^{st}]}{dt^{n-1}} + \cdots + a_1 \frac{d[X_o(s)\,e^{st}]}{dt} + a_0 X_o(s)\,e^{st}$$

$$= b_m \frac{d^m[X_I(s)\,e^{st}]}{dt^m} + b_{m-1} \frac{d^{m-1}[X_I(s)\,e^{st}]}{dt^{m-1}} + \cdots + b_1 \frac{d[X_I(s)\,e^{st}]}{dt} + b_0 X_I(s)\,e^{st}$$

视频：传递函数
的推导及理解

直接求解微分得

$$a_n s^n X_o(s)\,e^{st} + a_{n-1} s^{n-1} X_o(s)\,e^{st} + \cdots + a_1 s X_o(s)\,e^{st} + a_0 X_o(s)\,e^{st}$$
$$= b_m s^m X_I(s)\,e^{st} + b_{m-1} s^{m-1} X_I(s)\,e^{st} + \cdots + b_1 s X_I(s)\,e^{st} + b_0 X_I(s)\,e^{st}$$

两边同时除去共同含有的 e^{st}，合并系数后，可得传递函数为

$$G(s) = \frac{X_o(s)}{X_i(s)} = \frac{b_m s^m + b_{m-1} s^{m-1} + \cdots + b_1 s + b_0}{a_n s^n + a_{n-1} s^{n-1} + \cdots + a_1 s + a_0} \quad (n \geqslant m) \tag{4-2}$$

式（4-2）表示系统的输入与输出之间的因果关系，即系统的输出 $X_o(s)$ 是其输入 $X_i(s)$ 经过 $G(s)$ 的传递而产生的，因而 $G(s)$ 被称为系统的传递函数。传递函数是由系统的微分方程经拉氏变换后得到的，而拉氏变换积分只是将变量从实数域变换到复数域，因此它必然同微分方程式一样能表征系统的固有特性，即成为描述系统（或元件）运动的又一形式的数学模型。对比式（4-1）和式（4-2），不难看出传递函数包含了微分方程式的所有系数。

4.1.2 传递函数的基本性质

传递函数有如下的性质：

1）传送函数反映系统本身的动态固有特性，只与系统本身的参数有关，与外界的输入无关。

2）传递函数一般为复变量 s 的有理分式，它的分母多项式 s 的最高阶次 n 总是大于或等于其分子多项式 s 的最高阶次 m，即 $n \geqslant m$。因为实际系统（或元件）总有惯性存在，所以输出不会超前于输入。

3）传递函数可以有量纲，也可以无量纲。如在机械系统中，若输出为位移（cm），输入为力（N），则传递函数 $G(s)$ 的量纲为（cm/N）；若输出为位移（cm），输入也为位移（cm），则

$G(s)$ 为无量纲比值。

4) 物理性质不同的系统、环节或元件,可以具有相同类型的传递函数。因为既然可以用同样类型的微分方程来描述不同物理系统的动态过程,也就可以用同样类型的传递函数来描述不同物理系统的动态过程。因此,传递函数的分析方法可以用于不同的物理系统。

5) 由于传递函数是在零初始条件下定义的,因此它不能反映在非零初始条件下系统(或元件)的运动情况,并且传递函数只适用于线性定常系统。

◎ 4.1.3　传递函数的零点和极点

一个传递函数是由相应的零点和极点组成的。将式(4-2)中分子与分母的多项式进行因式分解,可得到下列的表达式:

$$G(s) = \frac{K\prod\limits_{i=1}^{m}(s + z_i)}{\prod\limits_{j=1}^{n}(s + p_j)} \tag{4-3}$$

$s = -z_i$ 为传递函数分子多项式等于 0 时的根,故称其为 $G(s)$ 的零点。

$s = -p_j$ 为传递函数分母多项式等于 0 时的根,故称其为 $G(s)$ 的极点。

不难看出,传递函数分母的多项式就是相应微分方程的特征多项式;传递函数的极点就是相应微分方程的特征根。显然,传递函数的零点、极点对系统的性能都有影响,但它们所产生的影响是不同的。有关这方面的问题,将在第 5 章中作较详细的阐述。

◉ 4.2　传递函数方框图及动态系统的构成

在求取系统的传递函数时,要消去系统中的中间变量的工作较烦琐。在消元后,由于仅剩下系统的输入(或扰动)和输出两个变量,因此无法反映系统中信息的传递过程。采用方框图表示的控制系统,不仅简明地表示了系统中各个环节间的关系和信号的传递过程,而且根据方框图的简化方法不用消元就能较方便地求得系统的传递函数。因此,方框图在控制工程中得到了广泛地应用。

◎ 4.2.1　系统传递函数方框图

一个系统可由若干环节按一定的关系组成,将这些环节以方框表示,其间用相应的变量及信号流向联系起来,就构成系统的方框图。系统方框图具体而形象地表示了系统内部各环节的数学模型、各变量之间的相互关系以及信号流向。事实上它是系统数学模型的一种图解表示方法,它提供了关于系统动态性能的有关信息,并且可以揭示和评价每个组成环节对系统的影响。根据方框图,即可通过一定的运算变换求得系统传递函数。故方框图对于系统的描述、分析、计算是很方便的,因而被广泛地应用。

视频:传递系统
方框图推导

1. 方框图的组成要素

（1）函数方框。函数方框是传递函数的图解表示，如图 4-1 所示。图中，指向方框的箭头表示输入的拉氏变换 $R(s)$，离开方框的箭头表示输出的拉氏变换 $C(s)$；方框中表示的是该输入、输出之间的环节的传递函数 $G(s)$。所以，方框的输出应是方框中的传递函数乘以其输入，即

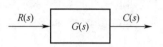

图 4-1　传递函数方框图

$$C(s) = G(s)R(s) \tag{4-4}$$

应当指出，输出信号的量纲等于输入信号的量纲与传递函数量纲的乘积。

（2）相加点。相加点是信号之间代数求和运算的图解表示，如图 4-2 所示。在相加点处，输出信号（用离开相加点的箭头表示）等于各输入信号（由指向相加点的箭头表示）的代数和，每一个指向相加点的箭头前方的"+"号或"–"号表示该输入信号在代数运算中的符号。在相加点处加、减的信号必须是同种变量，运算时的量纲也要相同。相加点可以有多个输入，但输出是唯一的。

（3）分支点。分支点表示同一信号向不同方向的传递，如图 4-3 所示，在分支点引出的信号不仅量纲相同，而且数值也相等。

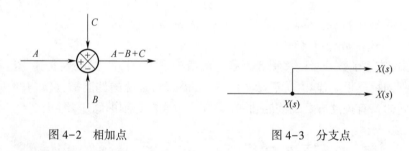

图 4-2　相加点　　　　　　　　　　图 4-3　分支点

2. 系统方框图的建立

建立系统方框图的步骤如下：

1）建立系统（或元件）的原始微分方程。

2）对这些原始微分方程进行拉氏变换，并根据各拉氏变换式中的因果关系，绘出相应的方框图。

3）根据信号在系统中传递、变换的过程，依次将各传递函数方框图连接起来（同一变量的信号通路连接在一起），系统输入量置于左端，输出量置于右端，便得到系统的传递函数方框图。

下面举例说明系统方框图的建立方法。

【例 4-1】　绘制如图 4-4 所示的 RC 电路的方框图。

解：

1）列写该电路的微分方程式，得

$$u_r - u_c = Ri(t)$$

$$u_c = \frac{1}{C}\int i(t)\,dt$$

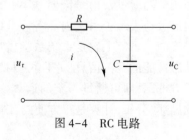

图 4-4　RC 电路

2）对上述微分方程式分别进行拉氏变换,得

$$U_r(s) - U_c(s) = RI(s)$$

$$U_c(s) = \frac{1}{Cs}I(s)$$

3）画出上述两式对应的方框图,如图 4-5(a)和(b)所示。

4）各单元方框图按信号的流向依次连接,得到如图 4-5(c)所示该电路的方框图。

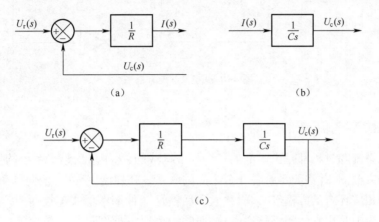

（a）　　　　　　　　　　　　（b）

（c）

图 4-5　各环节方框图

【**例 4-2**】　绘制如图 4-6 所示的 *KMC* 系统的方框图。

解：对于一般的有阻尼有外力作用的弹簧振子系统,合外力由弹性力、外力与阻尼力三部分组成,因此有

$$F_合 = f(t) - ky(t) - c\dot{y}(t) = m\ddot{y}(t)$$

对上式进行拉氏变换得

$$F(s) - kY(s) - csY(s) = ms^2Y(s)$$

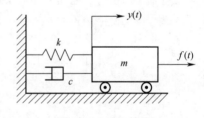

图 4-6　*KMC* 系统

从目标入手,进行因果倒推：在外力与系统参数已知的条件下,要想得到位移,必先得到速度；要想得到速度,必先得到加速度；要想得到加速度,必先得到合外力；要想得到合外力,必先得到弹性力与阻尼力；要想得到弹性力与阻尼力,必先得到位移与速度。因果倒推关系如图 4-7 所示。

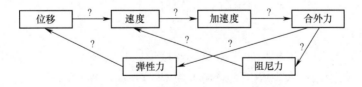

图 4-7　KMC 系统的因果倒推关系图

显然,这个关系是一个因果循环的问题,说明了反馈机制的存在。因此,基于这样的思考,以加速度为纽带,顺序建立模型如 4-8 图所示。加速度积分得到速度；速度的积分得到位移；

加速度由合外力与质量之比获得;速度乘以阻尼系数,得到阻尼力;位移乘以弹性系数,得到弹性力;合外力由外力、阻尼力、弹性力共同合成得到。

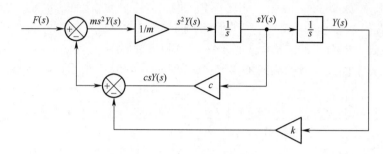

图 4-8   KMC 系统方框图

◎ 4.2.2 动态系统的构成

任何动态系统和过程都是由内部的各个环节构成的,为了求出整个系统的传递函数,可以先画出系统的方框图,并注明系统各环节之间的联系。在控制工程中,任何复杂系统的方框图都主要由各个相应环节的方框经串联、并联和反馈这三种基本形式连接而成。为了能依据系统的方框图方便地写出它的闭环传递函数,通常需要对方框图进行等效变换。方框图的等效变换必须遵守一个原则,即变换前后各变量间的传递函数保持不变。

1. 串联连接

在控制系统中,常见几个环节按照信号的流向相互串联连接,如图 4-9 所示为两个环节串联连接。串联连接的特点是,前一环节的输出量就是后一环节的输入量。

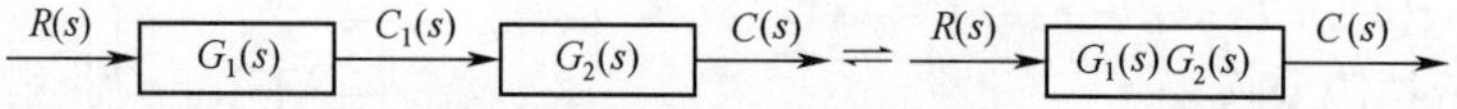

$$R(s) \rightarrow \boxed{G_1(s)} \xrightarrow{C_1(s)} \boxed{G_2(s)} \xrightarrow{C(s)} \rightleftharpoons R(s) \rightarrow \boxed{G_1(s)G_2(s)} \xrightarrow{C(s)}$$

图 4-9   串联环节的等效变换

当各个环节之间不存在负载效应时,串联后的传递函数为

$$G(s) = \frac{C(s)}{R(s)} = \frac{C_1(s)}{R(s)} \frac{C(s)}{C_1(s)} = G_1(s) G_2(s)$$

由此式可知,串联环节的等效传递函数等于所有串联环节的传递函数的乘积,即

$$G(s) = \prod_{i=1}^{n} G_i(s) \tag{4-5}$$

2. 并联连接

几个环节的输入相同、输出相加或相减的连接形式称为环节的并联。如图 4-10 所示为两个环节的并联,共同的输入为 $R(s)$,总输出为 $C(s) = C_1(s) \pm C_2(s)$ 。

总的传递函数为

$$G(s) = \frac{C(s)}{R(s)} = \frac{C_1(s) \pm C_2(s)}{R(s)} = G_1(s) \pm G_2(s)$$

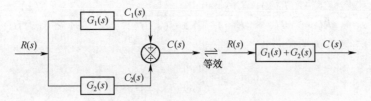

图 4-10 并联环节的等效变换

这说明并联环节所构成的总传递函数等于各并联环节传递函数之和(或差)。推广到 n 个环节并联,其总的传递函数等于各并联环节传递函数的代数和,即

$$G(s) = \sum_{i=1}^{n} G_i(s) \tag{4-6}$$

3. 反馈连接

如图 4-11 所示为反馈连接的一般形式。图中反馈端的"–"号表示系统为负反馈连接;反之,若为"+"号则为正反馈连接。下面结合控制工程中常用的几个术语来求反馈环节的等效变换。

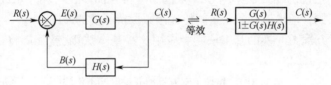

图 4-11 反馈环节的等效变换

(1) 前向通道传递函数 $G(s)$。前向通道传递函数 $G(s)$ 是输出 $C(s)$ 与偏差 $E(s)$ 之比,即

$$G(s) = \frac{C(s)}{E(s)} \tag{4-7}$$

(2) 反馈通道传递函数 $H(s)$。反馈通道传递函数 $H(s)$ 是反馈信号 $B(s)$ 与输出 $C(s)$ 之比,即

$$H(s) = \frac{B(s)}{C(s)} \tag{4-8}$$

(3) 开环传递函数 $G_k(s)$。开环传递函数 $G_k(s)$ 定义为反馈信号 $B(s)$ 与偏差 $E(s)$ 之比,是前向通道传递函数 $G(s)$ 与反馈回路传递函数 $H(s)$ 之积,即

$$G_k(s) = \frac{B(s)}{E(s)} = \frac{C(s)}{E(s)} \frac{B(s)}{C(s)} = G(s)H(s) \tag{4-9}$$

(4) 偏差传递函数。偏差传递函数定义为偏差信号 $E(s)$ 与输入信号 $R(s)$ 之比,即

$$\frac{E(s)}{R(s)} = \frac{R(s) \pm B(s)}{R(s)} = \frac{E(s)}{E(s) \pm B(s)} = \frac{1}{1 \pm \frac{B(s)}{E(s)}} = \frac{1}{1 \pm G(s)H(s)} \tag{4-10}$$

(5) 闭环传递函数 $G_B(s)$。闭环传递函数 $G_B(s)$ 是输出信号 $C(s)$ 与输入信号 $R(s)$ 之比,即

$$G_B(s) = \frac{C(s)}{R(s)} = \frac{E(s)}{R(s)} \cdot \frac{C(s)}{E(s)} = \frac{1}{1 \pm G(s)H(s)} G(s) = \frac{G(s)}{1 \pm G(s)H(s)} \qquad (4\text{-}11)$$

当 $H(s) = 1$ 时,称为单位反馈。此时有

$$G_B(s) = \frac{C(s)}{R(s)} = \frac{G(s)}{1 \pm G(s)} \qquad (4\text{-}12)$$

注意:在图 4-11 中,若相加点的反馈信号 $B(s)$ 处为负号,则 $E(s) = R(s) - B(s)$,此时,式(4-14)和式(4-15)中的 $G(s)H(s)$ 前为正号。若相加点的反馈信号 $B(s)$ 处为正号,则 $E(s) = R(s) + B(s)$,此时,式(4-11)和式(4-12)中的 $G(s)H(s)$ 前为负号。

◎ **4.2.3 系统传递函数方框图的简化**

对于简单系统的方框图,利用上述三种等效变换法则,就可以较方便地求得系统的闭环传递函数。由于实际系统一般较为复杂,在系统的方框图中经常会出现传输信号的相互交叉,这样就不能直接应用上述三种等效法则对系统简化。解决的办法是,先把相加点或分支点作合理等效移动,其目的是去掉方框图中的信号交叉,然后应用上述的等效法则对系统方框图进行化简。在对相加点或分支点作等效移动时,同样应该遵守各变量间传递函数保持不变的原则。

视频:方框图
简化实例

表 4-1 列出了方框图变换的基本法则。应用这些基本法则,就能够将一个复杂的方框图简化为简单形式。

表 4-1 传递函数方框图变换的基本法则

变　换	原方框图	等效方框图
1. 分支点后移	$R \rightarrow \boxed{G} \rightarrow C$ ，$\rightarrow R$	$R \rightarrow \boxed{G} \rightarrow C$ ，$\rightarrow \boxed{\frac{1}{G}} \rightarrow R$
2. 分支点前移	$R \rightarrow \boxed{G} \rightarrow C$ ，$\rightarrow C$	$R \rightarrow \boxed{G} \rightarrow C$ ，$R \rightarrow \boxed{G} \rightarrow C$
3. 相加点后移	$R_1 \rightarrow \otimes \rightarrow \boxed{G} \rightarrow C$ ，$R_2 \rightarrow$	$R_1 \rightarrow \boxed{G} \rightarrow \otimes \rightarrow C$ ，$R_2 \rightarrow \boxed{G} \rightarrow$
4. 相加点前移	$R_1 \rightarrow \boxed{G} \rightarrow \otimes \rightarrow C$ ，$R_2 \rightarrow$	$R_1 \rightarrow \otimes \rightarrow \boxed{G} \rightarrow C$ ，$\boxed{\frac{1}{G}} \leftarrow R_2$
5. 消去反馈点问题	$R_1 \rightarrow \otimes \rightarrow \boxed{G} \rightarrow C$ ，$\boxed{H} \leftarrow$	$R \rightarrow \boxed{\frac{G}{1+GH}} \rightarrow C$

现以图 4-12(a)为例,应用上述规则来简化一个三环回路的方框图,并求系统传递函数。

简化的方法主要是通过移动分支点或相加点,消除交叉连接,使其成为独立的小回路,以便用串、并联和反馈连接的等效规则进一步简化。一般应先解内回路,再逐步解外回路,一环环简化,最后求得系统的闭环传递函数。

【**例 4-3**】　用方框图的等效变化法则,求如图 4-12(a)所示的系统的传递函数。

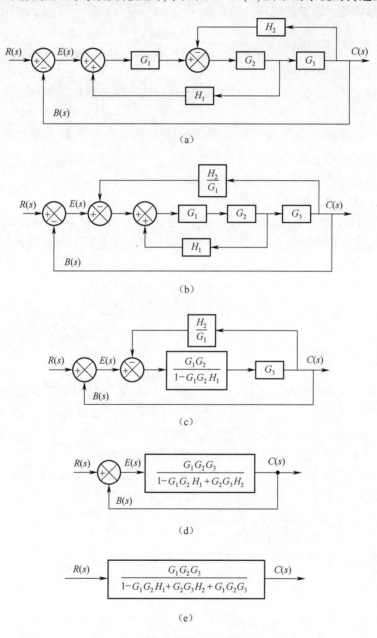

图 4-12　传递函数方框图的简化过程

解:图 4-12(a)的简化过程的步骤如下:

(1) 将 H_2 负反馈的相加点前移,使其包含 H_1 的反馈回路,如图 4-12(b)所示。

51

（2）消去包含的 H_1 反馈回路，将小环回路化为单一向前传递函数，如图 4-12（c）所示。注意，若没有相加点前移就不能进行此步，因为在图 4-12（a）中的 G_1、G_2 间还要加入其他环节的作用。

（3）再消去包含的 H_2/G_1 闭环反馈回路，得到图 4-12（d）所示的单位反馈的单环回路。

（4）最后消去单位负反馈回路，得到单一向前传递函数，如图 4-12（e）所示。图 4-12（e）所示的函数方框就是原系统的闭环传递函数：

$$G(s) = \frac{G_1 G_2 G_3}{1 - G_1 G_2 H_1 + G_2 G_3 H_2 + G_1 G_2 G_3} \qquad (4-13)$$

方框图简化应遵循的原则如下：

（1）前向通道传递函数的乘积保持不变，简化后所得闭环传递函数的分子为前向通道传递函数的乘积。

（2）每一个反馈回路中传递函数的乘积保持不变，简化后闭环传递函数的分母为 $1 - \sum$（每个反馈回路传递函数的乘积）。

以图 4-12（a）所示的系统的传递函数为例。

分子为 $G_1 G_2 G_3$，则分母为

$$1 - (G_1 G_2 H_1 - G_2 G_3 H_2 - G_1 G_2 G_3) = 1 - G_1 G_2 H_1 + G_2 G_3 H_2 + G_1 G_2 G_3 \qquad (4-14)$$

注意：在式（4-14）中的括弧中，每个反馈回路中传递函数乘积的符号应与反馈信号的符号一致。

4.3 信号流图与梅逊公式

◎ 4.3.1 信号流图

方框图对于图解表示控制系统是经常采用的一种有效工具，但是当系统很复杂时，方框图简化过程就显得很复杂。信号流图是另一种表示复杂系统中变量之间关系的方法，这种方法先是由梅逊（S. J. Mason）提出来的。

下面通过图 4-13 的信号流图示例，说明信号流图的表示方法。

系统中所有的信号用节点表示，在信号流图上以小圆圈表示节点，在小圆圈旁注明信号的代号，如图中的 e_1、e_2、e_3、e_4 均为信号节点，节点又可分以下几个：

（1）源点：只有输出没有输入的节点，如 e_1。

（2）汇点：只有输入没有输出的节点，如 e_4。

（3）混合节点：既有输入又有输出的节点，如 e_2、e_3。

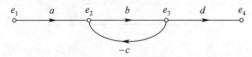

图 4-13　信号流图

节点之间用直线相连，用箭头表示信号的流向，有向线段称为支路，在支路上标明节点间的传递关系。图 4-13 中 a、b、$-c$、d 分别表示各条支路上的传函数。图 4-13 中信号由 $e_2 \rightarrow e_3 \rightarrow$

e_2 构成闭路称为一个回路,回路中各支路传递函数的乘积称为回路传递函数。图 4-13 中回路传递函数为 - bc。若系统中包含若个回路,回路间没有任何公共节点,则称为不接触回路。

和图 4-13 等价的方框图表示为图 4-14,相应系统的方程式为

$$\left. \begin{array}{l} e_2 = ae_1 - ce_3 \\ e_3 = be_2 \\ e_4 = de_3 \end{array} \right\} \tag{4-15}$$

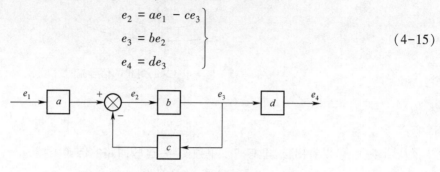

图 4-14　与图 4-13 等价的方框图

信号流图中节点表示的量,在电网络系统中可以代表电压或电流等,在机械系统中可以代表位移、力、速度等。

◎ 4.3.2　梅逊公式

应用梅逊公式,可以不用简化结构图,而直接写出系统传递函数,这里只给出公式,并举例说明其应用。在介绍梅逊公式之前,首先定义两个术语。

前向通路及前向通路传递函数:信号从输入端到输出端传递时,通过每个方框只有一次的通路,称为前向通路。前向通路上所有传递函数的乘积,称为前向通路传递函数。

回路及回路传递函数:信号传递的起点就是其终点,而且每个方框只通过一次的闭合通路称为回路。回路上所有传递函数的乘积(并且包含代表回路反馈极性的正、负号)称为回路传递函数。

梅逊公式的表达形式为

$$\varphi(s) = \frac{C(s)}{R(s)} = \frac{\sum\limits_{i=1}^{n} P_i \Delta_i}{\Delta} \tag{4-16}$$

其中　　　　$\Delta = 1 - \sum L_i + \sum L_i L_j - \sum L_i L_j L_k + \cdots$ 　　(正负号间隔)　　(4-17)

式中,Δ_i 为第 i 个前向通道的特征余子式;在 Δ 中,将与第 i 条前向通路相接触的回路有关项去掉后所剩余的部分,称为 Δ 的余子式;Δ 为特征式;P_i 为第 i 条前向通路传递函数;n 为从输入节点到输出节点的前向通道总数;$\sum L_i$ 为所有不同回路的回路传递函数之和;$\sum L_i L_j$ 为所有两两不接触回路,其回路传递函数乘积之和;$\sum L_i L_j L_k$ 为所有三个互不接触回路,其回路传递函数乘积之和。

下面举例说明 P_i、Δ 和 Δ_i 的求法及梅逊公式的应用。

【例 4-4】　用梅逊公式求图 4-12(a)所示的闭环传递系统。

解:对应的信号流图如图 4-15 所示。

在这个系统中,输入量 $R(s)$ 和输出量 $C(s)$ 之间只有一条前向通路。前向通路的传递函

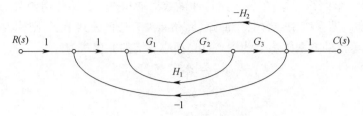

图 4-15　与图 4-12(a)等价的信号流图

数为

$$P_1 = G_1 G_2 G_3$$

从图 4-15 可以看出,这里有三个单独回路,这些回路的传递函数为

$$L_1 = G_1 G_2 H_1$$
$$L_2 = - G_2 G_3 H_2$$
$$L_3 = - G_1 G_2 G_3$$

因为所有三个回路具有一条公共支路,所以这里没有不接触的回路。因此,特征式 Δ 为

$$\Delta = 1 - (L_1 + L_2 + L_3) = 1 - G_1 G_2 H_1 + G_2 G_3 H_2 + G_1 G_2 G_3$$

沿连接输入节点和输出节点的前向通路、特征式的余因子 Δ_1,可以通过除去与该通路接触的回路的方法而得到。因为通路与三个回路都接触,所以得到 $\Delta_1 = 1$,因此输入量 $R(s)$ 和输出量 $C(s)$ 之间的总传递函数(即闭环传递函数)为

$$\varphi(s) = \frac{C(s)}{R(s)} = \frac{\sum_{i=1}^{n} P_i \Delta_i}{\Delta} = \frac{P_1 \Delta_1}{\Delta} = \frac{G_1 G_2 G_3}{1 - G_1 G_2 H_1 + G_2 G_3 H_2 + G_1 G_2 G_3}$$

4.4　典型环节的传递函数

组成自动控制系统的元件很多,不论其物理性质,还是其结构用途方面都有很大的差异。按什么原则对它们进行分类更有利于对控制系统的研究呢? 由前面章节的讨论可知,不同物理结构的元件可以有形式上完全相同的微分方程和传递函数。由此受到启发,对于性质不同、数量众多的自动控制元件,若按形式相同的微分方程或传递函数来分类,可以分为下列 8 种典型环节。我们通常接触到的复杂的自动控制系统都可以看作是由一些典型环节组合而成的。

1. 比例环节(或称放大环节)

凡是输出量与输入量成正比,输出不失真也不延迟、按比例地反映输入的环节称为比例环节。其动力学方程为

$$x_o(t) = K x_i(t) \tag{4-18}$$

式中: $x_o(t)$ 为环节的输出量; $x_i(t)$ 为环节的输入量; K 为环节的放大系数或增益。

其传递函数为

$$G(s) = \frac{x_o(s)}{x_i(s)} = K \tag{4-19}$$

如一个理想的电子放大器的放大系数或增益、齿轮传动的传动比均为比例环节。

2. 惯性环节(一阶惯性环节)

在惯性环节中,因含有储能元件,突变形式的输入信号不能立即输送出去,该环节的特点是其输出量延缓地反映输入量的变化规律。其微分方程为

$$T\frac{\mathrm{d}x_\mathrm{o}(t)}{\mathrm{d}t} + x_\mathrm{o}(t) = Kx_\mathrm{i}(t) \tag{4-20}$$

其传递函数为

$$G(s) = \frac{X_\mathrm{o}(s)}{X_\mathrm{i}(s)} = \frac{K}{Ts + 1} \tag{4-21}$$

式中:K 为放大系数;T 为环节的时间常数。

【例 4-5】　如图 4-16 所示的 RC 电路,$u_\mathrm{r}(t)$ 为输入电压,$u_\mathrm{c}(t)$ 为输出电压,$i(t)$ 为电流,R 为电阻,C 为电容。

解:根据基尔霍夫定律列写微分方程,得

$$u_\mathrm{r}(t) - u_\mathrm{c}(t) = Ri(t)$$

$$u_\mathrm{c}(t) = \frac{1}{C}\int i(t)\,\mathrm{d}t$$

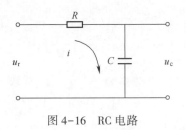

图 4-16　RC 电路

对微分方程式进行拉氏变换,得

$$U_\mathrm{r}(s) - U_\mathrm{c}(s) = RI(s)$$

$$U_\mathrm{c}(s) = \frac{1}{Cs}I(s)$$

求得电路的传递函数为

$$G(s) = \frac{U_\mathrm{c}(s)}{U_\mathrm{r}(s)} = \frac{1}{RCs + 1}$$

则该电路的时间常数 $T = RC$。

本系统之所以称为惯性环节,是由于含有容性储能元件 C 和阻性耗能元件 R。因此,惯性环节一般包含一个储能元件和一个耗能元件。

3. 积分环节

积分环节的输出量与其输入量对时间的积分成正比,即有微分方程

$$x_\mathrm{o}(t) = \frac{1}{T}\int x_\mathrm{i}(t)\,\mathrm{d}t \tag{4-22}$$

其传递函数为

$$G(s) = \frac{X_\mathrm{o}(s)}{X_\mathrm{i}(s)} = \frac{1}{Ts} \tag{4-23}$$

式中:T 为积分时间常数。

【例 4-6】　如图 4-17 所示的积分调节器,$u_\mathrm{r}(t)$ 为输入电压,$u_\mathrm{c}(t)$ 为输出电压,$i(t)$ 为电流,R 为电阻,C 为电容。其输出与输入之间的关系近似地视为积分关系。

解:根据电路图列写微分方程,得

$$\frac{u_\mathrm{r}(t)}{R} = -C\frac{du_\mathrm{c}(t)}{\mathrm{d}t}$$

对微分方程式进行拉氏变换,得

$$U_r(s) = -RCsU_c(s)$$

求得电路的传递函数为

$$G(s) = \frac{U_c(s)}{U_r(s)} = -\frac{1}{RCs}$$

则该电路的时间常数 $T = -RC$。

在系统中凡是具有储存或积累特点的元件,都有积分环节的特性。

4. 理想微分环节

理想微分环节的输出量与输入信号对时间的微分成正比,即有微分方程

$$x_o(t) = T\dot{x_i}(t) \tag{4-24}$$

其传递函数为

$$G(s) = \frac{X_o(s)}{X_i(s)} = Ts \tag{4-25}$$

式中: T 为微分环节的时间常数。

【**例 4-7**】 如图 4-18 所示的调节器, $u_r(t)$ 为输入电压, $u_c(t)$ 为输出电压, $i(t)$ 为电流, R 为电阻, C 为电容。

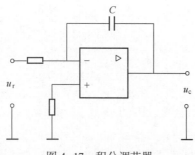

图 4-17 积分调节器

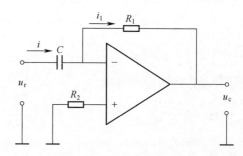

图 4-18 微分调节器电路

解:由图 4-18 所示电路图可列出

$$i(t) = C\frac{du_c(t)}{dt} = C\frac{du_r(t)}{dt}$$

$$u_c(t) = -R_1 i_1(t) = -R_1 i(t)$$

故系统的微分方程为

$$u_c(t) = -R_1 C\frac{du_r(t)}{dt}$$

求得电路的传递函数为

$$G(s) = \frac{U_c(s)}{U_r(s)} = -R_1 Cs$$

微分环节的输出反映输入的微分。如当输入为单位阶跃函数时,输出就是单位脉冲函数,这在实际中是不可能的。这又一次证明了对传递函数而言,分子的阶数不可能高于分母的阶数。因此,微分环节不可能单独存在,它是与其他环节同时存在的。

5. 一阶微分环节

一阶微分环节的输出、输入间的微分方程为

$$x_o(t) = T\dot{x}_i(t) + x_i(t) \tag{4-26}$$

其传递函数为

$$G(s) = \frac{x_o(s)}{x_i(s)} = Ts + 1 \tag{4-27}$$

式中：T 为一阶微分环节的时间常数。

同样原因，一阶微分环节不可能单独存在，它是与其他环节同时存在的。

6. 振荡环节（或称为二阶振荡环节）

振荡环节的输出、输入间的微分方程为

$$T^2\frac{\mathrm{d}^2 x_o(t)}{\mathrm{d}t^2} + 2\xi T\frac{\mathrm{d}x_o(t)}{\mathrm{d}t} + x_o(t) = x_i(t) \tag{4-28}$$

其传递函数为

$$G(s) = \frac{X_o(s)}{X_i(s)} = \frac{1}{T^2 s^2 + 2\xi Ts + 1} \tag{4-29}$$

或

$$G(s) = \frac{X_o(s)}{X_i(s)} = \frac{\omega_n^2}{s^2 + 2\xi\omega_n s + \omega_n^2} \tag{4-30}$$

式中：T 为振荡环节的时间常数；$\omega_n = 1/T$ 为无阻尼固有频率；ξ 为阻尼比，其值为 $0 < \xi < 1$。此时，传递函数的特征根为一对位于 s 左半平面的共扼极点，因而这种环节在阶跃信号的作用下呈现出振荡性质。

以图 4-19 所示的 RLC 电路为例，利用解析法建立对应的系统微分方程模型为

$$LC\frac{\mathrm{d}^2 u_c(t)}{\mathrm{d}t^2} + RC\frac{\mathrm{d}u_c(t)}{\mathrm{d}t} + u_c(t) = u_r(t)$$

其传递函数为

$$G(s) = \frac{U_o(s)}{U_r(s)} = \frac{1}{LCs^2 + RCs + 1}$$

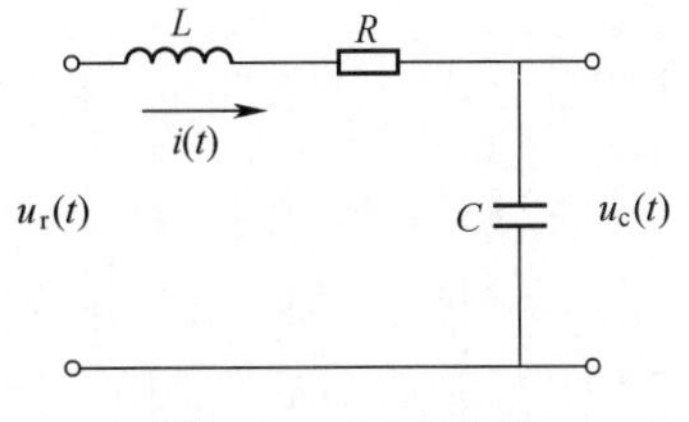

图 4-19　RLC 电路

式中，无阻尼固有频率 $\omega_n = \dfrac{1}{\sqrt{LC}}$；阻尼比 $\xi = \dfrac{R}{2}\sqrt{\dfrac{C}{L}}$。

再如图 4-6 所示的具有质量、弹簧、阻尼器的机械位移系统，利用解析法建立在外力 $f(t)$ 作用下的微分方程：

$$my''(t) + cy'(t) + ky(t) = f(t)$$

其传递函数为

$$G(s) = \frac{Y(s)}{F(s)} = \frac{1}{ms^2 + cs + k}$$

式中:无阻尼固有频率 $\omega_n = \sqrt{\dfrac{k}{m}}$;阻尼比 $\xi = \dfrac{c}{2}\sqrt{\dfrac{m}{k}}$。

上述两个传递函数在化成式(4-30)的形式时,虽然它们的无阻尼固有频率 ω_n、阻尼比 ξ 所含的具体内容各不相同,但只要阻尼比满足 $0 < \xi < 1$,则它们都是振荡环节。

7. 二阶微分环节

环节的输出、输入间的微分方程为

$$x_o(t) = T^2 \frac{d^2 x_i(t)}{dt^2} + 2\xi T \frac{dx_i(t)}{dt} + x_i(t) \tag{4-31}$$

其传递函数为

$$G(s) = \frac{X_o(s)}{X_i(s)} = T^2 s^2 + 2\xi Ts + 1 \tag{4-32}$$

或

$$G(s) = \frac{X_o(s)}{X_i(s)} = \frac{1}{\omega_n^2}(s^2 + 2\xi \omega_n s + \omega_n^2) \tag{4-33}$$

式中:T 为二阶微分环节的时间常数;$\omega_n = 1/T$ 为无阻尼固有频率;ξ 为阻尼比。

同样原因,二阶微分环节不可能单独存在,它是与其他环节同时存在的。

8. 纯滞后环节(或称延迟环节)

延迟环节是输出滞后输入时间 τ 后不失真地复现输入的环节。延迟环节的输入 $x_i(t)$ 与输出 $x_o(t)$ 之间的关系可以表示为

$$x_o(t) = x_i(t - \tau) \tag{4-34}$$

式中:τ 为延迟时间。

其传递函数为

$$G(s) = \frac{X_o(s)}{X_i(s)} = \frac{L[x_i(t-\tau)]}{L[x_i(t)]} = \frac{X_i(s)e^{-\tau s}}{X_i(s)} = e^{-\tau s} \tag{4-35}$$

实际的控制工程中,有许多系统具有传递滞后的特征,特别是液压、气动和机械传动系统。对于计算机控制系统,由于计算机进行数学运算需要一定的时间,因而这类系统也有着控制滞后的特征。在有滞后作用的系统中,其输出需要经过一定的延迟时间后,才能对输入作出响应。

图4-20所示是一个把两种不同浓度的液体按一定比例进行混合的装置。为了能测得混合后溶液的均匀浓度,要求测量点离开混合点一定的距离,这样在混合点和测置点之间就存在传递的滞后。设混合溶液的流速为 v,混合点与测量点之间的距离为 d,则混合溶液浓度的变化要经过时间 $\tau = d/v$ 后,才能被检测元件测量。这种在测量中的滞后、控制过程中的滞后以及在执行机构运行中的滞后,称为传递滞后。有这种传递滞后性质的环节,称为纯滞后环节。

对于图4-20所示的装置,令混合点处溶液的浓度为 $f_o(t)$,如果在经过时间 τ 后,测量点处所测得溶液的浓度 $f_i(t-\tau)$ 等于混合点溶液的浓度,则有

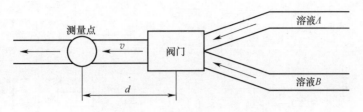

图 4-20　具有传递滞后的装置

$$f_o(t) = f_i(t - \tau)$$

传递函数为

$$G(s) = \frac{F_o(s)}{F_i(s)} = e^{-\tau s}$$

由于上述八种典型环节是按数学模型的特征来划分的,因此,它们与系统中的部件不能完全一一相对应。即一个环节并不一定代表一个物理的元件,一个物理的元件也不一定就是一个典型传递环节。也就是说一个物理的元件的传递函数可以由若干个典型环节的传递函数所组成;反之,若干个物理的元件传递函数的组合,有可能用一个典型环节的传递函数来表示。

本 章 小 结

本章阐述了传递函数——经典控制理论中最基本的数学工具。

1) 线性定常系统的传递函数是在零初始条件下,单输入、单输出线性定常系统的输出的拉氏变换与其输入的拉氏变换之比。传递函数可以表示为传递函数模型和零极点增益模型。

2) 控制系统的基本连接方式有串联连接、并联连接和反馈连接。

3) 系统传递函数方框图具体而形象地表示了系统内部各环节的数学模型、各变量之间的相互关系以及信号流向。它是系统数学模型的一种图解表示方法,根据方框图,通过一定的运算变换可求得系统传递函数。故方框图对于系统的描述、分析、计算是很方便的。

4) 信号流图是另一种表示复杂系统中变量之间关系的方法,应用梅逊公式,可以不用简化结构图,而直接写出系统传递函数。

5) 组成线性控制系统的典型环节有比例环节、惯性环节、微分环节、积分环节、一阶微分环节、振荡环节、二阶微分环节和纯滞后环节。

习 题

4.1　求题 4.1 图所示(a)和(b)系统的传递函数。

4.2　分别求出题 4.2 图所示各系统的微分方程,绘制各单元方框图及系统方框图,并确定其传递函数。

4.3　已知某系统的传递函数方框图如题 4.3 图所示,其中, $R(s)$ 为输入, $C(s)$ 为输出, $N(s)$ 为干扰。试求: $G(s)$ 为何值时,系统可以消除干扰的影响。

4.4　求出题 4.4 图所示系统的传递函数。

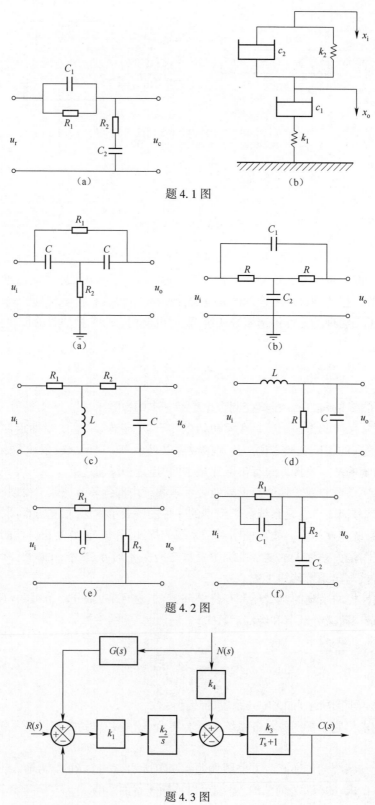

题 4.1 图

题 4.2 图

题 4.3 图

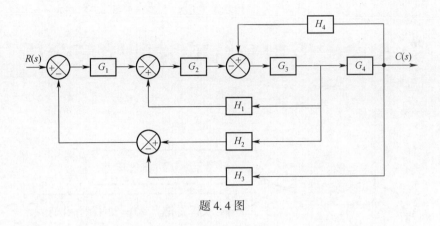

题 4.4 图

4.5　求出题 4.5 图所示系统的传递函数。

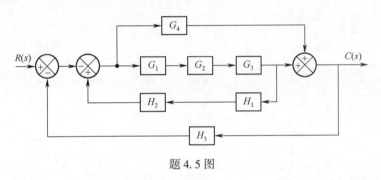

题 4.5 图

4.6　求出题 4.6 图所示系统的传递函数。

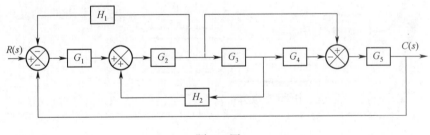

题 4.6 图

4.7　试分析当反馈环节 $H(s) = 1$,前向通道传递函数 $G(s)$ 分别为惯性环节、微分环节、积分环节时,输入、输出的闭环传递函数。

第5章 控制系统的时间响应分析

本章导学思维导图

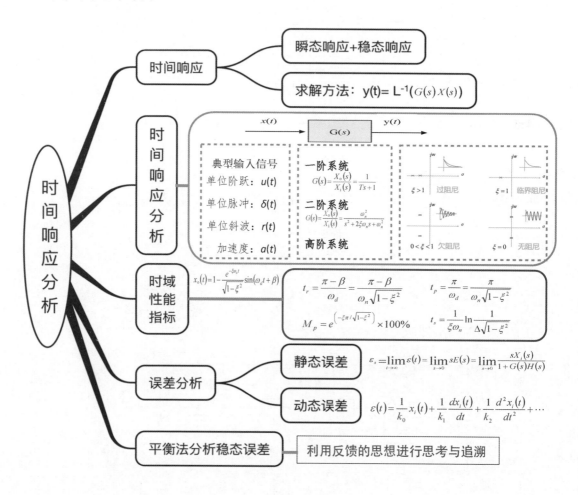

◎ 5.1 时间响应与典型输入信号

◎ 5.1.1 时间响应及其组成

时间响应是指系统在输入信号的作用下,其输出随时间的变化过程,它反映系统本身的固有特性与系统在输入作用下的动态历程。如图 5-1 所示,$x(t)$ 为输入;$y(t)$ 为系统的输出,也为时间响应。

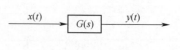

图 5-1　时间响应

一般情况下,设系统的动力学方程为

$$a_n y^n(t) + a_{n-1} y^{n-1}(t) + \cdots + a_1 \dot{y}(t) + a_0 y(t) = x(t) \tag{5-1}$$

该方程的解的一般形式为

$$y(t) = \sum_{i=1}^{n} A_{1i} e^{s_i t} + \sum_{i=1}^{n} A_{2i} e^{s_i t} + B(t) \tag{5-2}$$

式中:$s_i (i = 1, 2, \cdots, n)$ 为方程的特征根。

式(5-2)的解由齐次解和特解组成,不同部分对应的响应不同,其关系如下:

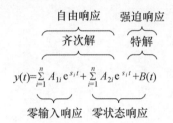

1. 自由响应和强迫响应

自由响应由齐次解部分决定,自由响应的形式只与系统本身的特性(结构和参数)有关,与输入无关,但其待定系数的确定是由输入和系统的初始状态共同决定的。

强迫响应由特解部分决定,与输入有关,表示线性系统在输入作用下的强迫运动,其系数由输入和系统共同决定。

2. 零输入响应和零状态响应

按运动来源,作为线性系统的叠加性质的直接结果,系统的时间响应可以分解为两个部分,即零输入响应和零状态响应。前者是指在无输入时由非零初始状态所引起的自由响应;后者是指在系统初始状态为零时由输入引起的响应,两者可分别计算。这一性质为线性系统的分析和研究带来很大方便。

控制工程系统分析是以研究系统的输入与输出的关系为主要目的,且在系统工作特性分析中讨论的控制系统应为稳定系统。对于稳定系统,其零输入响应为瞬态响应,应逐渐衰减至零,故在系统分析中零输入响应一般不予考虑,要研究的响应只是零状态响应。拉氏变换等为零状态响应分析提供了很好的数学工具。

对于图 5-1 中的系统,其时域的输出与输入的关系如下:

$$y(t) = x(t) \otimes g(t) \tag{5-3}$$

式中:⊗为卷积符号;$g(t)$ 为 $G(s)$ 的拉氏反变换(或时域表达式)。

在零初始条件下,对式(5-3)取拉氏变换或由第 4 章的传递函数的定义均可知

$$Y(s) = G(s)X(s) \tag{5-4}$$

因此,系统的时间响应根据第 2 章拉氏变换的分解与合成过程的求解方法如图 5-2 所示。也就是

$$y(t) = L^{-1}[G(s)X(s)] \tag{5-5}$$

输入时间函数 → 拉氏变换 → 输入的拉氏变换 → 系统传递函数 → 输出的拉氏变换 → 拉氏反变换 → 输出的时间函数

图 5-2　系统时间响应的求解方法

3. 瞬态响应和稳态响应

此外,还可以根据工作状态的不同把系统的时间响应分为瞬态响应与稳态响应两部分。瞬态响应是指系统在某一输入信号的作用下,系统输出量从初始状态到稳定状态的过渡过程;而稳态响应是指 $t \to \infty$ 时系统的输出状态。因为实际的物理系统总是包含一些储能元件,如质量、阻尼器、电感、电容等,所以当输入的信号作用于系统时,系统的输出量不能立即跟随输入量的变化,而是在系统达到稳态之前,表现为瞬态响应过程。

通常将时间响应中实际输出与理想输出的误差进入系统规定的误差带之前的过程称为瞬态响应,之后的过程称为稳态响应。

◎ 5.1.2　典型输入信号

研究系统的动态特性,就是研究系统在输入信号的作用下,输出量是怎样按输入量的作用而变化的,即系统对输入信号如何产生响应。

控制系统在实际工作中的输入信号(即外作用)是多种多样的。是否有必

视频:常见
的输入函数

要把任何一种输入作用下的响应都加以研究呢? 这样做太复杂,也没有必要。实际上,系统的输入信号往往具有随机性质,在某一瞬间具体的输入形式是什么,预先是无法知道的,并且输入量往往也不可能用解析的方法准确地表示出来。

在分析和设计系统时,我们需要有一个对各种系统性能进行比较的基础,这种基础就是预先规定一些具有特殊形式的试验信号作为系统的输入,然后比较各种系统对这些输入信号的响应。尽管实际中的输入信号很少是典型输入信号,但由于在系统对典型输入信号 $X_{i1}(s)$ 的时间响应和对任意输入信号 $X_{i2}(s)$ 的时间响应之间存在一定的关系,所以只要知道系统对典型输入信号的响应,再利用以下关系式:

$$\frac{X_{o1}(s)}{X_{i1}(s)} = G(s) = \frac{X_{o2}(s)}{X_{i2}(s)} \tag{5-6}$$

就能求出系统对任意输入信号的响应。

可见,确定典型输入信号的形式非常重要。选取典型输入信号时必须考虑以下原则:

1) 选取的输入信号应反映系统工作的大部分实际情况。

2) 所选输入信号的形式应尽可能简单,便于用数学式表达及分析处理。

3) 应选取那些能使系统工作在最不利的情况下的输入信号作为典型输入信号。

根据以上原则,常用的典型输入信号有以下几种。

1. 单位阶跃信号

如图 5-3 所示,其幅值高度等于 1 个单位时称为单位阶跃信号,其数学表达式为

$$x_i(t) = u(t) = \begin{cases} 1 & (t \geq 0) \\ 0 & (t < 0) \end{cases} \tag{5-7}$$

根据第 2 章对拉氏变换的推导或逻辑记忆,可知其拉氏变换为

$$L[u(t)] = \frac{1}{s} \tag{5-8}$$

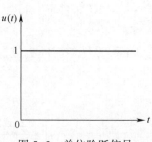

图 5-3　单位阶跃信号

阶跃信号是评价系统动态性能时应用较多的一种典型输入信号。实际工作中电源的突然接通、断开,负载的突变,开关的转换等,均可视为阶跃信号。

2. 单位斜坡信号

如图 5-4 所示,其斜率等于 1 时的信号称为单位斜坡信号,其数学表达式为

$$x_i(t) = r(t) = \begin{cases} t & (t \geqslant 0) \\ 0 & (t < 0) \end{cases} \tag{5-9}$$

同样根据第 2 章的拉氏变换推导,其拉氏变换式为

$$L[r(t)] = \frac{1}{S^2} \tag{5-10}$$

单位斜坡信号是一种等速度函数,实际工作中的数控机床加工斜面时的进给指令信号、大型船闸匀速升降时的信号等,均可用单位斜坡信号模拟。

3. 单位加速度信号

如图 5-5 所示为单位加速度信号,其数学表达式为

$$x_i(t) = a(t) = \begin{cases} \dfrac{1}{2}t^2 & (t \geqslant 0) \\ 0 & (t < 0) \end{cases} \tag{5-11}$$

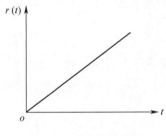
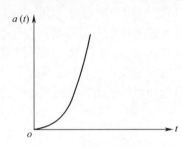

图 5-4　单位斜坡信号　　　　　　　图 5-5　单位加速度信号

其拉氏变换式为

$$L[a(t)] = \frac{1}{s^3} \tag{5-12}$$

单位加速度信号是一种等加速度函数,在实际工作中,特别是在分析随动系统的稳态精度时,经常用到这类信号。例如,随动系统中位置作等加速度移动的进给指令信号时可用单位加速度信号模拟。

4. 单位脉冲信号

单位脉冲信号用 $\delta(t)$ 表示,其数学表达式为

$$x_i(t) = \delta(t) = \begin{cases} \dfrac{1}{h} & (0 \leqslant t \leqslant h) \\ 0 & (t < 0, t > h) \end{cases} \tag{5-13}$$

且定义

$$\int_{-\infty}^{+\infty} \delta(t)\,\mathrm{d}t = 1 \tag{5-14}$$

此积分表示脉冲面积为 1。应该指出,符合这种数学定义的理想脉冲函数在工程实践中是不可能发生的。为了尽量接近于单位脉冲信号,通常用宽度 h 很窄而高度为 $1/h$ 的信号作为单位脉冲信号,如图 5-6 所示。在实际应用中,常把时间很短的冲击力、脉冲信号、天线上的阵风扰动等用单位脉冲信号模拟。单位脉冲信号的拉氏变换为

$$L[\delta(t)] = 1 \qquad (5\text{-}15)$$

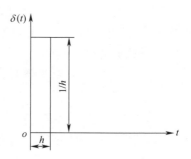

图 5-6　单位脉冲信号

5. 单位正弦信号

如图 5-7 所示为单位正弦信号,其数学表达式为

$$x_i(t) = \sin\omega t \qquad (5\text{-}16)$$

同样由第 2 章的拉氏变换推导,其拉氏变换式为

$$L[x_i(t)] = \frac{\omega}{s^2 + \omega^2} \qquad (5\text{-}17)$$

在实际应用中,如电源的波动、机械振动、元件的噪声干扰等均可近似为单位正弦信号。单位正弦信号是系统或元件做动态性能试验时广泛采用的输入信号。

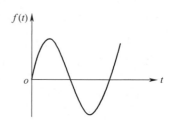

图 5-7　单位正弦输入信号

需要说明的是,上述的典型输入信号在实验条件下用得很成功,但在许多实际生产过程中却不能使用。因为大多数的外加典型输入信号对生产过程的运行干扰太大,因此,有时采用平稳随机输入信号(如二位式伪随机信号等)。因为平稳随机输入信号与系统正常运行的信号在概率随机过程中具有"互不相关"性,对系统进行平稳随机输入信号的动态测试,基本上不会因系统同时处于正常运行状态而产生误差。

5.2　一阶系统的时间响应

◎ 5.2.1　一阶系统的数学模型

由一阶微分方程描述的系统称为一阶系统。其方程的一般形式为

$$T\dot{x}_o(t) + x_o(t) = x_i(t) \qquad (5\text{-}18)$$

其传递函数为

$$G(s) = \frac{X_o(s)}{X_i(s)} = \frac{1}{Ts + 1} \qquad (5\text{-}19)$$

式中:T 为时间常数,具有时间单位"s"的量纲。对于不同的系统,T 由不同的物理量组成。它表达了一阶系统本身与外界作用无关的固有特性,也称为一阶系统的特征参数。从上面的表达式可以看出,一阶系统的典型形式是惯性环节,T 是表征系统惯性的一个主要参数。

视频:一阶系统的
时间响应
仿真分析

◎ 5.2.2　一阶系统的单位阶跃响应

当单位阶跃信号 $u(t)$ 作用于一阶系统时,一阶系统的单位阶跃响应为

$$X_o(s) = G(s)X_i(s) = \frac{1}{Ts + 1}\frac{1}{s} \qquad (5\text{-}20)$$

对式(5-20)进行拉氏反变换,可得单位阶跃输入的时间响应(称为单位阶跃响应)为

$$x_o(t) = L^{-1}[X_o(s)] = L^{-1}\left(\frac{1}{Ts+1}\frac{1}{s}\right) = 1 - e^{-t/T} \quad (t \geqslant 0) \tag{5-21}$$

式(5-21)中右边第一项是单位阶跃响应的稳态分量,它等于单位阶跃信号的幅值。第二项是瞬态分量,当 $t \to \infty$ 时,瞬态分量趋于 0。一阶系统的单位阶跃响应曲线如图 5-8 所示,是一条按指数规律单调上升的曲线,该指数曲线在 $t=0$ 这点的切线斜率等于 $1/T$,因为

$$\frac{\mathrm{d}x_o(t)}{\mathrm{d}t} = \frac{1}{T}e^{-t/T}\bigg|_{t=0} = \frac{1}{T} \tag{5-22}$$

这是一阶系统单位阶跃响应曲线的一个特点。根据这一特点,可以在参数未知的情况下,由一阶系统的单位阶跃响应实验曲线来确定其时间常数 T。下面分析 T 对系统的影响。

视频:一阶系统
的时间响应

1. 时间常数 T

由式(5-22)可以看出,时间常数 T 越小,$x_o(t)$ 上升的速度越快,达到稳态值用的时间越短,也就是系统惯性越小;反之,T 越大,系统对信号的响应越缓慢,惯性越大,如图 5-9 所示。所以 T 的大小反映了一阶系统惯性的大小。

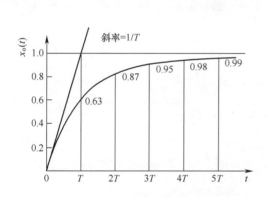

图 5-8　一阶系统的单位阶跃响应曲线

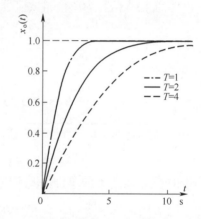

图 5-9　不同时间常数 T 下的单位阶跃响应曲线

2. 调整时间 t_s

从响应开始到进入稳态经过的时间叫作调整时间(或过渡过程时间)。理论上讲,系统结束瞬态过程进入稳态,要求 $t \to \infty$,而工程上对 $t \to \infty$ 有一个量的概念,即输出量要达到什么值就算瞬态过程结束了呢? 这与系统要求的精度有关。如果系统允许有 2%(或 5%)的误差,当输出值达到稳定值的 98%(或 95%)时,就认为系统瞬态过程结束,由式(5-22)可以求得 $t = 4T$ 时,响应值 $x_o(4T) = 0.98$;$t = 3T$ 时,响应值 $x_o(3T) = 0.95$。因此,调整时间的值为 $t_s = 4T$(误差范围为 2% 时)或 $t_s = 3T$(误差范围为 5% 时)。

视频:系统极点
与响应曲线的关系

用调整时间 t_s 的大小作为评价系统响应快慢的指标,应当指出调整时间只反映系统的特性,与输入和输出无关。

通常希望系统响应的速度越快越好,调整构成系统的元件参数,减小 T 值,可以提高系统的快速性。

◎ 5.2.3 一阶系统的单位脉冲响应

一阶系统输入信号为单位脉冲信号 $\delta(t)$ 时,则输入信号的拉氏变换式为

$$X_i(s) = L[\delta(t)] = 1 \tag{5-23}$$

单位脉冲响应为

$$W(s) = X_o(s) = G(s)X_i(s) = G(s) = \frac{1}{Ts+1} \tag{5-24}$$

则单位脉冲响应函数 $w(t)$ 等于其传递函数的拉氏反变换:

$$w(t) = L^{-1}[W(s)] = L^{-1}[G(s)] = L^{-1}\left(\frac{1}{Ts+1}\right) = \frac{1}{T}e^{-t/T} \quad (t \geqslant 0) \tag{5-25}$$

不同时间常数 T 下的单位脉冲响应函数曲线如图 5-10 所示,从图中可知一阶系统的单位脉冲响应函数是一条单调下降的指数曲线,而且 $w(t)$ 只有瞬态项 $\frac{1}{T}e^{-t/T}$,其稳态项为 0。

◎ 5.2.4 一阶系统的单位斜坡响应

一阶系统输入信号为单位斜坡信号 $r(t)$ 时,输入信号的拉氏变换式为

$$X_i(s) = L[r(t)] = \frac{1}{s^2} \tag{5-26}$$

单位斜坡响应为

$$W(s) = X_o(s) = G(s)X_i(s) = \frac{1}{s^2}\frac{1}{Ts+1} \tag{5-27}$$

则单位斜坡响应函数 $w(t)$ 等于其传递函数的拉氏反变换:

$$w(t) = L^{-1}[W(s)] = t - T + Te^{-\frac{t}{T}} \quad (t \geqslant 0) \tag{5-28}$$

不同时间常数 T 下的单位斜坡响应函数曲线如图 5-11 所示,从图中可知一阶系统的单位斜坡响应函数是一条先加速上升,最后与输入保持恒定距离的斜线,其瞬态项为 $\frac{1}{T}e^{-t/T}$,稳态项为 $t-T$。

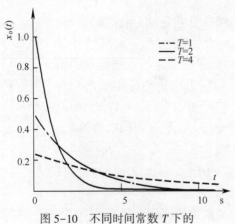

图 5-10 不同时间常数 T 下的
单位脉冲响应函数曲线

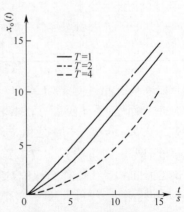

图 5-11 不同时间常数 T 下
的单位斜坡响应函数曲线

5.3　二阶系统的时间响应

视频:二阶系统
的时间响应

由二阶微分方程描述的系统称为二阶系统。在工程实践中,虽然控制系统多为高阶系统,但在一定准确度的条件下,可以忽略某些次要因素近似地用一个二阶系统来表示。因此,讨论和分析二阶系统的特性具有重要的意义。

◎ 5.3.1　二阶系统的数学模型

二阶系统的动力学方程的一般形式为

$$\ddot{x}_o(t) + 2\xi\omega_n\dot{x}_o(t) + \omega_n^2 x_o(t) = \omega_n^2 x_i(t) \tag{5-29}$$

其传递函数为

$$G(s) = \frac{X_o(s)}{X_i(s)} = \frac{\omega_n^2}{s^2 + 2\xi\omega_n s + \omega_n^2} \tag{5-30}$$

式中: ω_n 为无阻尼固有频率; ξ 为系统的阻尼比。不同系统的 ξ 和 ω_n 值取决于各系统的元件参数。显然, ξ 和 ω_n 是二阶系统的特征参数,它们表明了二阶系统本身与外界无关的特性。

二阶常系数非齐次线性方程的通解,等于该方程的齐次方程通解与非齐次方程的特解之和。由于式(5-29)的齐次方程对应的特征方程为

$$s^2 + 2\xi\omega_n s + \omega_n^2 = 0 \tag{5-31}$$

且方程的两个特征根为

$$s_{1,2} = -\xi\omega_n \pm \omega_n\sqrt{\xi^2 - 1} \tag{5-32}$$

从式(5-30)的角度来看,方程的特征根就是传递函数的两个极点,并且随着阻尼比 ξ 取值的不同,二阶系统的特征根也不同。

1. 欠阻尼状态($0 < \xi < 1$)

当 $0 < \xi < 1$ 时,称为欠阻尼状态,方程有一对实部为负的共扼复根,即

$$s_{1,2} = -\xi\omega_n \pm j\omega_n\sqrt{1 - \xi^2} \tag{5-33}$$

此时,二阶系统的传递函数的极点是一对位于复平面 s 的左半平面内的共扼复数极点,如图 5-12(a)所示。这时,系统称为欠阻尼系统。

2. 临界阻尼状态($\xi = 1$)

当 $\xi = 1$ 时,称为临界阻尼状态。系统有一对相等的负实根,即

$$s_{1,2} = -\omega_n \tag{5-34}$$

如图 5-12(b)所示。这时,系统称为临界阻尼系统。

3. 过阻尼状态($\xi > 1$)

当 $\xi > 1$ 时,称为过阻尼状态,系统有两个不等的负实根,即

$$s_{1,2} = -\xi\omega_n \pm \omega_n\sqrt{\xi^2 - 1} \tag{5-35}$$

如图 5-12(c)所示,这时,系统称为过阻尼系统。

4. 零阻尼状态

当 $\xi = 0$ 时,称为零阻尼状态。系统有一对纯虚根,即

$$s_{1,2} = \pm j\omega_n \tag{5-36}$$

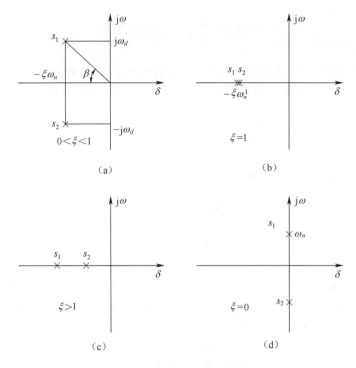

图 5-12　二阶系统特征根在复平面上的分布

如图 5-12(d)所示,这时,系统称为零阻尼系统。

◎ 5.3.2　二阶系统的单位阶跃响应

下面分别讨论二阶系统在不同阻尼比时的单位阶跃响应。单位阶跃输入信号的拉氏变换为 $X_i(s) = 1/s$,二阶系统单位阶跃响应的拉氏变换为

$$X_o(s) = G(s)X_i(s) = \frac{\omega_n^2}{s^2 + 2\xi\omega_n s + \omega_n^2} \frac{1}{s} \tag{5-37}$$

1. 欠阻尼情况($0 < \xi < 1$)

二阶系统单位阶跃响应的拉氏变换为

$$X_o(s) = \frac{\omega_n^2}{s(s^2 + 2\xi\omega_n s + \omega_n^2)} = \frac{1}{s} - \frac{s + \xi\omega_n}{(s + \xi\omega_n)^2 + \omega_d^2} - \frac{\omega_d}{(s + \xi\omega_n)^2 + \omega_d^2}\frac{\xi\omega_n}{\omega_d} \tag{5-38}$$

式中: $\omega_d = \omega_n\sqrt{1 - \xi^2}$ 称为有阻尼固有频率。取拉氏反变换得到的时间响应为

$$x_o(t) = 1 - \frac{e^{-\xi\omega_n t}}{\sqrt{1 - \xi^2}}\sin(\omega_d t + \beta) \quad (t \geqslant 0) \tag{5-39}$$

式中: $\beta = \arctan\dfrac{\sqrt{1 - \xi^2}}{\xi}$;第一项是稳态项;第二项瞬态项是随时间 t 增加而衰减的正弦振荡函数;振荡频率为 ω_d ,振幅的衰减速度取决于系统的时间衰减常数 $1/(\xi\omega_n)$ 。

2. 临界阻尼情况($\xi = 1$)

系统有两个相等的负实根,可得此时二阶系统单位阶跃响应的拉氏变换为

$$X_o(s) = \frac{\omega_n^2}{s(s^2 + 2\xi\omega_n s + \omega_n^2)} = \frac{\omega_n^2}{s(s + \omega_n)^2} = \frac{1}{s} - \frac{1}{s + \omega_n} - \frac{\omega_n}{(s + \omega_n)^2} \qquad (5-40)$$

取拉氏反变换得到的时间响应为

$$x_o(t) = 1 - e^{-\omega_n t}(1 + \omega_n) \qquad (t \geqslant 0) \qquad (5-41)$$

3. 过阻尼情况($\xi > 1$)

系统有两个不等的负实数特征根,这时传递函数可以写成

$$X_o(s) = \frac{\omega_n^2}{s(s - s_1)(s - s_2)} = \frac{1}{s} + \frac{1}{s_1 - s_2}\left(\frac{s_2}{s - s_1} - \frac{s_1}{s - s_2}\right) \qquad (5-42)$$

取拉氏反变换得到的时间响应为

$$x_o(t) = 1 + \frac{\omega_n}{2\sqrt{\xi^2 - 1}}\left(\frac{e^{s_1 t}}{s_1} - \frac{e^{s_2 t}}{s_2}\right) \qquad (t \geqslant 0) \qquad (5-43)$$

从式(5-43)可以看出,两个指数正是系统的两个极点 s_1、s_2 与 t 的乘积。从 s 平面看,越靠近虚轴的根,过渡的时间越长,对过程的影响越大,越起主导作用。

4. 零阻尼情况($\xi = 0$)

由于 $\xi = 0$ 可得

$$X_o(s) = \frac{\omega_n^2}{s(s^2 + \omega_n^2)} = \frac{1}{s} - \frac{s}{s^2 + \omega_n^2} \qquad (5-44)$$

并取拉氏反变换,便可得零阻尼情况下的响应,即

$$x_o(t) = 1 - \cos(\omega_n t) \qquad (t \geqslant 0) \qquad (5-45)$$

此时,系统的响应变成无阻尼的等幅振荡。

式(5-38)~式(5-45)描述的二阶系统的单位阶跃响应曲线如图 5-13 所示。由图可知,当 $\xi < 1$ 时,二阶系统的单位阶跃响应随着阻尼比 ξ 的减小,其振荡特性趋于剧烈,但仍为衰减振荡;当 $\xi = 0$ 时,达到等幅振荡;当 $\xi \geqslant 1$ 时,曲线单调上升,不再具有振荡的特点。从瞬态响应的持续时间上看,在无振荡的曲线中,$\xi = 1$ 时比 $\xi > 1$ 时的持续时间短,因而 $\xi = 1$ 比 $\xi > 1$ 的情况更早结束瞬态过程。

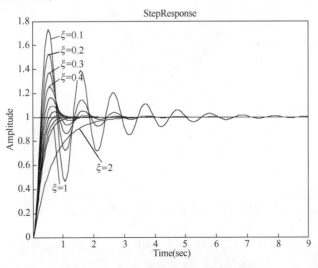

图 5-13 二阶系统的单位阶跃响应曲线

◎ **5.3.3 二阶系统的单位脉冲响应**

当输入信号 $x_i(t)$ 为单位脉冲信号时，$X_i(s) = 1$，二阶系统的单位脉冲响应为

$$X_o(s) = G(s)X_i(s) = G(s) = \frac{\omega_n^2}{s^2 + 2\xi\omega_n s + \omega_n^2} \qquad (5\text{-}46)$$

取其拉氏反变换，得到二阶系统在单位脉冲信号作用下的时间响应 $x_o(t)$。

1. 欠阻尼情况（$0 < \xi < 1$）

$$x_o(t) = L^{-1}\left(\frac{\omega_n^2}{s^2 + 2\xi\omega_n s + \omega_n^2}\right) = \frac{\omega_n e^{-\xi\omega_n t}}{\sqrt{1-\xi^2}}\sin(\omega_d t) \quad (t \geq 0) \qquad (5\text{-}47)$$

2. 临界阻尼情况（$\xi = 1$）

$$x_o(t) = L^{-1}\left[\frac{\omega_n^2}{(s + \omega_n)^2}\right] = \omega_n^2 t e^{-\omega_n t} \quad (t \geq 0) \qquad (5\text{-}48)$$

3. 过阻尼情况（$\xi > 1$）

$$x_o(t) = L^{-1}\left[\frac{\omega_n^2}{(s - s_1)(s - s_2)}\right] = \frac{\omega_n}{2\sqrt{\xi^2 - 1}}(e^{s_1 t} - e^{s_2 t}) \quad (t \geq 0) \qquad (5\text{-}49)$$

4. 零阻尼情况（$\xi = 0$）

$$x_o(t) = L^{-1}\left(\frac{\omega_n^2}{s^2 + \omega_n^2}\right) = \omega_n \sin(\omega_n t) \quad (t \geq 0) \qquad (5\text{-}50)$$

按照不同的 ξ 值可以求出一簇相应的单位脉冲响应函数的曲线，如图 5-14 所示。由图可知，在 $\xi \geq 1$ 时，单位脉冲响应函数总是正值，至少为 0；在 $\xi < 1$ 时，单位脉冲响应曲线是减幅的正弦振荡曲线，且 ξ 越小，衰减越慢，振荡频率 ω_d 越大，故欠阻尼系统又称二阶振荡系统，其幅值衰减的快慢取决于 $\xi\omega_n$。

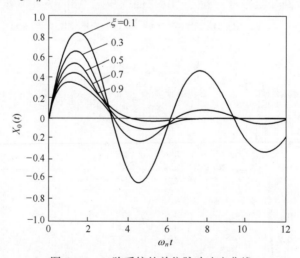

图 5-14　二阶系统的单位脉冲响应曲线

通过二阶系统对上述两种典型信号的响应分析可知，它们显示的规律是一致的，这是二阶

系统本身的特点,系统的特性完全取决于系统的结构参数。如果已知二阶系统的参数 ξ 和 ω_n,则完全可以由系统极点的分布来预见系统的响应情况。选择参数 ξ 和 ω_n 时究竟应考虑哪些性能指标的要求,将在 5.5 节中详细讨论。

5.4 高阶系统的时间响应

用三阶或三阶以上的微分方程描述的系统称为高阶系统。实际上,大量的系统,特别是机械系统,几乎都可用高阶微分方程来描述。对高阶系统的研究和分析一般是比较复杂的。这就要求在分析高阶系统时,要抓住主要矛盾,忽略次要因素,使问题简化。从前述可知,高阶系统总可化为零阶、一阶与二阶环节等的组合,而且也可以包含延时环节,而一般关注的往往是高阶系统中的二阶振荡环节的特性。因此,本节将着重阐明高阶系统过渡过程的主导极点的概念,并利用这一概念将高阶系统简化为二阶振荡系统,在此基础上利用关于二阶系统的一些结论对高阶系统作近似分析。

5.4.1 高阶系统的时间响应分析

设高阶系统动力学方程的一般表达形式(此处未计入延时环节)为

$$a_n x_o^n(t) + a_{n-1}x_o^{n-1}(t) + \cdots + a_n \dot{x}_o(t) + a_0 x_o(t) \tag{5-51}$$
$$= b_m x_i^m(t) + b_{m-1}x_i^{m-1}(t) + \cdots + b_1 \dot{x}_i(t) + b_0 x_i(t) \quad (n \geq m)$$

在零初始条件时,对式(5-51)取拉氏变换得到系统的传递函数

$$G(s) = \frac{X_o(s)}{X_i(s)} = \frac{b_m s^m + b_{m-1}s^{m-1} + \cdots + b_1 s + b_0}{a_n s^n + a_{n-1}s^{n-1} + \cdots + a_1 s + a_0} \quad (n \geq m) \tag{5-52}$$

系统的特征方程式为

$$a_n s^n + a_{n-1}s^{n-1} + \cdots + a_n s + a_0 = 0 \tag{5-53}$$

特征方程有 n 个特征根,设其中有 n_1 个为实数根,n_2 个为共轭虚根,则 $n = n_1 + 2n_2$;由此,特征方程可以分解为 n_1 个一次因式

$$(s - p_j) \quad (j = 1,2,\cdots,n_1) \tag{5-54}$$

及 n_2 个二次因式

$$(s^2 + 2\xi_k \omega_{nk} s + \omega_{nk}^2) \quad (k = 1,2,\cdots,n_2) \tag{5-55}$$

的乘积,即系统的传递函数有 n_1 个实极点和 n_2 个共轭复数极点。

设系统传递函数的 m 个零点为 $-z_i(i = 1,2,\cdots,m)$,则系统的传递函数可写为

$$G(s) = \frac{K\prod_{i=1}^{m}(s + z_i)}{\prod_{j=1}^{n_1}(s + p_j)\prod_{k=1}^{n_2}(s^2 + 2\xi_k \omega_{nk}s + \omega_{nk}^2)} \tag{5-56}$$

则系统在单位阶跃输入信号的作用下,输出为

$$X_o(s) = \frac{K\prod_{i=1}^{m}(s + z_i)}{s\prod_{j=1}^{n_1}(s + p_j)\prod_{k=1}^{n_2}(s^2 + 2\xi_k \omega_{nk}s + \omega_{nk}^2)} \tag{5-57}$$

对式(5-57)按部分分式展开,得

$$X_o(s) = \frac{A_o}{s} + \sum_{j=1}^{n_1} \frac{A_j}{s + p_j} + \sum_{k=1}^{n_2} \frac{B_k s + C_k}{s^2 + 2\xi_k \omega_{nk} s + \omega_{nk}^2} \tag{5-58}$$

式中:A_o、A_j、B_k、C_k 是由部分分式确定的常数。对式(5-58)进行拉氏反变换后,可得高阶系统的单位阶跃响应为

$$x_o(t) = A_o + \sum_{j=1}^{n_1} A_j e^{-p_j t} + \sum_{k=1}^{n_2} D_k e^{-\xi_k \omega_{nk} t} \sin(\omega_{dk} t + \beta_k) \tag{5-59}$$

式中

$$\left. \begin{array}{l} \beta_k = \arctan \dfrac{B_k \omega_{dk}}{C_k - \xi_k \omega_{nk} B_k} \\[3mm] D_k = \sqrt{B_k^2 + \left(\dfrac{C_k - \xi_k \omega_{nk} B_k}{\omega_{dk}} \right)^2} \quad (k = 1,2,\cdots,n_2) \end{array} \right\} \tag{5-60}$$

分析式(5-59)可知,第一项为稳态分量;第二项为指数曲线(一阶系统);第三项为振荡曲线(二阶系统)。因此,一个高阶系统的响应是由多个惯性环节和振荡环节的响应组成的。上述响应决定于 p_j、ξ_k、ω_{nk} 及系数 A_j、D_k,即与零点、极点的分布有关。因此,只要了解零点、极点的分布情况,就可以对系统性能进行定性分析,或者对高阶系统进行必要的降阶以便于处理。

◎ 5.4.2 高阶系统的简化

设有一个系统,其传递函数极点在复平面上的分布如图5-15(a)所示。极点 s_3 距虚轴的距离不小于共轭复数极点 s_1、s_2 距虚轴距离的 5 倍,即 $|Res_3| \geqslant 5$、$|Res_1| = 5\xi\omega_n$(此处 ξ、ω_n 是相应于 s_1、s_2 的);同时,极点 s_1、s_2 附近无其他零点和极点。

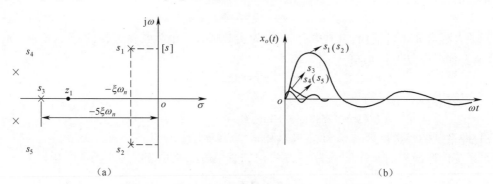

图 5-15 高阶系统极点位置及单位脉冲响应曲线

由以上已知条件可以算出与极点 s_3 对应的过渡过程分量的调整时间为

$$t_{s_3} \leqslant \frac{1}{5} \frac{4}{\xi\omega_n} = \frac{1}{5} t_{s_1} \tag{5-61}$$

式中:t_{s_1} 是极点 s_1、s_2 对应的过渡过程调整时间。

图5-15(b)表示5-15(a)所示的单位脉冲响应函数的各分量。由图15-15(b)可知,由共轭复数极点 s_1、s_2 确定的分量在该系统的单位脉冲响应函数中起主导作用,因为它衰减得最慢。其他远离虚轴的极点 s_3、s_4、s_5 对应的单位脉冲响应函数衰减得较快,它们仅在过渡过程

的极短时间内产生一定的影响。

由以上分析可知,在系统传递函数的极点中,如果距虚轴最近的一对共扼复数极点的附近没有零点,而其他的极点距虚轴的距离都在这对极点距虚轴的距离的 5 倍以上,或者其他极点实部大于这对极点实部的 5 倍时,则系统的过渡过程的形式及其性能指标主要取决于距虚轴最近的这对共扼复数极点。这种距虚轴最近的极点称为"主导极点",它们经常以共扼复数的形式成对出现。

应用主导极点分析高阶系统的过渡过程,实质上就是把高阶系统近似地作为二阶振荡系统来处理,这样做大大简化了系统的分析和综合工作。但在应用这种方法时一定要注意条件,同时还要注意:在精确分析中,其他极点与零点对系统过渡过程的影响不能忽视。

5.5　控制系统的瞬态响应性能指标

时域性能指标与时间响应有关,而输入引起的时间响应由瞬态响应和稳态响应两部分组成,因此时域响应的性能指标由瞬态响应性能指标和稳态响应性能指标组成。瞬态响应性能指标可以评价系统在过渡过程响应的快速性和平稳性。稳态响应性能指标主要是用误差来衡量系统稳态响应的准确性。本节详细讨论瞬态响应性能指标。关于稳态响应性能指标,将在 5.6 节中详细阐述。

视频:控制系统
的时域性能指标

◎ 5.5.1　瞬态响应性能指标

在工程实践中,评价系统动态性能的好坏,常以时域的几个特征量表示。

通常,系统的性能指标是根据欠阻尼状态下的二阶环节对单位阶跃输入的响应给出的。因为二阶系统是最普遍的形式,完全无振荡的二阶系统的过渡过程时间太长,除那些不允许产生振荡的系统外,通常都允许系统有适度的振荡,其目的是为了获得较短的过渡过程时间。这就是研究系统的性能指标选择在欠阻尼状态下的原因。选择单位阶跃信号作为输入信号有两个原因:一是产生单位阶跃输入信号比较容易,而且从系统对单位阶跃输入的响应也较容易求得对任何输入的响应;二是在实际中许多输入与阶跃输入相似,而且阶跃输入又往往是实际中最不利的输入情况。因此,下面有关性能指标的定义及计算公式,都是在欠阻尼状态下二阶环节对单位阶跃响应情况下导出的。

系统对单位阶跃输入信号的瞬态响应与初始条件有关。为了便于比较各种系统的瞬态响应初始条件,下面定义一些常用的性能指标,如图 5-16 所示。

1. 上升时间 t_r

响应曲线从稳态值的 10% 上升到 90% 或从稳态值的 5% 上升到 95%,或者从 0 上升到 100% 所用的时间都称为上升时间 t_r。对于欠阻尼的振荡环节,通常采取 0~100% 的上升时间。对于过阻尼情况,通常采取 10%~90% 的上升时间。它可以反映响应曲线的上升趋势,是表示系统响应速度的指标。

由式(5-39)及上述定义可知,当 $t = t_r$ 时,$x_o(t_r) = 1$,有

$$1 = 1 - \frac{e^{-\xi\omega_n t_r}}{\sqrt{1 - \xi^2}}\sin(\omega_d t_r + \beta) \tag{5-62}$$

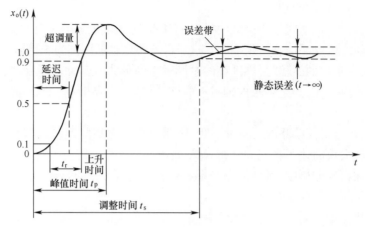

图 5-16 二阶系统瞬态响应性能指标

且在未达到稳态前有 $e^{-\xi\omega_n t_r} > 0$,要使式(5-62)成立,即要求 $\sin(\omega_d t_r + \beta) = 0$。考虑到 t_r 为 $x_o(t)$ 第一次达到稳态值的时间,故取 $\omega_d t_r + \beta = \pi$,即

$$t_r = \frac{\pi - \beta}{\omega_d} = \frac{\pi - \beta}{\omega_n \sqrt{1 - \xi^2}} \qquad (5-63)$$

由式(5-63)可知,当 ξ 一定时,ω_n 增大,上升时间 t_r 就缩短;而当 ω_n 一定时,ξ 越大,上升时间 t_r 就越长。

2. 峰值时间 t_p

把响应曲线达到第一个峰值所需的时间定义为峰值时间。对式(5-62)取导数,并令 $x_o(t_p) = 0$,可得

$$\frac{\sin(\omega_d t_p + \beta)}{\cos(\omega_d t_p + \beta)} = \frac{\sqrt{1 - \xi^2}}{\xi} \qquad (5-64)$$

化简得 $\qquad\qquad\qquad \tan(\omega_d t_p + \beta) = \tan\beta \qquad (5-65)$

所以有 $\omega_d t = n\pi$,根据定义,当 $n = 1$ 时对应的峰值时间为

$$t_p = \frac{\pi}{\omega_d} = \frac{\pi}{\omega_n \sqrt{1 - \xi^2}} \qquad (5-66)$$

可见,峰值时间是有阻尼振荡周期 $2\pi/\omega_d$ 的一半。根据式(5-66)可知,当 ξ 一定时,ω_n 增大,峰值时间 t_p 就缩短;而当 ω_n 一定时,ξ 越大,峰值时间就越长。

3. 最大超调量 M_p

最大超调量是响应曲线上超出稳态值的最大偏离量,对于衰减振荡曲线,最大超调量发生在第一个峰值处。若用百分比表示最大偏离量,则有

$$M_p = \frac{x_o(t_p) - x_o(\infty)}{x_o(\infty)} \times 100\% \qquad (5-67)$$

因为最大超调量发生在峰值时间,故将式(5-39)和式(5-66)与 $x_o(\infty) = 1$ 代入式(5-67),可得

$$M_p = -\frac{e^{-\xi\omega_n\pi/\omega_d}}{\sqrt{1 - \xi^2}}\sin(\pi + \beta) \times 100\% \qquad (5-68)$$

又因
$$\sin(\pi + \beta) = -\sin\beta = -\sqrt{1 - \xi^2} \tag{5-69}$$

得
$$M_p = e^{(-\xi\pi / \sqrt{1-\xi^2})} \times 100\% \tag{5-70}$$

可见 M_p 唯一地决定于 ξ 值。ξ 越小，M_p 越大。

4. 调整时间 t_s

在响应曲线的稳态值附近取稳态值的 ±5% 或 ± 2% 作为误差带（即允许误差 $\Delta = 0.05$ 或 $\Delta = 0.02$）。响应曲线达到并不超出误差带范围需要的最小时间称为调整时间，可表为

$$|x_o(t) - x_o(\infty)| \le \Delta x_o(\infty) \qquad (t \ge t_s) \tag{5-71}$$

将式（5-39）及 $x_o(\infty) = 1$ 代入式（5-71）得

$$\left| \frac{e^{-\xi\omega_n t}}{\sqrt{1 - \xi^2}} \sin(\omega_d t + \beta) \right| \le \Delta \tag{5-72}$$

简单起见，可忽略式（5-72）中正弦函数的影响，近似地以幅值包络线的指数函数衰减到 Δ 时，即已完毕，则有

$$\frac{e^{-\xi\omega_n t}}{\sqrt{1 - \xi^2}} \le \Delta \tag{5-73}$$

整理得
$$t_s = \frac{1}{\xi\omega_n} \ln \frac{1}{\Delta\sqrt{1 - \xi^2}} \tag{5-74}$$

由式（5-74）可得调整时间的近似式：

当 $\Delta = 0.05$ 时
$$t_s = \frac{4}{\xi\omega_n} \tag{5-75}$$

当 $\Delta = 0.02$ 时
$$t_s = \frac{3}{\xi\omega_n} \tag{5-76}$$

调整时间 t_s 和 ξ 之间的关系曲线如图 5-17 所示。从图 5-17 纵坐标采用时间 $\omega_n t_s$ 可以看出，当 ω_n 一定时，t_s 随 ξ 的增大开始减小，当 $\Delta = 0.02$ 时，在 $\xi = 0.76$ 附近，t_s 达到最小值；当 $\Delta = 0.05$ 时，在 $\xi = 0.68$ 附近，t_s 达到最小值；当 $\xi > 0.8$ 以后，调整时间 t_s 不但不减小，反而趋于增大，因为系统阻尼过大，会造成响应迟缓，虽然从瞬态响应的平稳性方面看 ξ 越大越好，但快速性变差，所以当系统允许有微小的超调量时，应着重考虑快速性的要求。

另外，由图 5-17 观察 ξ 与 M_p 的关系曲线可以看出，在 $\xi = 0.7$ 附近，M_p 约为 5%，平稳性是令人满意的，所以在设计二阶系统时，一般取 $\xi = 0.707$ 为最佳阻尼比。

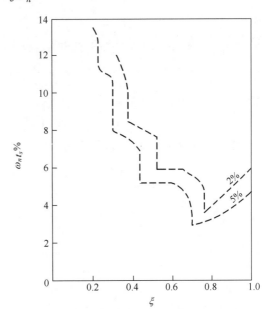

图 5-17　调整时间 t_s 和 ξ 的关系曲线

此外，可以看到图 5-17 中的曲线具有不连续性，是由于 Δ 值的微小变化有时会使 t_s 发生显著变化造成的。应当指出，由式(5-74)表示的调整时间 t_s 是和 ξ 及 ω_n 的乘积成反比的，ξ 的值通常先由最大超调量 M_p 来确定，所以 t_s 主要依据 ω_n 来确定，通过调整 ω_n 可以在不改变 M_p 的情况下来改变瞬态响应时间。

5. 振荡次数 N

把在过渡过程时间 $0 \le t \le t_s$ 内，$x_o(t)$ 穿越其稳态值 $x_o(\infty)$ 的次数的一半定义为振荡次数。由于有阻尼振荡周期 $T_d = 2\pi/\omega_d$，所以振荡次数为

$$N = \frac{t_s}{2\pi/\omega_d} = \frac{\sqrt{1-\xi^2}}{2\pi} \ln \frac{1}{\Delta\sqrt{1-\xi^2}} \tag{5-77}$$

综上所述，要使二阶系统具有满意的性能指标，必须选择合适的阻尼比 ξ 和无阻尼固有频率 ω_n。提高 ω_n 可以提高二阶系统的响应速度，指标公式上显示出 t_r、t_p、t_s 都是随 ω_n 的增大而减小的。增大 ξ 可以减弱系统的振荡性能，动态平稳性好，M_p 随 ξ 的增大而减小。以上性能指标主要从瞬态响应性能的要求来限制系统参数的选取，对于分析、研究及设计系统，它们都是十分有用的。

【例 5-1】 设系统的方框图如图 5-18 所示，其中 $\xi = 0.6$，$\omega_n = 5\mathrm{s}^{-1}$。当有一单位阶跃信号作用于系统时，求其性能指标 t_p、M_p 和 t_s。

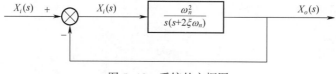

图 5-18 系统的方框图

解：

1）求 t_p。 由 $\omega_d = \omega_n\sqrt{1-\xi^2} = 4\mathrm{s}^{-1}$，由式(5-66)可得

$$t_p = \frac{\pi}{\omega_d} = 0.785\mathrm{s}$$

2）求 M_p。 由式(5-70)可得

$$M_p = \mathrm{e}^{(-\xi\pi/\sqrt{1-\xi^2})} \times 100\% = 9.5\%$$

3）求 t_s。 由式(5-74)的近似式可得

$$t_s = \frac{4}{\xi\omega_n} = 1\mathrm{s} \quad (\Delta = 0.05)$$

$$t_s = \frac{3}{\xi\omega_n} = 1.33\mathrm{s} \quad (\Delta = 0.02)$$

【例 5-2】 图 5-19(a)是一个机械系统。当施加 3N 的阶跃力后，系统中质量块 m 做图 5-19(b)所示的运动，根据这个响应曲线确定质量 m、黏性阻尼系数 c 和弹簧刚度系数 k 的值。

解：根据牛顿定律建立机械系统的动力学微分方程，得系统的传递函数为

$$G(s) = \frac{X(s)}{F(s)} = \frac{1}{ms^2 + cs + k}$$

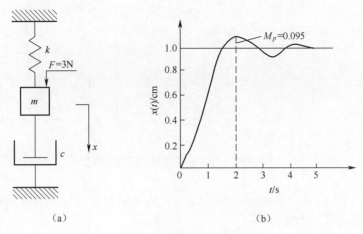

图 5-19　机械系统及其响应曲线

1）由响应曲线的稳态值（1cm）求出 k，由于阶跃力 $F = 3$N，它的拉氏变换为 $F = 3/s$，故

$$X(s) = \frac{1}{ms^2 + cs + k}F(s) = \frac{3}{s(ms^2 + cs + k)}$$

由拉氏变换的终值定理可求得 $x(t)$ 的稳态值

$$x(t)\big|_{t\to\infty} = \lim_{s\to 0}sX(s) = \frac{3}{k} = 1$$

因此 $k = 3$N/cm $= 300$N/m。

2）由响应曲线可知 $M_p = 0.095$，$t_p = 2$s，求系统的 ξ 和 ω_n。
由

$$M_p = e^{(-\xi\pi/\sqrt{1-\xi^2})} \times 100\% = 9.5\%$$

解得 $\xi = 0.6$，代入 $t_p = \dfrac{\pi}{\omega_n\sqrt{1-\xi^2}} = 2$s 中，解得 $\omega_n = 1.96\text{s}^{-1}$。

3）将传送函数与二阶系统传递函数的标准形式比较得到 ξ、ω_n 与 m 及 c 的关系，求 m 及 c。由 $\omega_n^2 = k/m$ 和 $2\xi\omega_n = c/m$ 得 $m = 78.09$kg，$c = 180$N·s/m。

◎ 5.5.2　时间响应的实验方法

综合了解系统的时域性能指标需实时测定控制系统的时间响应。通常控制系统的性能指标是根据系统对单位阶跃输入的瞬态响应形式给出的。因此，这里简单介绍单位阶跃输入下系统的时间响应的实验方法。

时间响应的实验主要包括以下两个方面的内容。

1. 输入信号的产生

阶跃时间函数可以用简单的开关电路产生，如图 5-20 所示。当 $t < t_0$ 时，开关 K 打开；当 $t = t_0$ 时，开关 K 合上。也可以用低频信号发生器产生方波的前沿及后沿作为阶跃时间函数。当然，使用单片机、微机或其他数字电路同样可以方便地产生阶跃时间函数。

应注意，输入信号的畸变会给测试结果带来误差。阶跃输入的高度一般取输入量工作范

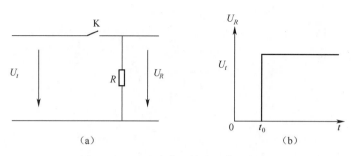

图 5-20　开关电路及其阶跃信号输出

围的 10% ~ 90%。无论是位移阶跃还是压力阶跃,关键是保证信号的前沿陡直,使 t_r(上升时间)远小于 T(被测系统的时间常数)。

2. 输出响应的测量

首先要初步估计被测系统的动态性能,然后选择满足被测系统动态性能测量要求的传感器。例如,被测系统的上升时间越短,则传感器的上限工作频率越高,再合理设计和选择测量系统,可以使用多通道信号测试仪器同时测试输入信号和输出响应。详细的测量方法可参考有关传感器和测试技术的书籍。

工程控制系统的时间响应一般是在有噪声的背景下测定的,单位测定结果总是有误差存在,可以通过重复测试的方法减小系统测试的误差。

5.6　控制系统的误差分析

控制系统在输入信号的作用下,其响应输出分为瞬态过程和稳态过程两个阶段。瞬态过程反映控制系统的动态响应性能,主要体现在系统对输入信号的响应速度和系统的稳定性两个方面,此内容在 5.5 节已经介绍过。对于稳定的系统,瞬态过程随着时间的推移将逐渐消失;稳态过程反映控制系统的稳态响应性能,它主要表现在系统跟踪输入信号的准确度或抑制干扰信号的能力上,稳态性能指标主要是用误差来衡量系统稳态响应的准确性。

控制系统的误差主要是指系统的稳态输出误差,也称为稳态误差,它是评价控制系统稳态性能的主要指标。一般地,控制系统的稳态误差始终存在于系统的稳态响应过程中,它分为动态误差和静态误差两种。动态误差是随时间变化的过程量,反映了稳态误差的变化规律;而静态误差是一种极值量,要求小于某个规定的容许数值。只有在静态误差处于某容许数值的范围内时,考虑系统的动态误差才有实际的意义。

视频:稳态误差的求解及理解

◎ 5.6.1　误差的概念

在实际工程应用中,对控制系统性能的要求可归结为:系统的输出应尽可能跟随期望输入(或参考输入)的变化,并尽量不受干扰的影响。就是要求系统的实际输出 $x_o(t)$ 应尽可能地等于期望输出 $x_{or}(t)$。于是,定义控制系统的输出误差为

$$e(t) = x_{or}(t) - x_o(t) \tag{5-78}$$

其拉氏变换记为 $E_1(s)$(为避免与偏差 $E(s)$ 混淆,用下标 1 区别),则

$$E_1(s) = X_{or}(s) - X_o(s) \tag{5-79}$$

由于控制系统的响应输出 $x_o(t)$ 由瞬态过程和稳态过程两部分组成。因此,系统的输出误差可分为两部分,即

$$e(t) = e_t(t) + e_s(t) \tag{5-80}$$

式中: $e_t(t)$ 是瞬态分量,称为系统的瞬态输出误差(或瞬态误差); $e_s(t)$ 是稳态分量,称为系统的稳态输出误差(或稳态误差)。

对于稳定的控制系统,由于其瞬态误差 $e_t(t)$ 满足 $\lim\limits_{t\to\infty} e_t(t) = 0$,故说明在 $t\to\infty$ 时,控制系统的稳态误差是

$$\lim\limits_{t\to\infty} e(t) = e_s(t) \tag{5-81}$$

可见,控制系统的瞬态误差是一个暂态量,而稳态误差可以看成是一种极限过程量。一般地,系统瞬态误差的衰减过程越短,表明系统的输出响应越快,其稳定程度越高。系统的稳态误差反映实际输出跟随期望输出的准确性,即系统的精度,它是衡量系统稳态性能的重要指标。

如图 5-21 所示为控制系统的典型结构框图。从图中可见,在反馈传递函数 $H(s) = 1$ 时,系统的参考输入 $x_i(t)$ 就是其期望输出 $x_{or}(t)$。此时,系统的输出误差就为系统的偏差,即

$$e(t) = \varepsilon(t) = x_i(t) - x_o(t) \tag{5-82}$$

式中: $\varepsilon(t)$ 是控制系统的偏差,定义为

$$\varepsilon(t) = x_i(t) - b(t) \tag{5-83}$$

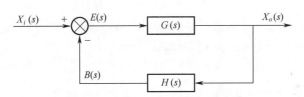

图 5-21　控制系统的典型结构框图

显然,在 $H(s) \neq 1$ 时,其参考输入 $x_i(t)$ 与实际输出 $x_o(t)$ 可能具有完全不同的量纲,此时系统的误差与偏差是不一样的。因此,就不能用式(5-82)来定义系统的误差。但是,根据反馈控制系统"依据偏差来纠正误差"的工作原理,当系统的实际输出 $x_o(t)$ 等于期望输出 $x_{or}(t)$ 时,其偏差 $\varepsilon(t)$ 应等于 0。因此,控制系统的参考输入 $x_i(t)$ 与期望输出 $x_{or}(t)$ 的关系为

$$X_i(s) = H(s)X_{or}(s) \tag{5-84}$$

依据式(5-83),偏差 $\varepsilon(t)$ 与误差 $e(t)$ 应具有如下的确定关系:

$$E(s) = X_i(s) - B(s) = H(s)X_{or}(s) - H(s)X_o(s) = H(s)E_1(s) \tag{5-85}$$

由此可见,控制系统的偏差和误差尽管是不同的概念,但是它们之间具有确定的对应关系,都是表示控制系统精度的量,从同一方面反映了控制系统的稳态性能。所以,在控制系统的误差分析中,常常是分析和研究系统的偏差,即以偏差代替误差进行研究。在以下的讨论中,在未作特别说明时,均将研究的偏差称作误差。

为了分析计算一般情况下控制系统的误差 $\varepsilon(t)$,设控制系统在参考输入 $x_i(t)$ 作用的同时,还受到干扰输入信号 $n(t)$ 的作用,如图 5-22 所示。由此可计算得

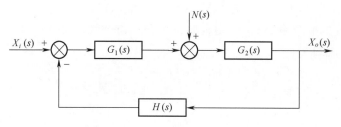

图 5-22　干扰作用下的典型系统

$$E(s) = \frac{1}{1 + G_1(s)G_2(s)H(s)}X_i(s) + \frac{-G_2(s)H(s)}{1 + G_1(s)G_2(s)H(s)}N(s)$$
$$= \Phi_{X_i}(s)X_i(s) + \Phi_N(s)N(s) \tag{5-86}$$

式中：$\Phi_{X_i}(s)$ 为无干扰信号时误差信号 $\varepsilon(t)$ 对于参考输入信号 $x_i(t)$ 的传递函数；$\Phi_N(s)$ 为无输入信号时误差信号 $\varepsilon(t)$ 对于干扰输入信号 $n(t)$ 的传递函数。它们的表达式分别为

$$\Phi_{X_i}(s) = \frac{1}{1 + G_1(s)G_2(s)H(s)} \tag{5-87}$$

$$\Phi_N(s) = \frac{-G_2(s)H(s)}{1 + G_1(s)G_2(s)H(s)} \tag{5-88}$$

可见，由 $\Phi_{X_i}(s)$ 和 $\Phi_N(s)$ 具有相同的分母，这个分母就是系统的特征多项式，记为

$$D(s) = 1 + G_1(s)G_2(s)H(s) \tag{5-89}$$

于是，对式(5-86)进行拉氏反变换，即可求出控制系统的误差 $\varepsilon(t)$，即

$$\varepsilon(t) = \varepsilon_t(t) + \varepsilon_s(t) \tag{5-90}$$

式中：$\varepsilon_t(t)$ 为瞬态误差；$\varepsilon_s(t)$ 为稳态误差，对于稳定的控制系统，有 $\lim\limits_{t \to \infty}\varepsilon_t(t) = 0$。实际上，瞬态误差 $\varepsilon_t(t)$ 在时间 $t > t_s$（调整时间）时，可以认为基本衰减为 0。因此，从控制系统响应输出的时间历程来看，控制系统的误差主要是稳态误差。

对于控制系统的稳态误差，它是随时间变化的量，与系统及其输入信号的特性有关。这种随时间变化的稳态误差就称为系统的动态误差；而对于时间 $t \to \infty$ 时的稳态误差，即误差的极限值就称为系统的静态误差。因此，动态误差是误差的一个过程量，静态误差是误差的一个静态量，它们的变化规律和大小都反映了控制系统的稳态性能。

由此可见，控制系统的瞬态误差主要取决于系统的误差传递函数，即主要由控制系统的特性决定；而稳态误差除与控制系统的误差传递函数有关，还与系统输入信号的特性有关。也就是说，控制系统的误差取决于系统的结构特性和外界作用。

◎ 5.6.2　系统的类型

由前面的分析可知，控制系统的误差与系统特性和输入信号特性有关。从图 5-21 中的控制系统的典型结构框图可知，系统的误差为

$$E(s) = \frac{1}{1 + G(s)H(s)}X_i(s) = \Phi_{X_i}(s)X_i(s) \tag{5-91}$$

式中：$\Phi_{X_i}(s)$ 是误差信号 $E(s)$ 对于参考输入信号 $X_i(s)$ 的闭环传递函数，其表达式为

$$\Phi_{X_i}(s) = \frac{1}{1 + G(s)H(s)} \tag{5-92}$$

利用第 2 章推导的拉氏变换终值定理,控制系统的静态误差就为

$$\varepsilon_s = \lim_{t \to \infty} \varepsilon(t) = \lim_{s \to 0} sE(s) = \lim_{s \to 0} \frac{sX_i(s)}{1 + G(s)H(s)} \tag{5-93}$$

式中: $G(s)H(s)$ 为系统的开环传递函数。

由式(5-93)可见,控制系统的静态误差由系统开环传递函数以及输入信号的形式决定。一般地,系统开环传递函数的表达式为

$$G(s)H(s) = \frac{K\prod_{k=1}^{p}(T_ks + 1)\prod_{l=1}^{q}(T_l^2s^2 + 2\xi_lT_ls + 1)}{s^v\prod_{i=1}^{g}(T_is + 1)\prod_{j=1}^{h}(T_j^2s^2 + 2\xi_jT_js + 1)}e^{-T_ds} = \frac{K}{s^v}G_0(s) \tag{5-94}$$

式中: K 为开环传递系数或开环放大系数; v 为开环传递函数所含积分环节的个数。

显然,在 $s \to 0$ 时, $G_0(s) = G_0(0) = 1$,则式(5-93)的计算为

$$\varepsilon_s = \lim_{s \to 0} \frac{sX_i(s)}{1 + G(s)H(s)} = \lim_{s \to 0} \frac{s}{1 + K/s^v}X_i(s) \tag{5-95}$$

由此可见,系统特性对其静态误差的影响主要取决于开环传递函数中的因子 K/s^v 。由式(5-95)可知,当控制系统的输入为单位阶跃函数时,即在 $X_i(s) = \dfrac{1}{s}$ 时,系统的静态误差为

$$\varepsilon_s = \lim_{s \to 0} \frac{s}{1 + K/s^v}\frac{1}{s} = \lim_{s \to 0} \frac{s^v}{s^v + K} \tag{5-96}$$

显然,在 $v = 0$ (即系统中不包含积分环节)时,控制系统在单位阶跃输入作用下的静态误差就为非零的有限值;在 $v \neq 0$ (即系统中包含积分环节)时,控制系统相应的静态误差就为 0。

定义静态误差为有限值的系统称为有差系统;把静态误差为 0 的系统称为无差系统。由以上分析可以看到:对于确定的控制输入信号,控制系统是有差系统还是无差系统取决于开环系统中所含积分环节的个数,通常称积分环节的个数为系统的无差度阶数。因此,在分析控制系统的稳态性能时,常常按系统的无差度阶数对系统进行分类。于是,根据式(5-94)定义系统的类型为:

$v = 0$(没有积分环节)时,为 0 型系统;

$v = 1$(1 个积分环节)时,为 I 型系统;

$v = 2$(2 个积分环节)时,为 II 型系统;

$\vdots$

例如, $G(s)H(s) = \dfrac{10(0.5s + 1)}{s(s + 1)}$ 为 I 型系统; $G(s)H(s) = \dfrac{10}{s^3}$ 为 III 型系统。

◎ **5.6.3　静态误差**

静态误差是控制系统的一个重要性能指标,它往往要求小于某一给定值的范围。只有静态误差处于这个给定值的范围内时,分析研究系统的静态误差才有实际意义。因此,这里进一步讨论系统的静态误差。

通过前面的分析可以得出:输入信号对系统静态误差的影响主要取决于输入信号的形式。虽然实际控制系统的输入信号无法预测,但是可归结为某类典型输入信号。所以,在分析控制系统的静态误差时,仍然采用典型输入信号作为系统的输入,并引入系统的品质指标——"静态误差系数"进行分析讨论。

1. 静态误差系数和静态误差的计算

1)当系统的输入是阶跃函数时,即

$$x_i(t) = Uu(t), X_i(s) = \frac{U}{s} \tag{5-97}$$

式中:$u(t)$ 为单位阶跃函数;U 为非零常数。代入式(5-93)得

$$\varepsilon_s = \lim_{s \to 0} \frac{sX_i(s)}{1 + G(s)H(s)} = \lim_{s \to 0} \frac{U}{1 + G(s)H(s)} \tag{5-98}$$

显然,这时系统的静态误差取决于系统的开环传递函数 $G(s)H(s)$。对此定义

$$K_p = \lim_{s \to 0} G(s)H(s) \tag{5-99}$$

并称 K_p 为控制系统的位置静态误差系数。从而控制系统的静态误差就为

$$\varepsilon_s = \frac{U}{1 + K_p} \tag{5-100}$$

若系统的输入信号表示位置,则误差 ε_s 表示位置静态误差,且 K_p 越大,该位置的静态误差就越小,表明控制系统的稳态性能越好,故称 K_p 为位置静态误差系数。根据上面的分析,显然存在以下关系:对于 0 型系统,$K_p = K$;对于 Ⅰ 型系统和 Ⅰ 型以上的系统,$K_p = \infty$。

2)当系统的输入是斜坡函数时,即

$$x_i(t) = Ut, X_i(s) = \frac{U}{s^2} \tag{5-101}$$

式中:U 为非零常数,表示速度输入的大小。代入式(5-93)得

$$\varepsilon_s = \lim_{s \to 0} \frac{sX_i(s)}{1 + G(s)H(s)} = \lim_{s \to 0} \frac{U}{sG(s)H(s)} \tag{5-102}$$

显然,这时系统的静态误差取决于因子 $sG(s)H(s)$。对此定义

$$K_v = \lim_{s \to 0} sG(s)H(s) \tag{5-103}$$

并称 K_v 为控制系统的速度静态误差系数。从而控制系统的静态误差就为

$$\varepsilon_s = \frac{U}{K_v} \tag{5-104}$$

若系统的速度输入是不变的,则误差 ε_s 表示在恒定速度输入下的位置静态误差,且 K_v 越大,该位置的静态误差就越小,故称 K_v 为速度静态误差系数。显然,对于 0 型系统,$K_v = 0$;对于 Ⅰ 型系统,$K_v = K$;对于 Ⅱ 型系统和 Ⅱ 型以上的系统,$K_v = \infty$。

3)当系统的输入是抛物线函数时,即

$$x_i(t) = Ut^2, X_i(s) = \frac{2U}{s^3} \tag{5-105}$$

式中:U 为非零常数,表示加速度输入的大小。代入式(5-93),得

$$\varepsilon_s = \lim_{s \to 0} \frac{sX_i(s)}{1 + G(s)H(s)} = \lim_{s \to 0} \frac{U}{s^2 G(s)H(s)} \tag{5-106}$$

可见,这时系统的静态误差取决于因子 $s^2 G(s)H(s)$ 。对此,定义

$$K_a = \lim_{s \to 0} s^2 G(s)H(s) \tag{5-107}$$

并称 K_a 为控制系统的加速度静态误差系数。从而控制系统的静态误差就为

$$\varepsilon_s = \frac{2U}{K_a} \tag{5-108}$$

若系统的加速度输入是不变的,则误差 ε_s 表示在恒定加速度输入下的位置静态误差,且 K_a 越大,该位置的静态误差就越小,故称 K_a 为加速度静态误差系数。显然,对于 0 型系统和 I 型系统,$K_a = 0$;对于 II 型系统,$K_a = K$;对于 III 型系统和 III 型以上的系统,$K_a = \infty$。

以上讨论的各种情况可归结在表 5-1 中。

表 5-1　不同类型系统的静态误差系数及在不同输入信号下的静态误差

系统类型	位置静态误差系数 K_p	速度静态误差系数 K_v	加速度静态误差系数 K_a	不同输入时的静态误差 ε_s		
				阶跃输入	斜坡输入	抛物线输入
0	K	0	0	$\dfrac{U}{1+K}$	∞	∞
I	∞	K	0	0	$\dfrac{U}{K}$	∞
II	∞	∞	K	0	0	$\dfrac{2U}{K}$
II 及以上	∞	∞	∞	0	0	0

注:表中的 K 为式(5-94)中的开环放大系数。

当控制系统的输入信号由位置、速度和加速度分量组成时,即

$$x_i(t) = a + bt + ct^2 \tag{5-109}$$

式中:a、b、c 分别为常数。这时依据线性系统的叠加原理,可得系统的静态误差为

$$\varepsilon_s = \frac{a}{1+K_p} + \frac{b}{K_v} + \frac{2c}{K_a} \tag{5-110}$$

从以上分析可知,系统的静态误差与静态误差系数紧密相关,静态误差系数越大,系统的静态误差越小。因此,静态误差系数表示系统减少或消除静态误差的能力,它们是对控制系统稳态特性的一种表示方式。

【例 5-3】　已知具有单位反馈的系统 1 和系统 2 的开环传递函数分别为

$$G_1(s) = \frac{10}{s(s+1)}, \quad G_2(s) = \frac{10}{s(2s+1)}$$

当输入信号分别为 $x_{i1}(t) = 1 + 2t$、$x_{i2}(t) = 1 + 2t + t^2$ 时,试计算静态误差系数和静态误差。

解:已知系统 1 和系统 2 均为 I 型系统,它们的结构参数不完全相同。依据表 5-1,系统 1 和系统 2 的静态误差系数均为

$$K_p = \infty, \quad K_v = 10, \quad K_a = 0$$

则按式(5-110)计算,可得系统的静态误差分别为

$$\varepsilon_{s1} = \frac{1}{1+K_p} + \frac{2}{K_v} = 0.2, \quad \varepsilon_{s2} = \frac{1}{1+K_p} + \frac{2}{K_v} + \frac{2}{K_a} = \infty$$

系统的类型和其静态误差系数与系统的对数频率特性(见第 6 章)有着明显的对应关系。因为静态误差系数的非零有限值是系统的开环放大系数 K，系统开环传递函数反映在 Bode 图上就是：系统对数幅频特性图的低频渐近线斜率与积分环节的个数相对应，低频渐近线或其延长线在频率 $\omega = 1$ 处的分贝值即为 $20\lg K$。所以可从系统对数幅频特性图上获得系统的类型及其相应的静态误差系数，即在 Bode 图上：

当低频渐近线的斜率为 0(dB/dec)时，系统为 0 型系统，对应的静态误差系数是 $K_p = K$；

当低频渐近线的斜率为 -20(dB/dec)时，系统为 I 型系统，对应的静态误差系数是 $K_v = K$；

当低频渐近线的斜率为 -40(dB/dec)时，系统为 II 型系统，对应的静态误差系数是 $K_a = K$。

可见，系统的开环放大系数 K 对其静态误差的大小起着重要的作用，它的增大有利于减小系统的静态误差。但是，从系统的对数频率特性图上来看，开环放大系数 K 的增大会降低相应闭环系统的稳定性。这表明系统的开环放大系数是一个极为重要的参数。

2. 干扰输入作用下的静态误差

系统在扰动作用下的稳态偏差反映了系统的抗干扰能力，由前述可知，系统的稳态误差是控制输入信号和干扰输入信号分别产生的误差之和，对于控制输入信号作用下的静态误差，我们在前面已经进行了研究讨论。这里要研究讨论的是在干扰输入信号作用下的静态误差。

如图 5-22 所示，当控制输入信号 $x_i(t) = 0$ 时，系统的误差

$$\varepsilon_{sn} = \lim_{s \to 0} \frac{-sG_2(s)H(s)}{1 + G_1(s)G_2(s)H(s)} N(s) \tag{5-111}$$

式中：$G_1(s)G_2(s)H(s)$ 为系统的开环传递函数。

由此可见，干扰信号引起的静态误差不仅与系统的开环传递函数 $G_1(s)G_2(s)H(s)$ 的特性和干扰信号 $N(s)$ 的形式有关，还与干扰信号的作用点有关，即还与 $G_2(s)H(s)$ 有关。如图 5-23(a)和(b)所示的系统，仅是干扰信号作用点不同的两个系统。因此，相同的干扰信号将引起不同的静态误差。如果设干扰信号是单位阶跃信号，即 $N(s) = 1/s$，那么按式(5-111)就可求得两系统的静态误差。

对于图 5-23(a)所示的系统，干扰信号的传递函数为

$$\Phi_N(s) = -\frac{\dfrac{K_3}{Ts + 1}}{1 + \dfrac{K_1 K_2 K_3}{s(Ts + 1)}} = -\frac{sK_3}{Ts^2 + s + K_1 K_2 K_3} \tag{5-112}$$

则其静态误差为

$$\varepsilon_{sn} = \lim_{s \to 0} sE_{sN}(s) = -\lim_{s \to 0} \frac{s^2 K_3}{Ts^2 + s + K_1 K_2 K_3} \frac{1}{s} = 0 \tag{5-113}$$

对如图 5-23(b)所示的系统，干扰信号的传递函数为

$$\Phi_N(s) = -\frac{\dfrac{K_2 K_3}{s(Ts + 1)}}{1 + \dfrac{K_1 K_2 K_3}{s(Ts + 1)}} = -\frac{K_2 K_3}{Ts^2 + s + K_1 K_2 K_3} \tag{5-114}$$

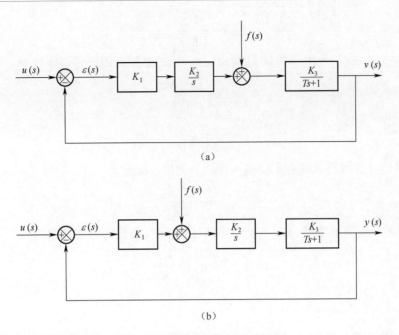

（a）

（b）

图 5-23　干扰作用点不同的系统

则其静态误差为

$$\varepsilon_{sn} = \lim_{s \to 0} s E_{sN}(s) = -\lim_{s \to 0} \frac{s K_2 K_3}{T s^2 + s + K_1 K_2 K_3} \frac{1}{s} = -\frac{1}{K_1} \tag{5-115}$$

对于实际的控制系统，往往是控制输入和干扰输入同时存在，这时线性系统的静态误差可由两种输入作用分别引起的静态误差相加来获得，即为

$$\varepsilon_s(s) = \lim_{s \to 0} s [\Phi_{X_i}(s) X_i(s) + \Phi_N(s) N(s)] \tag{5-116}$$

【例 5-4】　设某速度控制系统的结构图如图 5-24 所示。在控制输入和干扰输入均为单位斜坡函数时，试求系统的静态误差。

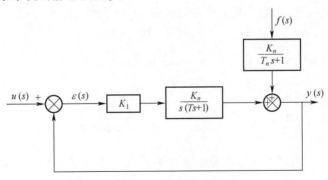

图 5-24　速度控制系统

解：首先，令干扰输入 $n(t) = 0$，控制输入 $x_i(t) = t$。此时系统的开环传递函数为

$$G(s)H(s) = \frac{K_1 K_2}{s(Ts + 1)}$$

按表 5-1 可得系统在控制输入作用下的静态误差为

$$\varepsilon_{si} = \frac{1}{K_1 K_2}$$

再令控制输入 $x_i(t) = 0$，干扰输入 $n(t) = t$。此时系统的闭环传递函数为

$$\Phi_N(s) = - \frac{\dfrac{K_n}{T_n s + 1}}{1 + \dfrac{K_1 K_2}{s(Ts + 1)}}$$

则按式（5-111）计算可得系统在干扰输入作用下的静态误差为

$$\varepsilon_{sn} = - \frac{K_n}{K_1 K_2}$$

于是，按线性系统的叠加原理，在 $x_i(t) = t$ 和 $n(t) = t$ 时，系统的静态误差为

$$\varepsilon_s = \varepsilon_{si} + \varepsilon_{sn} = \frac{1 - K_n}{K_1 K_2}$$

◎ 5.6.4　动态误差

从 5.6.3 小节的分析中可以看到，对于控制系统利用静态误差系数求得的静态误差是一个静态值，即在 $t \to \infty$ 时系统稳态误差的极限值，这个极限值或是零，或是有限的非零值，或是无穷大。但是，对于实际的控制系统，时间 $t \to \infty$ 是一个有限的变化过程，即实际控制系统的稳态误差往往表现为时间的函数，这个随时间变化的稳态误差就是系统的动态误差。不同系统的静态误差可能是一致的，但它们的动态误差往往是不相同的。显然，利用静态品质系数是无法求出系统稳态误差随时间变化的规律（即动态误差）。为此，引入动态误差系数的概念，利用它就可以研究 $t \to \infty$ 时系统的动态误差。

对于图 5-21 所示的控制系统，其误差传递函数由式（5-92）得

$$\Phi_{X_i}(s) = \frac{E(s)}{X_i(s)} = \frac{1}{1 + G(s)H(s)} \tag{5-117}$$

依据拉氏变换的终值定理，时间 $t \to \infty$ 对应于 $s = 0$。那么，将式（5-117）在 $s = 0$ 处展开的泰勒级数形式为

$$\Phi_{X_i}(s) = \frac{E(s)}{X_i(s)} = \frac{1}{k_0} + \frac{1}{k_1}s + \frac{1}{k_2}s^2 + \cdots \tag{5-118}$$

式中

$$\frac{1}{k_i} = \frac{1}{i!} \frac{d^{(i)} \Phi_{X_i}(s)}{ds^{(i)}} \bigg|_{s=0} \qquad (i = 0, 1, 2, \cdots) \tag{5-119}$$

系数 $k_0, k_1, k_2 \cdots$ 就定义为动态误差系数。取倒数是为了形成动态误差系数越大对应的动态误差就越小的关系，从而和静态误差系数与静态误差的关系相同。

式（5-118）又可写成

$$E(s) = \frac{1}{k_0}X_i(s) + \frac{1}{k_1}sX_i(s) + \frac{1}{k_2}s^2X_i(s) + \cdots \tag{5-120}$$

这个级数的收敛域是 $s = 0$ 的邻域（相当于 $t \to \infty$ 的某邻域）。所以，当初始条件为 0 时，对式（5-120）求拉氏反变换，可得时间在 $t \to \infty$ 的变化过程中，动态误差的时域表达式为

88

$$\varepsilon(t) = \frac{1}{k_0}x_i(t) + \frac{1}{k_1}\frac{\mathrm{d}x_i(t)}{\mathrm{d}t} + \frac{1}{k_2}\frac{\mathrm{d}^2 x_i(t)}{\mathrm{d}t^2} + \cdots \qquad (5\text{-}121)$$

对此式求 $t \to \infty$ 的极值,就得控制系统的静态误差,即 $\lim\limits_{t\to\infty}\varepsilon(t) = \varepsilon_s$。

由此可见,控制系统的动态误差与输入信号及其各阶导数有关。因此,将动态误差中的输入信号及其各阶导数所对应的动态误差系数分别定义为: k_0 为位置动态误差系数; k_1 为速度动态误差系数; k_2 为加速度动态误差系数,……。

【例 5-5】 已知系统 1 和系统 2 的开环传递函数分别为

$$G_1(s) = \frac{10}{s(s+1)}, \quad G_2(s) = \frac{10}{s(2s+1)}$$

试计算其动态误差系数。

解:已知系统 1 和系统 2 均为 I 型系统,它们是两个不同的系统。设控制系统的开环传递函数为

$$G(s)H(s) = \frac{b_m s^m + \cdots + b_1 s + b_0}{a_n s^n + \cdots + a_n s + a} \quad (n \geqslant m)$$

则根据式(5-117),系统的误差传递函数为

$$\Phi_{X_i}(s) = \frac{1}{1 + G(s)H(s)} = \frac{a_n s^n + \cdots + a_1 s + a_0}{c_n s^n + \cdots + c_n s + c_0}$$

将式(5-118)和上式相比较,并在式(5-118)中取前 $n+1$ 项时,应有如下的近似关系式:

$$\left(\sum_{i=0}^{n} c_i s^i\right)\left(\sum_{j=0}^{n} \frac{1}{k_j}s^j\right) = \left(\sum_{i=0}^{n} a_i s^i\right)$$

或为

$$c_0 \frac{1}{k_0} + \left(c_1 \frac{1}{k_0} + c_0 \frac{1}{k_1}\right)s + \left(c_2 \frac{1}{k_0} + c_1 \frac{1}{k_1} + c_0 \frac{1}{k_2}\right)s^2 + \cdots + \left(c_n \frac{1}{k_0} + c_{n-1} \frac{1}{k_1} + \cdots + c_0 \frac{1}{k_n}\right)s^n$$

$$= a_0 + a_1 s + a_2 s^2 + \cdots + a_n s^n$$

由于等号两边的 s 的同幂次系数应相等,从而可求得系统的动态误差系数为

$$\left.\begin{array}{l} \dfrac{1}{k_0} = \dfrac{a_0}{c_0} \\[3mm] \dfrac{1}{k_1} = \dfrac{1}{c_0}\left(a_1 - \dfrac{c_1}{c_0}a_0\right) \\[3mm] \dfrac{1}{k_2} = \dfrac{1}{c_0}\left(a_2 - \dfrac{c_2}{c_0}a_0\right) - \dfrac{c_1}{c_0}\left(a_1 - \dfrac{c_1}{c_0}a_0\right) \\[3mm] \cdots \end{array}\right\}$$

按照上式,只需根据误差传递函数由 $\Phi_{X_i}(s)$ 的分子和分母多项式的相应系数,就可求得系统的动态误差系数。

5.7　平衡法分析系统稳态误差

本节不是利用前面现有的结论来直接推导系统误差,而是针对具体的 RC 系统,着重从积

分时间片段的角度,通过反馈的过程,一步步讲述反馈的实质,反馈代表的是系统追求平衡的过程,利用平衡法分析系统的稳态误差。

视频:MATLAB 仿真——
单位阶跃输入

◎ **5.7.1 单位阶跃输入下的误差分析**

图 5-25 所示为典型的 RC 系统及其 MATLAB 模型。

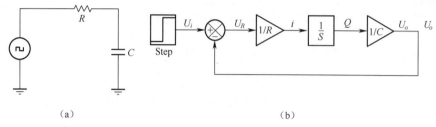

(a)   (b)

图 5-25   RC 系统及其 MATLAB 模型

由前面分析可知,此 RC 系统是一个稳定的一阶系统。当系统达到稳定时,电流 $i=0$。此时输入电压与输出电压相等,即 $U_o=U_i$,即 $U_R=0$。我们把 U_R 称为输入与输出之间的偏差,与本章所讲误差为同一概念。

大家思考一下,在没有达到稳定的状态时,偏差 U_R 是一个什么样的变化趋势?在什么情况下,能够保证偏差尽快变为 0,即输入尽快跟上输出。

下面通过仿真验证的方式加深印象。其中 RC 参量系统的 MATLAB 仿真模型如图 5-26所示。

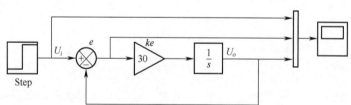

图 5-26   RC 参量系统的 MATLAB 仿真模型

对于这样的反馈系统,首先用反馈的思想进行思考与追溯。

所谓反馈的思想,就是把时间分成片段进行考虑的思想,这也是积分的思想。因为积分就是分时累加的过程。它与时间相关,时间越长,累加量就有可能变化越大。

具体到这里的电路,假设输入 U_i 由 0 突变到 1,开始时刻的输出 U_o 为 0。从反馈的角度来看,由于输出 U_o 为 0,导致偏差 $e=1$,$ke=30$(请思考,这里的 k 相当于 RC 电路中的哪一个量或参数),U_o 开始以 30 的速度正积分,第一个片刻 Δ 之后,U_o 上升到 30Δ;然后偏差 $e=1-30\Delta$,U_o 以 $30-900\Delta$ 的速度正积分;第二个片刻 Δ 之后,U_o 上升到 $30\Delta-900\Delta^2$……

总之,$U_o\uparrow$、$e\downarrow$、$ke\downarrow$、U_o 增长速度变慢,直到 $U_o=U_i$、$e=0$、$ke=0$,U_o 不再增加,达到平衡的稳定状态。

把系统与仿真曲线图 5-27 联立起来分析,可以看出:当输入 U_i 由 0 突变到 1 时,由于输出 U_o 为 0,偏差 $e=1$,$ke=30$,U_o 开始积分,并以斜率为 30 进行增长。$U_o\uparrow$、$e\downarrow$、$ke\downarrow$、U_o 增长速度变慢,e 慢慢降低,直到 $e=0$ 时,最后达到稳定状态。

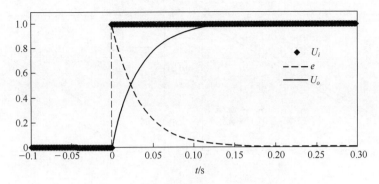

图 5-27　RC 系统 MATLAB 仿真输出结果

◎ 5.7.2　斜坡输入下的误差分析

视频：MATLAB
仿真—斜坡输入

前面讨论了 RC 系统中输入是阶跃信号的情况。阶跃信号的特点是输入量变一次后,后面的量值保持不变,因此只有一个积分环节的 RC 反馈系统最终能够跟上后面的此量值,并使输入与输出之间的偏差稳定接近 0。

当输入信号是斜坡时,其特点是输入量在不断地变,且单位时间变化值一样,即斜率或导数是不变的常数。

输入/输出模型与表达式的例子如图 5-28 所示。

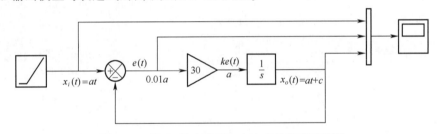

图 5-28　输入/输出模型与表达式的例子示意图

对于这种情况的输入,可以把输入 x_i 与输出 x_o 都比作位移。由于输入在不断变化,输出也是不断变化的,即输出速度始终不能为 0。考虑到输入的速度是常数,输出的速度也应该是常数,即这里的速度 ke 不等于 0,稳定后 e 不为 0。

我们可以这样假设思考:把输入 x_i 与输出 x_o 都比作位移,假设刚开始 x_i 与 x_o 都为 0(即误差为 0),在某个时刻,x_i 开始直线上升,即假设 $x_i = at$。这样引起的连锁反应如下:首先由于 x_o 仍然为 0,导致误差 e 开始上升,$ke>0$,正积分后 x_o 也开始上升。由于此时 e 值很小,导致 x_o 上升很慢(可以肯定的是,这个上升速度一定比 x_i 的上升速度要小)。由于 x_o 的上升速度赶不上 x_i,因此它们的差距越来越大,也就是 e 越来越大(但 e 的变化越来越慢),这又导致 x_o 的上升速度越来越大。可见只要 x_o 的上升速度与 x_i 的上升速度一致,e 才能保持不变。

稳定的实质是达到某一个平衡状态后,一些中间变量如 e 与 ke 保持不变。按照这个思路分析:当 ke 正好为 x_i 的斜率时,系统达到平衡。

斜坡输入下的仿真结果如图 5-29 所示。从仿真结果可以看出,输入与输出之间的误差与我们思考的结果相同,误差最后稳定在某一个常量上,这里为 $e=0.01a$。

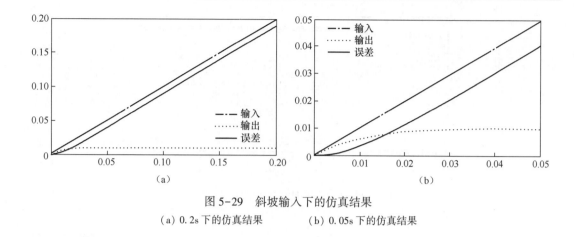

图 5-29　斜坡输入下的仿真结果

（a）0.2s 下的仿真结果　　　　（b）0.05s 下的仿真结果

◎ 5.7.3　抛物线输入下的误差分析

当输入是抛物线形式时，不仅输入值本身在不断改变，而且它的变化速度即斜率也在不断改变。不改变的是斜率的斜率，相当于加速度是恒定的。那么它的输出该以多大速度才能跟上呢？是不是速度也要越来越快呢？会不会最后输入与输出具有相同的加速度呢？

按照这种假设的思路设计的模型及平衡如图 5-30 所示，即当假设输入和输出分别为

$$\left.\begin{array}{l} x_i(t) = at^2 \\ x_o(t) = at^2 + bt + c \end{array}\right\} \tag{5-122}$$

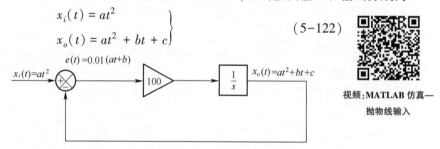

视频：MATLAB 仿真——
抛物线输入

图 5-30　抛物线输入下的 RC 模型及平衡示意图

按照微积分的关系，从后往前推，得到

$$e(t) = 0.01(at + b) \tag{5-123}$$

进一步结合模型中的单位反馈减法环节的运算，可以得到

$$\left.\begin{array}{l} b = -0.01a \\ c = -0.01b \end{array}\right\} \tag{5-124}$$

抛物线输入下的动态仿真及局部放大图如图 5-31 所示，从仿真的误差曲线来看，仿真曲线是一条上升的直线，与前面想象推导的结果吻合。

从式（5-123）的平衡式子中可以看出：偏差 e 随时间变化越来越大，因此极限不存在，稳态偏差为∞。

对于这种含有一个积分环节的系统，称为 I 型系统，对于阶跃输入，稳态误差为 0；对于斜坡输入，稳态误差为常数；对于抛物线输入，稳态误差为无穷大∞。

那么，对于抛物线的输入，为了不使偏差为无穷大∞，是不是要求系统具有两个积分环节呢？同时可以想象：输入是由某个常数两次积分得到的结果。如果输出要想得到输入抛物线

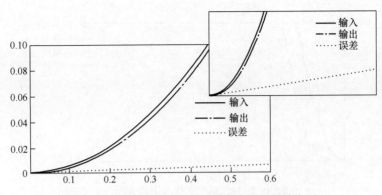

图 5-31 抛物线输入下的动态仿真及局部放大图

样式的结果,也得对某个常数进行两次积分。*RC* 系统中只含有一个积分环节,所以只能要求被积函数式 $e(t)$ 本身就是由常数得到的一次积分的结果。

图 5-32 显示了含有两次积分的反馈系统及输入/输出平衡。

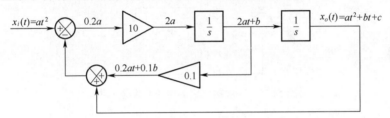

图 5-32 含有两次积分的反馈系统及输入/输出平衡式

同样由式(5-122)的假设进行倒推,最后得到以下平衡算式:

$$at^2 - (0.2at + 0.1b) - (at^2 + bt + c) = 0.2a \tag{5-125}$$

按照这种思路,推导整个系统最后处于平衡状态时,要求

$$\left. \begin{array}{l} b = -0.2a \\ c = -0.18a \end{array} \right\} \tag{5-126}$$

MATLAB 仿真结果如图 5-33 和图 5-34 所示。从误差曲线放大图中可以看出,当输入抛物线系数 $a = 0.5$ 时,输出误差经过振荡后稳定在 0.1。

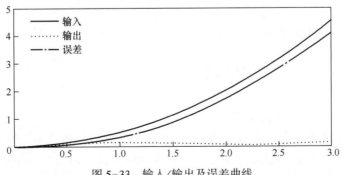

图 5-33 输入/输出及误差曲线

由此可见,如果系统含有两个积分环节,即书中定义的 II 型系统,能够使输入为抛物线的

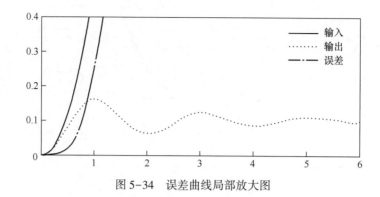

图 5-34   误差曲线局部放大图

条件下,稳态偏差为常数。

总结,积分次数越多,越能适应输入的变化,即与输入之差越接近恒量或 0。

【例 5-6】   对于如图 5-35 所示的模型,在已知输入的条件下,求稳态误差 $e(t)$。

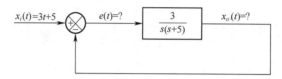

图 5-35   一般简化后的单位负反馈模型

考虑到任何简化模型都是由微积分与比例运算算子组合而成的,对于上面的模型,可以重新进行等价变形成为如图 5-36 所示的模型。按照前面平衡与想象的计算方法,通过从后向前的推导,可以把结论的计算式子直接写在图上。

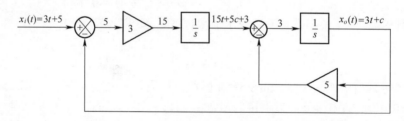

图 5-36   变形后的模型

利用平衡法可以得到 $e(t) = 5$,详细求解过程可参考二维码的链接。

视频:平衡法分析
稳态误差实例

本 章 小 结

本章涉及的主要概念和问题如下:

1)介绍了时间响应的基本概念及其组成,通过时间响应分析就可以直接了解控制系统的动态性能;在此基础上介绍了几种典型的输入信号以及选取典型输入信号的基本原则。了解以上内容是正确进行时间响应分析的基础。

2）介绍了一阶系统、二阶系统、高阶系统的定义以及在单位脉冲信号和单位阶跃信号作用下系统的时间响应,并得到了不同系统的动态性能指标与相应系统参数间的关系,从而能直观、有效地分析系统的稳定性、响应的快速性和准确性。另外,还简明地阐述了高阶系统和一些典型环节间的关系,这是分析高阶系统时间响应的基础。

3）控制系统的误差是系统的实际输出与期望输出的差。控制系统的偏差是系统的输入信号与反馈信号的差。误差和偏差的定义是不同的。控制系统的误差按时间历程分为瞬态误差和稳态误差。瞬态误差一般在时间历程超过过渡过程时间后就衰减为 0。稳态误差是衡量控制系统稳态性能的重要指标,它分为静态误差和动态误差两种。静态误差是系统稳态误差的极限值,其大小取决于系统的静态误差系数;动态误差是控制系统稳态误差的过程量,反映稳态误差的变化规律,其大小取决于系统的动态误差系数和输入信号及其各阶导数。静态误差为 0 的系统是无差系统,否则是有差系统。系统是有差系统还是无差系统取决于系统的类型和输入信号的形式。一般来说,系统所含积分环节越多,其稳态性能越好;系统的开环放大系数越大,其稳态误差越小。因此,控制系统所含积分环节的个数和开环放大系数的大小决定了系统的稳态性能。控制系统在控制输入作用和干扰输入作用下的稳态误差计算没有本质的区别。通过本章的学习,要求会计算各种输入作用下的稳态误差。

习　题

5.1　什么是时间响应? 时间响应由哪几部分组成? 时间响应的瞬态响应反映哪方面的性能?

5.2　设单位负反馈系统的开环传递函数 $G(s) = \dfrac{4}{s(s+2)}$,试写出该系统的单位阶跃响应和单位斜坡响应的表达式。

5.3　设有一闭环系统的传递函数为 $G(s) = \dfrac{X_o(s)}{X_i(s)} = \dfrac{\omega_n^2}{s^2 + 2\xi\omega_n s + \omega_n^2}$,为了使系统的单位阶跃响应有 5% 的超调量和 $t_s = 2s$ 的调整时间,试求 ξ 和 ω_n 的值。

5.4　汽车在路面上行驶可简化为题 5.4 图的力学模型,设汽车重 1t,欲使其阻尼比为 0.707,瞬态过程的调整时间为 2s,求其弹簧刚度系数及阻尼系数。当题 5.4 图中的 $x_i = 0.1$ 时, x_o 为多少?

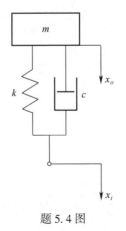

题 5.4 图

5.5 已知系统的单位阶跃响应为 $x_{\text{ou}(t)} = 1 + 0.2e^{-60t} - 1.2e^{-10t}$，试求：（1）该系统的闭环传递函数；（2）$\xi$ 和 ω_n。

5.6 系统的闭环传递函数为 $G(s) = \dfrac{816}{(s + 2.74)(s + 2 + 0.3j)(s + 2 - 0.3j)}$，试求：（1）单位阶跃响应函数；（2）取闭环主导极点后，再求单位阶跃响应函数。

5.7 已知单位反馈系统的闭环传递函数为

$$\Phi(s) = \frac{a_{n-1} + a_n}{s^n + a_1 s^{n-1} + \cdots + a_{n-1}s + a_n}$$

求单位斜坡输入和单位抛物线输入时的静态误差。

5.8 对于如题 5.8 图所示的系统，设输入为单位斜坡函数，试求使系统静态误差为 0 时的 K_i 值。

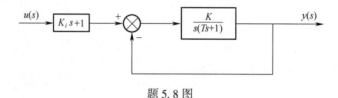

题 5.8 图

5.9 已知单位反馈系统的闭环传递函数为

$$\Phi(s) = \frac{10}{(s + 1)(5s^2 + 2s + 10)}$$

试求系统的输入为 $x_i(t) = 4t + \dfrac{1}{2}t^2$ 时的动态误差。

5.10 设单位反馈系统的开环传递函数为

$$G(s) = \frac{100}{s(0.1s + 1)}$$

试求当输入为 $x_i(t) = 1 + t + \dfrac{1}{2}t^2$ 时，系统的静态误差和动态误差。

5.11 设单位反馈系统的开环传递函数为

$$G(s) = \frac{\omega_n^2}{s^2 + 2\xi\omega_n s}$$

试求：（1）系统的动态误差系数；（2）当输入是 $x_i(t) = A\sin(\omega t)$ 时，系统的动态误差。

第6章 控制系统的频率特性分析

本章导学思维导图

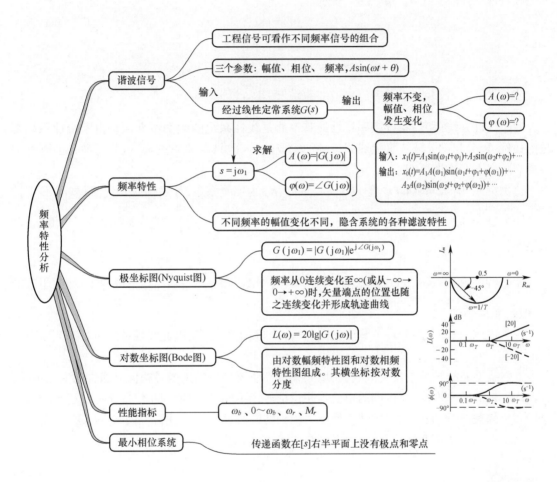

6.1 频率特性概述

因为正弦曲线是一种能够体现能量(机械能)守恒的信号,是自然规律的一种表现形式,因此一般的工程信号通过傅里叶级数或傅里叶变换分解成不同频率的正弦信号,又称为谐波信号。

在线性系统中,针对一定频率的正弦信号输入求解系统的稳态输出,可以满足工程上对系统的分析与应用,求解的方法既有理论上的方法,也有实验的方法,统称为系统频率响应分析方法。用该方法分析得到的系统特性称为系统频率特性。

视频:直观
理解谐波信号

◎ 6.1.1 频率特性定义

1. 频率响应

系统对谐波输入的稳态响应。

2. 频率特性

系统输出量的傅里叶变换与输入量的傅里叶变换之比为系统的频率特性,分为幅频特性和相频特性,分别用 $A(\omega)$ 和 $\varphi(w)$ 表示:

$$A(\omega) = \frac{|X_o(\omega)|}{|X_i(\omega)|} = |G(\mathrm{j}\omega)| \tag{6-1}$$

$$\varphi(\omega) = \varphi_0(\omega) - \varphi_i(\omega) = \angle G(\mathrm{j}\omega) \tag{6-2}$$

◎ 6.1.2 比例、积分与微分的系统频率特性

对于线性系统而言,系统频率特性最基本的是线性系统的频率不变性。由于线性系统都是由比例、积分与微分环节直接或间接叠加组成的,因此只要证明比例、积分与微分的频率响应具有频率不变性即可。

比例特性:输入 $\cos(\omega t)$,输出 $K_p\cos(\omega t)$, K_p 为比例系数,显然幅值改变,频率 ω 不变。

积分特性:输入 $\cos(\omega t)$,输出 $\int \cos(\omega t)\,\mathrm{d}t = \frac{1}{\omega}\cos\left(\omega t - \frac{\pi}{2}\right)$,显然幅值改变了,相位也改变了,但频率 ω 不变。

微分特性:输入 $\cos(\omega t)$,输出 $\frac{\mathrm{d}\cos(\omega t)}{\mathrm{d}t} = \omega\cos\left(\omega t + \frac{\pi}{2}\right)$,显然幅值改变了,相位也改变了,但频率 ω 不变。

由于比例、积分与微分环节具有输出与输入同频率的特点,因此线性系统也具有频率不变性的特点。

既然线性系统频率不发生改变,所以频率特性主要分析输出信号幅值与相位的变化情况,且输入信号的频率不同,所得到的幅值与相位信号也不同,即幅值与相位变化情况还与输入信号的频率相关,这种关联的变化性质简称为幅频特性与相频特性,用 $A(\omega)$ 与 $\varphi(\omega)$ 表示。

从前面的频率不变性证明可知,对于纯比例 K_p 系统,满足

$$\left.\begin{array}{l} A_p(\omega) = K_p \\ \varphi_p(\omega) = 0 \end{array}\right\} \tag{6-3}$$

即幅值变化为 K_p 倍,相位保持不变或相位差为 0。

对于纯积分 $\frac{1}{s}$ 系统,满足

$$\left.\begin{array}{l} A_I(\omega) = \dfrac{1}{\omega} \\[2mm] \varphi_I(\omega) = -\dfrac{\pi}{2} \end{array}\right\} \tag{6-4}$$

即幅值变化为 $\frac{1}{\omega}$ 倍,相位滞后 $\frac{\pi}{2}$ 或相位差为 $-\frac{\pi}{2}$。

对于纯微分 s 系统,满足

$$
\left.\begin{aligned}
A_D(\omega) &= \omega \\
\varphi_D(\omega) &= \frac{\pi}{2}
\end{aligned}\right\}
\tag{6-5}
$$

即幅值变化为 ω 倍,相位超前 $\dfrac{\pi}{2}$ 或相位差为 $\dfrac{\pi}{2}$ 。

◎ 6.1.3　线性系统的仿真与幅频、相频特性的直观计算

视频:RC 电路
仿真频率变化

例如,对于一阶的 RC 系统,电路仿真如图 6-1 所示:输入信号可以在 1kHz~100Hz 进行切换,电阻 $R = 1\text{k}\Omega$,电容 $C = 1\mu\text{F}$ 。输入信号用虚线表达,输出信号用实线表达,如图 6-1 所示。

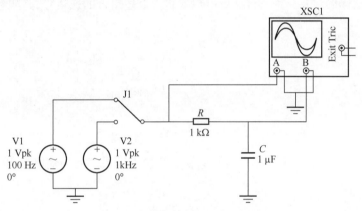

图 6-1　频率变化的 RC 电路仿真

输入 1kHz 与 100Hz 的正弦信号时,观察输出信号的特点可以发现:①输出信号与输入信号具有同频的特点;②输出信号的幅值发生了改变,且针对该系统,1kHz 信号输出的幅值小于 100Hz 信号输出的幅值;③相位也发生了改变,且 1kHz 信号相位改变更大,更接近 90°。如图 6-2 所示。

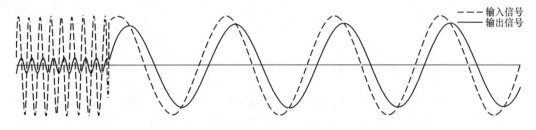

图 6-2　频率变化后的输入/输出仿真曲线

那么如何利用传递函数计算这种幅频与相频特性呢?同样可以利用线性系统的比例、积分与微分特性,计算复杂系统的幅频与相频特性。

首先看一看比例 K_p 与微分 $K_D s$ 的组合 $K_p + K_D s$,若输入为 $\cos(\omega t)$,则根据比例与微分特性式(6-3)与式(6-4),则输出为

$$x_o(t) = K_p\cos(\omega t) + K_D\omega\cos\left(\omega t + \frac{\pi}{2}\right) \tag{6-6}$$

经过和差化积的合成运算后,有

$$x_o(t) = \sqrt{K_p^2 + (K_D\omega)^2}\cos\left(\omega t + \text{atan}\,\frac{K_D\omega}{K_p}\right) \tag{6-7}$$

此时的幅频特性与相频特性的结果为

$$\left.\begin{array}{l} A_1(\omega) = \sqrt{K_p^2 + (K_D\omega)^2} \\[3mm] \varphi_1(\omega) = \text{atan}\,\dfrac{K_D\omega}{K_p} \end{array}\right\} \tag{6-8}$$

反之,对于这样的 $\dfrac{1}{K_p + K_D s}$ 组合,可以想象它为上述组合的逆运算,其幅频特性与相频特性满足

$$\left.\begin{array}{l} A_2(\omega) = \dfrac{1}{\sqrt{K_p^2 + (K_D\omega)^2}} \\[4mm] \varphi_2(\omega) = -\,\text{atan}\,\dfrac{K_D\omega}{K_p} \end{array}\right\} \tag{6-9}$$

即 $A_1(\omega)\cdot A_2(\omega) = 1$,$\varphi_1(\omega) + \varphi_2(\omega) = 0$,逆运算使得结果恢复到幅值与相位均不发生改变的状态。

图 6-3 显示了经过互逆系统的幅值与相位的变化过程:幅值为 $1\rightarrow \sqrt{K_p^2 + (K_D\omega)^2}\rightarrow 1$;相位为 $0\rightarrow \text{atan}\,\dfrac{K_D\omega}{K_p}\rightarrow 0$。

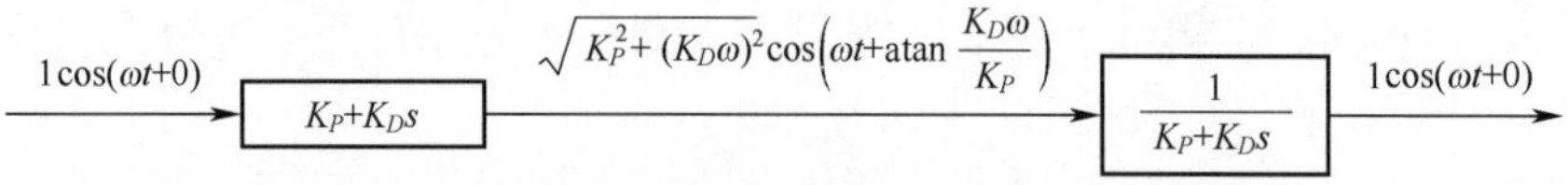

图 6-3   经过互逆系统后的幅值与相位的变化过程

◎ 6.1.4   幅频、相频特性的简化计算方法

从上面的推导过程可以看出,对于组合的传递函数输出的计算,需要利用三角函数和差化积的公式来求解,一旦传递函数很复杂,这种求解也变得相当复杂。为此,利用欧拉公式 $e^{j\omega t} = \cos(\omega t) + j\sin(\omega t)$ 可以简化该方法的计算,因为在微积分运算中,令输入为 $e^{j\omega t}$ 时,只需要令 $s = j\omega$ 即可。

例如,对于比例、积分与微分运算,稳态输出过程如图 6-4 所示。

也就相当于在比例、积分与微分运算中用 $e^{j\omega t}$ 代替三角函数 $\cos(\omega t)$、$\sin(\omega t)$ 进行计算,具有同样的效果,且计算方法更加简单有效,这是因为充分利用欧拉公式与 $j = e^{j\frac{\pi}{2}}$,$\dfrac{1}{j} = e^{-j\frac{\pi}{2}}$ 的结论,满足式(6-8):

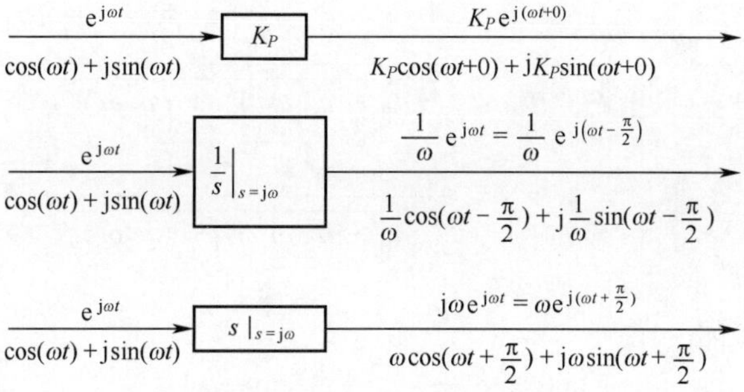

$$\xrightarrow[\cos(\omega t)+j\sin(\omega t)]{e^{j\omega t}}\boxed{K_P}\xrightarrow[K_P\cos(\omega t+0)+jK_P\sin(\omega t+0)]{K_P e^{j(\omega t+0)}}$$

$$\xrightarrow[\cos(\omega t)+j\sin(\omega t)]{e^{j\omega t}}\boxed{\left.\dfrac{1}{s}\right|_{s=j\omega}}\xrightarrow[\frac{1}{\omega}\cos(\omega t-\frac{\pi}{2})+j\frac{1}{\omega}\sin(\omega t-\frac{\pi}{2})]{\frac{1}{\omega}e^{j\omega t}=\frac{1}{\omega}e^{j(\omega t-\frac{\pi}{2})}}$$

$$\xrightarrow[\cos(\omega t)+j\sin(\omega t)]{e^{j\omega t}}\boxed{\left.s\right|_{s=j\omega}}\xrightarrow[\omega\cos(\omega t+\frac{\pi}{2})+j\omega\sin(\omega t+\frac{\pi}{2})]{j\omega e^{j\omega t}=\omega e^{j(\omega t+\frac{\pi}{2})}}$$

图 6-4　稳态输出过程

$$\begin{cases} K_p e^{j(\omega t+0)}=K_p\cos(\omega t+0)+jK_p\sin(\omega t+0) \\[2mm] \dfrac{1}{j\omega}e^{j\omega t}=\dfrac{1}{\omega}\cos\left(\omega t-\dfrac{\pi}{2}\right)+j\dfrac{1}{\omega}\sin\left(\omega t-\dfrac{\pi}{2}\right) \\[2mm] j\omega e^{j\omega t}=\omega\cos\left(\omega t+\dfrac{\pi}{2}\right)+j\omega\sin\left(\omega t-\dfrac{\pi}{2}\right) \end{cases} \quad (6\text{-}10)$$

显然由以上的归纳可以看出,只需令 $s=j\omega$,或使传递函数中的 $\dfrac{1}{s}=\dfrac{1}{j\omega}$,其他条件保持不变,然后直接与输入 $e^{j\omega t}$ 相乘,就能得到稳态输出的结果。从结果中可以看出,其幅频与相频特性与式(6-3)~式(6-5)相同。

所以对于 $\dfrac{1}{K_P+K_D s}$ 这样的传递函数,有如图 6-5 所示的变化过程。

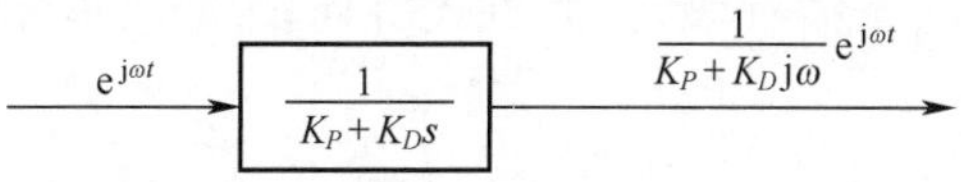

$$\xrightarrow{e^{j\omega t}}\boxed{\dfrac{1}{K_P+K_D s}}\xrightarrow{\frac{1}{K_P+K_D j\omega}e^{j\omega t}}$$

图 6-5

因为 $\dfrac{1}{K_p+K_D j\omega}=\dfrac{1}{\sqrt{K_p^2+(K_D\omega)^2}\,e^{j\mathrm{atan}\frac{K_D\omega}{K_p}}}=\dfrac{1}{\sqrt{K_p^2+(K_D\omega)^2}}e^{-j\mathrm{atan}\frac{K_D\omega}{K_p}}$,所以

$$\dfrac{1}{K_p+K_D j\omega}e^{j\omega t}=\dfrac{1}{\sqrt{K_p^2+(K_D\omega)^2}}e^{-j\mathrm{atan}\frac{K_D\omega}{K_p}}e^{j\omega t}=\dfrac{1}{\sqrt{K_p^2+(K_D\omega)^2}}e^{j\left(\omega t-\mathrm{atan}\frac{K_D\omega}{K_p}\right)} \quad (6\text{-}11)$$

观察其幅频与相频特性,与式(6-9)相同。

从上述推导过程可以看出,幅频与相频特性主要由传递函数决定,假设传递函数为 $G(s)$,则 $G(j\omega)$ 为一复数,可以转化成 $A(\omega)\cdot e^{j\varphi(\omega)}$ 的模角形式,那么这里的 $A(\omega)$ 与 $\varphi(\omega)$ 为所计算的幅频与相频特性。

因此,要求一个系统的幅频特性,只需要令系统的传递函数 $s=j\omega$,并学会计算如何将一个复数转化为模与相角的表达形式即可。

举例说明如下。

对于传递函数为 $\dfrac{b_1 s+b_0}{a_2 s^2+a_1 s+a_0}$ 的系统,令 $s=j\omega$,则有

视频:复数
转化模角技巧

$$G(j\omega) = \frac{b_1 j\omega + b_0}{a_2 (j\omega)^2 + a_1 j\omega + a_0} = \frac{\sqrt{b_0{}^2 + (b_1\omega)^2}\, e^{jarctan\frac{b_1\omega}{b_0}}}{\sqrt{(a_0 - a_2\omega^2)^2 + (a_1\omega)^2}\, e^{jarctan2(a_1\omega,\, a_0 - a_2\omega^2)}}$$

$$= \frac{\sqrt{b_0{}^2 + (b_1\omega)^2}}{\sqrt{(a_0 - a_2\omega^2)^2 + (a_1\omega)^2}} e^{j\left[arctan\frac{b_1\omega}{b_0} - arctan2(a_1\omega,\, a_0 - a_2\omega^2)\right]}$$

$$(6-12)$$

得到幅频特性与相频特性为

$$\left. \begin{aligned} A(\omega) &= \frac{\sqrt{b_0{}^2 + (b_1\omega)^2}}{\sqrt{(a_0 - a_2\omega^2)^2 + (a_1\omega)^2}} \\ \varphi(\omega) &= arctan\frac{b_1\omega}{b_0} - arctan2(a_1\omega,\, a_0 - a_2\omega^2) \end{aligned} \right\} \quad (6-13)$$

注意,这里的二阶系统要求采用四象限反正切函数求解,否则若 $a_0 - a_2\omega^2 < 0$,则求解结果不正确。

若 $a_0 - a_2\omega^2 > 0$,相频特性可表示为

$$\varphi(\omega) = arctan\frac{b_1\omega}{b_0} - arctan\frac{a_1\omega}{a_0 - a_2\omega^2} \qquad (6-14)$$

注:三种基本比例、积分与微分运算都满足将 $s = j\omega$ 代入传递函数的运算。

◎ 6.1.5 串联组合系统的幅频与相频特性

若一个系统由多个子系统串联而成,可将系统分解为零、极点的基本环节的串联形式,然后依据"幅值相乘、相位相加、频率不变"的特性进行计算,即此系统的幅频特性为各子系统幅频特性的乘积,相频特性为各子系统的相频特性之和。

如 $G(s) = G_1(s) G_2(s) \cdots G_n(s)$,则

$$\left. \begin{aligned} A(\omega) &= A_1(\omega) A_2(\omega) \cdots A_n(\omega) \\ \varphi(\omega) &= \varphi_1(\omega) + \varphi_2(\omega) + \cdots + \varphi_n(\omega) \end{aligned} \right\} \quad (6-15)$$

【例 6-1】 举例说明 $G(s) = \frac{1}{s} \cdot \frac{2}{s+3} \cdot (s+4)$ 的幅频与相频特性。

解:(1) $\frac{1}{s}$ 的幅频与相频特性为

$$\left. \begin{aligned} A_1(\omega) &= \frac{1}{\omega} \\ \varphi_1(\omega) &= -\frac{\pi}{2} \end{aligned} \right\}$$

(2) $\frac{2}{s+3}$ 的幅频与相频特性为

$$\left. \begin{aligned} A_2(\omega) &= \frac{2}{\sqrt{\omega^2 + 9}} \\ \varphi_2(\omega) &= -arctan\left(\frac{\omega}{3}\right) \end{aligned} \right\}$$

（3） $s + 4$ 的幅频与相频特性为

$$
\left.\begin{aligned}
A_3(\omega) &= \sqrt{\omega^2 + 16} \\
\varphi_3(\omega) &= arctan\left(\frac{\omega}{4}\right)
\end{aligned}\right\}
$$

所以 $G(s)$ 的幅频与相频特性为

$$
\left.\begin{aligned}
A(\omega) &= \frac{1}{\omega}\,\frac{2}{\sqrt{\omega^2 + 9}}\,\sqrt{\omega^2 + 16} \\
\varphi(\omega) &= -\frac{\pi}{2} - arctan\left(\frac{\omega}{3}\right) + arctan\left(\frac{\omega}{4}\right)
\end{aligned}\right\}
$$

◎ **6.1.6　用幅频特性与相频特性直接求解稳态解方法**

对于一般正弦信号经过传递函数为 $G(s)$ 的系统后,其输出可以根据如图 6-6 所示的过程进行计算,令 $s = j\omega$, $G(s)$ 转化为 $G(j\omega)$,再计算出该频率对应的 $|G(j\omega)|$ 和 $\varphi(\omega)$ (即 $\angle G(j\omega)$) ,就可得到输出表达式。

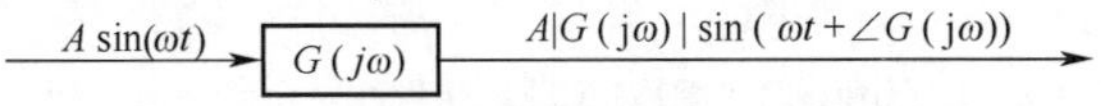

$$
\xrightarrow{\;A\sin(\omega t)\;}\boxed{\;G(j\omega)\;}\xrightarrow{\;A|G(j\omega)|\sin(\omega t + \angle G(j\omega))\;}
$$

图 6-6　根据频率特性计算输出的过程

对于多个不同频率正弦组合的输入,如

$$
x_i(t) = A_1\sin(\omega_1 t + \varphi_1) + A_2\sin(\omega_2 t + \varphi_2) + \cdots \qquad (6\text{-}16)
$$

则输出可用下式计算

$$
\begin{aligned}
x_o(t) = {}&A_1 A(\omega_1)\sin[\omega_1 t + \varphi_1 + \varphi(\omega_1)] \\
&+ A_2 A(\omega_2)\sin[\omega_2 t + \varphi_2 + \varphi(\omega_2)] + \cdots
\end{aligned} \qquad (6\text{-}17)
$$

【例 6-2】　若输入为 $x_i(t) = u(t) + 3\sin\left(\omega_1 t + \dfrac{\pi}{3}\right) + 2\cos^2\left(\omega_2 t + \dfrac{\pi}{3}\right)$,对于传递函数为

$\dfrac{1}{\tau s + 1}$ 的一阶惯性系统,求其稳态输出 $x_o(t)$ 。

首先根据传递函数计算出幅频与相频特性,得到

$$
\left.\begin{aligned}
A(\omega) &= \frac{1}{\sqrt{(\tau\omega)^2 + 1}} \\
\varphi(\omega) &= - atan(\tau\omega)
\end{aligned}\right\}
$$

利用三角函数的运算,将 $x_i(t)$ 写成含有幅值、频率与初相位的三角正余弦函数的叠加形式

$$
x_i(t) = 2\cos(0t) + 3\sin\left(\omega_1 t + \frac{\pi}{3}\right) + \cos\left(2\omega_2 t + \frac{2\pi}{3}\right)
$$

可以看出输入由三个不同频率 0 、 ω_1 、 $2\omega_2$ 组成,根据幅频与相频特性的含义,计算稳态输出为

$$
\begin{aligned}
x_o(t) = {}&2A(0)\cos[0t + \varphi(0)] + 3A(\omega_1)\sin\left[\omega_1 t + \frac{\pi}{3} + \varphi(\omega_1)\right] \\
&+ A(2\omega_2)\cos\left[2\omega_2 t + \frac{2\pi}{3} + \varphi(2\omega_2)\right]
\end{aligned}
$$

对于这三个频率点 0、ω_1、$2\omega_2$，其幅值与相位的计算分别为

$$A(0) = 1 \left.\right\}\quad A(\omega_1) = \frac{1}{\sqrt{(\tau\omega_1)^2 + 1}} \left.\right\}\quad A(2\omega_2) = \frac{1}{\sqrt{(2\tau\omega_2)^2 + 1}} \left.\right\}$$
$$\varphi(0) = 0 \qquad \varphi(\omega_1) = -arctan(\tau\omega_1)\qquad \varphi(2\omega_2) = -arctan(2\tau\omega_2)$$

所以稳态输出进一步计算为

$$x_o(t) = \frac{1}{2} + \frac{3}{\sqrt{(\tau\omega_1)^2 + 1}}\sin\left[\omega_1 t + \frac{\pi}{3} - arctan(\tau\omega_1)\right]$$
$$+ \frac{1}{\sqrt{(2\tau\omega_2)^2 + 1}}\cos\left[2\omega_2 t + \frac{2\pi}{3} - arctan(2\tau\omega_2)\right]$$

【例 6-3】 若输入为 $x_i(t) = 1.5\sin\left(\omega_1 t + \frac{\pi}{4}\right) + 2.3\cos\left(\omega_2 t - \frac{\pi}{6}\right)$，对于传递函数为 $\frac{1}{2s + 1}\frac{1}{s^2 + 3s + 5}(s + 2)$ 的串联系统，求其稳态输出 $x_o(t)$。

首先计算传递函数 $\frac{1}{2s + 1}$ 的幅频与相频特性，得到

$$A_1(\omega) = \frac{1}{\sqrt{(2\omega)^2 + 1}} \left.\right\}$$
$$\varphi_1(\omega) = -arctan(2\omega)$$

然后计算传递函数 $\frac{1}{s^2 + 3s + 5}$ 的幅频与相频特性

$$A_2(\omega) = \frac{1}{\sqrt{(5^2 - \omega^2)^2 + (3\omega)^2}} \left.\right\}$$
$$\varphi_2(\omega) = -arctan2(3\omega, 5^2 - \omega^2)$$

接着计算传递函数 $s + 2$ 的幅频与相频特性

$$A_3(\omega) = \sqrt{\omega^2 + 2^2} \left.\right\}$$
$$\varphi_3(\omega) = arctan2(\omega, 2)$$

最后计算系统的幅频与相频特性

$$A(\omega) = A_1(\omega)A_2(\omega)A_3(\omega) \left.\right\}$$
$$\varphi(\omega) = \varphi_1(\omega) + \varphi_2(\omega) + \varphi_3(\omega)$$

输入由两个不同频率 ω_1、ω_2 组成，根据幅频与相频特性的含义，代入相应的频率，即可计算得到该系统的稳态输出

$$x_o(t) = 1.5A(\omega_1)\sin\left[\omega_1 t + \frac{\pi}{4} + \varphi(\omega_1)\right] + 2.3A(\omega_2)\cos\left[\omega_2 t - \frac{\pi}{6} + \varphi(\omega_2)\right]$$

6.2 频率特性在滤波中的应用

从前面的仿真与推导可以看出，不同的频率波形信号，系统输出与输入之间的幅值比及相

位差不同。因此,从幅值比大小的角度来看,系统具有一定的频率选择性,对某些频率信号增强,另外一些频率信号会衰减。利用系统的这种特性(也称为滤波特性),可以生成不同的滤波器。

由于任何线性系统都可以看作比例、积分与微分三个基本环节的组合,因此分析三个基本环节的滤波特性,有助于理解滤波的本质。

◎ 6.2.1 比例、积分与微分的滤波特性

1. 比例特性

由式(6-3)可知,比例环节对任何频率信号都具有同样的输出输入幅值比,相位差恒为 0,因此单纯的比例环节不具有频率选择性,也就没有滤波属性。

2. 积分的滤波特性

由式(6-4)可知,对于积分环节,信号频率越高,积分输出与输入的幅值比越小,相位差恒为 $-\dfrac{\pi}{2}$,因此单纯的积分环节具有频率选择性,且频率越低,输出信号幅值越高,即积分具有低频选择特性。

初学者从下面的积分公式也可以看出这样的结果。

$$\int_0^t \cos(\omega t)\,\mathrm{d}t = \frac{1}{\omega}\cos\left(\omega t - \frac{\pi}{2}\right)$$

接下来仿真显示不同频率的积分结果。

如图 6-7 所示,幅值均为 1mA 的两电流源,频率分别为 500Hz 与 1000Hz,通过开关切换,输入到 $1\mu F$ 的电容 C。

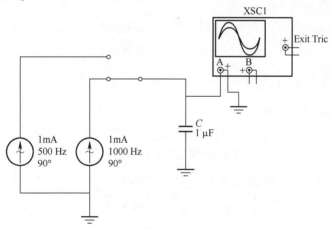

图 6-7 不同频率的电流积分电路仿真

由于电流的积分是电容两端的电量,正比于电容两端的电压,因此用电容两端电压代替电量。经过仿真可知,电流频率从 500Hz 切换到 1000Hz 的输出电量的变化情况如图 6-8 所示。

电流切换后,频率从 500Hz 切换到 1000Hz 后,输出信号的幅值变为原来的 1/2。

3. 微分的滤波特性

微分是积分的逆运算,由式(6-5)可知,对于微分环节,信号频率越高,积分输出与输入的

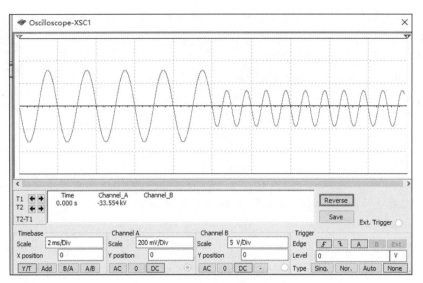

图 6-8　不同频率电流积分下电容两端电压的仿真曲线

幅值比越大,相位差恒为 $\dfrac{\pi}{2}$,因此单纯的微分环节具有频率选择性,且频率越高,输出信号幅值越高,即微分具有高频选择特性。

初学者从下面的微分公式也可以看出这样的结果。

$$\frac{\mathrm{d}\cos(\omega t)}{\mathrm{d}t} = \omega\cos\left(\omega t + \frac{\pi}{2}\right) \tag{6-18}$$

微分输出的幅值与频率成正比。

要想形象地理解微分具有高频选择特性,请扫描右侧二维码学习(位移变速度,输入位移,输出速度,相同位移的变化量所花时间越短,速度越高)。

视频:电流积
分电路仿真

◎ 6.2.2　组合系统的滤波特性

1. 微分与比例组合的系统

对于由微分与比例构成的传递函数 $K_D s + K_D$ 这样的系统,由于微分环节 s 具有高频选择性,而比例环节无频率选择性,因此总体上 $K_D s + K_D$ 仍具有高频选择性。利用如下幅频特性的公式,也可以看出频率越高,对应的输出与输入幅值之比越大。

$$\left.\begin{array}{l} A(\omega) = \sqrt{K_D^2\omega^2 + K_P^2} \\[2mm] \varphi(\omega) = arctan\dfrac{K_D\omega}{K_P} \end{array}\right\} \tag{6-19}$$

从相频公式上也可以看出,输出相位超前于输入相位。因为单纯的微分相位超前 $\dfrac{\pi}{2}$,而比例环节相位不超前也不滞后,所以系统总体上超前。

初学者对于这样的传递函数输出可以通过如下的纯数学公式理解。

$$\frac{K_D\mathrm{d}\cos(\omega t)}{\mathrm{d}t} + K_P\cos(\omega t) = \sqrt{K_D^2\omega^2 + K_P^2}\cdot\cos\left(\omega t + arctan\frac{K_D\omega}{K_P}\right) \tag{6-20}$$

微分与比例组合系统可以作为高通滤波器使用。进一步的理解,可以通过扫描二维码,利用 MATLAB 的仿真来分析,也可以在 RC 仿真图中观察输入电压、R 两端电压与电容两端电压来分析。

2. 惯性环节的滤波特性

惯性环节 $\dfrac{1}{\tau s + 1}$ 可以看作微分与比例组合系统 $\tau s + 1$ 的逆运算,其幅频特性互为倒数关系,相频特性互为相反数。

视频:微分和比例
组合系统仿真

由于 $\tau s + 1$ 具有高频选择性与相位超前特性,因此 $\dfrac{1}{\tau s + 1}$ 具有低频选择性与相位滞后特性,且幅频相频特性如式(6-19)所示。因此,惯性环节可以作为低通滤波器。

进一步的理解,可以利用 MATLAB 的仿真来分析,也可以用 RC 仿真来分析。

3. 高阶系统的滤波特性

高阶系统的滤波特性,可以根据系统的幅频特性进行直接判断。例如,对于传递函数为 $\dfrac{1}{2s + 1}\dfrac{1}{s^2 + 3s + 5}s$ 的串联系统组成的高阶系统,其幅频特性写为

视频:惯性环节的
滤波特性分析

$$A(\omega) = \frac{1}{\sqrt{(2\omega)^2 + 1}}\frac{1}{\sqrt{(5 - \omega^2)^2 + (3\omega)^2}}\omega \qquad (6-21)$$

从幅频特性上可以看出,它是一个带通滤波系统,因为当 $\omega \to 0$ 时, $A(0) = 0$;当 $\omega \to +\infty$ 时, $A(+\infty) = 0$。

6.3　频率特性的极坐标图(Nyquist 图)

6.3.1　基本概念

由于频率特性 $G(j\omega)$ 是复数,故可看成是复平面中的矢量。当频率 ω 为某一定值 ω_1 时,频率特性 $G(j\omega_1)$ 可以用极坐标的形式表示为幅值为 $|G(j\omega_1)|$、相角为 $\angle G(j\omega_1)$ 的矢量 $\overrightarrow{OA}$,如图 6-9(a)所示。与矢量 $\overrightarrow{OA}$ 对应的数学表达式为

$$G(j\omega_1) = |G(j\omega_1)|e^{j\angle G(j\omega_1)} \qquad (6-22)$$

当频率 ω 从 0 连续变化至 $+\infty$(或为 $-\infty \to 0 \to +\infty$)时,矢量端点 A 的位置也随之连续变化并形成轨迹曲线,如图 6-9(a)中 $G(j\omega)$ 曲线所示。由这条曲线形成的图像就是频率特性的极坐标图。

在极坐标图中,正相位角从实轴开始以逆时针方向旋转来定义,而负相位角则以顺时针方向旋转来定义。若系统由数个环节串联组成,假设各环节间无负载效应,在绘制该系统频率特性的极坐标图时,对于每一频率,各环节幅值相乘、相位角相加,方可求得系统在该频率下的幅值和相位角。

$G(j\omega_1)$ 还可以用实频特性和虚频特性来表示,即

$$G(j\omega_1) = R_e(\omega_1) + jI_m(\omega_1) \qquad (6-23)$$

如图 6-9(b)所示的矢量 $\overrightarrow{OA}$。同样,也可以作出 ω 从 0 变化到 $+\infty$ 的 $G(j\omega)$ 轨迹曲线。

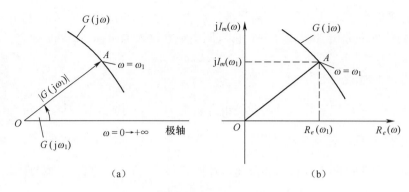

（a）　　　　　　　　　　　　　　　（b）

图 6-9　频率特性 $G(j\omega)$ 的极坐标图

极坐标图的优点是能在一张图上表示出整个频率域系统的频率特性,在对系统进行稳定性分析及系统校正时,应用极坐标图比较方便。

◎ 6.3.2　典型环节的极坐标图

1. 比例环节

比例环节的传递函数为

$$G(s) = K$$

频率特性为

$$G(j\omega) = K + j0 = Ke^{j0} \tag{6-24}$$

则极坐标图为实轴上的一定点,如图 6-10 所示。它表示输出为输入的 K 倍,且相位相同。

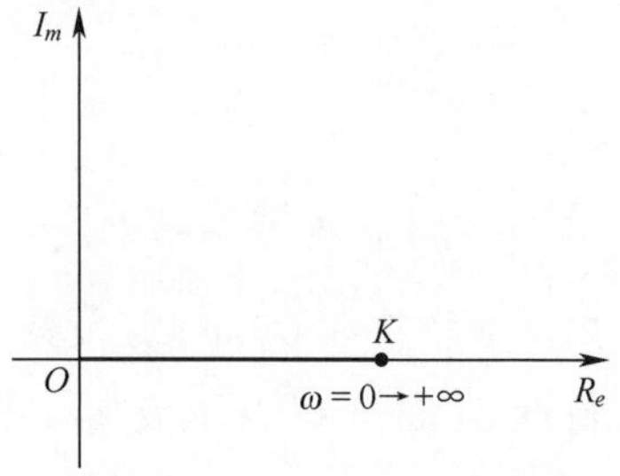

2. 积分环节

积分环节的传递函数为

$$G(s) = \frac{1}{s}$$

频率特性为

$$G(j\omega) = \frac{1}{j\omega} = 0 - j\frac{1}{\omega} = \frac{1}{\omega}e^{-j\frac{\pi}{2}} \tag{6-25}$$

图 6-10　比例环节的极坐标图

极坐标图是负虚轴,且由负无穷远处指向原点,如图 6-11 所示。显然积分环节是一个相位滞后环节,信号每通过一个积分环节,相位将滞后 90°。

3. 理想微分环节

理想微分环节的传递函数为

$$G(s) = s$$

频率特性为

$$G(j\omega) = j\omega = 0 + j\omega = \omega e^{j\frac{\pi}{2}} \tag{6-26}$$

极坐标图是正虚轴,如图 6-12 所示。微分环节是一个相位超前环节,系统中每增加一个微分环节将使相位超前 90°。

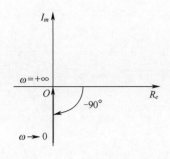

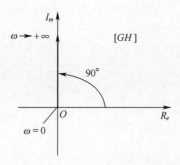

图 6-11　积分环节的极坐标图　　　　图 6-12　微分环节的极坐标图

4. 一阶惯性环节

一阶惯性环节的传递函数为

$$G(s) = \frac{1}{Ts + 1}$$

频率特性为

$$G(\mathrm{j}\omega) = \frac{1}{1 + \mathrm{j}T\omega} = \frac{1}{1 + T^2\omega^2} - \mathrm{j}\frac{T\omega}{1 + T^2\omega^2} \tag{6-27}$$

幅频特性和相频特性为

$$A(\omega) = \frac{1}{\sqrt{1 + T^2\omega^2}} \tag{6-28}$$

$$\varphi(\omega) = -\arctan T\omega \tag{6-29}$$

由式(6-27)直接可得实频和虚频特性为

$$R_e(\omega) = \frac{1}{1 + T^2\omega^2}$$

$$I_m(\omega) = -\frac{T\omega}{1 + T^2\omega^2}$$

并满足下面的圆的方程

$$\left[R_e(\omega) - \frac{1}{2}\right]^2 + I_m{}^2(\omega) = \left(\frac{1}{2}\right)^2$$

而当 ω 为 0→∞时, $A(\omega)$ 为 1→0, $\varphi(\omega)$ 为 0°→-90°。因此,一阶惯性环节的极坐标图位于第四象限,且为半圆,如图 6-13 所示。

一阶惯性环节是一个相位滞后环节,其最大滞后相角为 90°。一阶惯性环节可视为一个低通滤波器。

5. 一阶微分环节

一阶微分环节的传递函数为

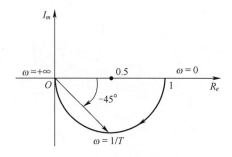

图 6-13　一阶惯性环节的极坐标图

$$G(s) = 1 + Ts$$

频率特性为

$$G(j\omega) = 1 + jT\omega \qquad (6\text{-}30)$$

幅频特性和相频特性为

$$A(\omega) = \sqrt{1 + T^2\omega^2} \qquad (6\text{-}31)$$

$$\varphi(\omega) = \arctan T\omega \qquad (6\text{-}32)$$

极坐标图如图 6-14 所示。

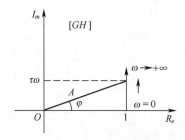

图 6-14　一阶微分环节的极坐标图

6. 二阶振荡环节

二阶振荡环节的传递函数为

$$G(s) = \frac{1}{T^2 s^2 + 2\xi Ts + 1} \quad (0 < \xi < 1)$$

频率特性为

$$
\begin{aligned}
G(j\omega) &= \frac{1}{T^2(j\omega)^2 + 2\xi T(j\omega) + 1} \\
&= \frac{1 - T^2\omega^2}{(1 - T^2\omega^2)^2 + (2\xi T\omega)^2} - j\frac{2\xi T\omega}{(1 - T^2\omega^2)^2 + (2\xi T\omega)^2}
\end{aligned}
\qquad (6\text{-}33)
$$

幅频特性和相频特性为

$$A(\omega) = \frac{1}{\sqrt{(1 - T^2\omega^2)^2 + (2\xi T\omega)^2}} \qquad (6\text{-}34)$$

$$\varphi(\omega) = -\arctan\frac{2\xi T\omega}{1 - T^2\omega^2} \tag{6-35}$$

据上述表达式可以绘得二阶振荡环节频率特性的极坐标图如图 6-15 所示。

由图中可知,当 $\omega = 0$ 时, $A(\omega) = 1$, $\varphi(\omega) = 0°$;在 $0 < \xi < 1$ 的欠阻尼情况下,当 $\omega = \dfrac{1}{T}$ 时, $A(\omega) = \dfrac{1}{2\xi}$, $\varphi(\omega) = -90°$,频率特性曲线与负虚轴相交,相交处的频率为无阻尼自然振荡频率 $\omega = \dfrac{1}{T} = \omega_n$;当 $\omega \to +\infty$ 时, $A(\omega) \to 0$, $\varphi(\omega) \to -180°$,频率特性曲线与实轴相切。

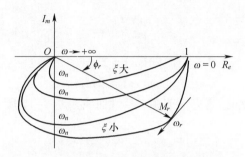

图 6-15　二阶振荡环节的极坐标图

图 6-15 的曲线族表明,二阶振荡环节的频率特性与阻尼比 ξ 有关, ξ 大时,幅值 $A(\omega)$ 变化小; ξ 小时,幅值 $A(\omega)$ 变化大。此外,对于不同的 ξ 值的特性曲线都有一个最大幅值 M_r 存在,这个 M_r 被称为谐振峰值,对应的频率 ω_r 称为谐振频率。

当 $\xi > 1$ 时,幅相频率特性曲线近似为一个半圆。这是因为在过阻尼系统中,特征根全部为负实数,且其中一个根比另一个根小得多。所以当 ξ 值足够大时,数值大的特征根对动态响应的影响很小,因此此时的二阶振荡环节可以近似为一阶惯性环节。

7. 二阶微分环节

二阶微分环节的传递函数为

$$G(s) = T^2s^2 + 2\xi Ts + 1$$

频率特性为

$$G(j\omega) = T^2(j\omega)^2 + 2\xi T(j\omega) + 1 = (1 - T^2\omega^2) + j2\xi T\omega \tag{6-36}$$

幅频特性和相频特性为

$$A(\omega) = \sqrt{(1 - T^2\omega^2)^2 + 4\xi^2T^2\omega^2} \tag{6-37}$$

$$\varphi(\omega) = \arctan\frac{2\xi T\omega}{1 - T^2\omega^2} \tag{6-38}$$

极坐标图如图 6-16 所示。由图中可知,二阶微分环节频率特性和阻尼比 ξ 也有着密切关联。

8. 延迟环节

延迟环节的传递函数为

$$G(s) = e^{-\tau s}$$

频率特性为

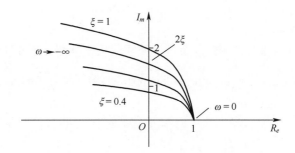

图 6-16　二阶微分环节的极坐标图

$$G(j\omega) = e^{-j\tau\omega} \tag{6-39}$$

幅频特性和相频特性为

$$A(\omega) = 1$$
$$\varphi(\omega) = -\tau\omega \tag{6-40}$$

当频率 ω 为 $0\to\infty$ 变化时,延迟环节频率特性曲线如图 6-17 所示,它是一个半径为 1、以原点为圆心的一个圆。

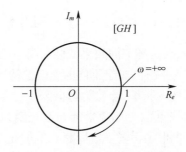

图 6-17　延迟环节的极坐标图

◎ 6.3.3　系统极坐标图(Nyquist 图)的一般画法

下面通过实例,说明不同型次系统 Nyquist 图的画法,并归纳出一般的作图规律。

【例 6-4】　画出下述 0 型系统的 Nyquist 图。0 型系统是指不含纯积分的系统,即分母中不含 s 因子。

$$G(s) = \frac{1}{(1+s)(1+2s)}$$

解:系统的频率特性为

$$G(j\omega) = \frac{1}{(1+j\omega)(1+j2\omega)}$$

$\omega = 0$, $|G(j\omega)| = 1$, $\angle G(j\omega) = 0°$;$\omega \to \infty$, $|G(j\omega)| = 0$, $\angle G(j\omega) = -180°$。

由于相位变化是 $-180° \sim 0°$,求出象限上的点 $\left(\frac{\sqrt{2}}{2}, -j\frac{\sqrt{2}}{3}\right)$。补充若干普通点,即可作得 Nyquist 图,如图 6-18 所示。

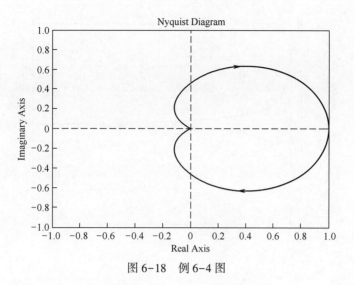

图 6-18　例 6-4 图

【例 6-5】　画出下述 I 型系统的 Nyquist 图。I 型系统是指含有一个纯积分的系统,即分母中含 1 个 s 因子。

$$G(s) = \frac{1}{s(1+s)(1+2s)}$$

解:系统的频率特性为

$$G(j\omega) = \frac{1}{j\omega(1+j\omega)(1+j2\omega)}$$

$$= \frac{-3}{(1+\omega^2)(1+4\omega^2)} - j\frac{1-2\omega^2}{\omega(1+\omega^2)(1+4\omega^2)}$$

$$|G(j\omega)| = \frac{1}{\omega\sqrt{1+\omega^2}\sqrt{1+4\omega^2}}$$

$$\angle G(j\omega) = -90° - \arctan^{-1}\omega - \arctan^{-1}2\omega$$

$\omega = 0$, $|G(j\omega)| = \infty$, $\angle G(j\omega) = -90°$; $\omega \to \infty$, $|G(j\omega)| = 0$, $\angle G(j\omega) = -270°$ 。
令 $\omega \to 0$,对 $G(j\omega)$ 的实部和虚部分别取极限

$$\lim_{\omega \to 0} R_e[G(j\omega)] = \lim_{\omega \to 0} \frac{-3}{(1+\omega^2)(1+4\omega^2)} = -3$$

$$\lim_{\omega \to 0} I_m[G(j\omega)] = \lim_{\omega \to 0} \frac{-1+2\omega^2}{\omega(1+\omega^2)(1+4\omega^2)} = -\infty$$

上式表明 $G(j\omega)$ 的起始点也位于相位角-90°的无穷远处,其渐近线为过点[-3,0]平行于虚轴的直线, $G(j\omega)$ 的终点,即 $\omega \to +\infty$ 时,幅值为零,相位角为-270°。可得 Nyquist 图如图 6-19 所示。

【例 6-6】　画出下述 II 型系统的 Nyquist 图。II 型系统是指含有 2 个纯积分的系统,即分母中含 2 个 s 因子,如 s^2 。

$$G(s) = \frac{1}{s^2(1+s)(1+2s)}$$

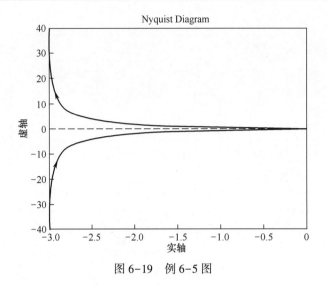

图 6-19　例 6-5 图

解:系统的频率特性为

$$G(j\omega) = \frac{1}{(j\omega)^2(1+j\omega)(1+j2\omega)}$$

$$= \frac{2\omega^2 - 1}{\omega^2(1+\omega^2)(1+4\omega^2)} - j\frac{-3}{\omega(1+\omega^2)(1+4\omega^2)}$$

$$|G(j\omega)| = \frac{1}{\omega^2(1+\omega^2)(1+4\omega^2)}$$

$$\angle G(j\omega) = -180° - \arctan\omega - \arctan2\omega$$

$\omega = 0$, $|G_{(j\omega)}| = \infty$, $\angle G_{(j\omega)} = -180°$; $\omega \to \infty$, $|G_{(j\omega)}| = 0$, $\angle G_{(j\omega)} = -360°$。
选取若干一般点,可得 Nyquist 图如图 6-20 所示。

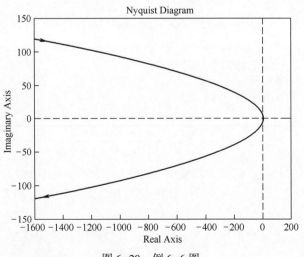

图 6-20　例 6-6 图

考虑到系统的一般形式,其频率特性为

$$G(j\omega) = \frac{K(1 + jT_a\omega)(1 + jT_b\omega)\cdots(1 + jT_m\omega)}{(j\omega)^\lambda(1 + jT_1\omega)(1 + jT_2\omega)\cdots(1 + jT_p\omega)}$$

其分母阶次为 $n = \lambda + p$，分子阶次为 $m(n \geq m$，$\lambda = 0,1,2,\cdots)$，对于不同型次的系统，其 Nyquist 图具有以下特点。

1）当 $\omega = 0$ 时，Nyquist 图的起始点取决于系统的型次：0 型系统（$\lambda = 0$）起始于正实轴上某一有限点；Ⅰ型系统（$\lambda = 1$）起始于相位角为 $-90°$ 的无穷远处，其渐近线为一平行于虚轴的直线；Ⅱ型系统（$\lambda = 2$）起始于相位角为 $-180°$ 的无穷远处。

2）当 $\omega \to \infty$ 时，若 $n > m$，Nyquist 图则以顺时针方向收敛于原点，即幅值为零，相位角与分母和分子的阶次之差有关，即 $\angle G(j\omega)|_{\omega = \infty} = -(n - m) \times 90°$。

3）当 $G(s)$ 含有零点时，频率特性 $G(j\omega)$ 的相位将不随 ω 的增大单调减小，Nyquist 图会产生"变形"或"弯曲"，具体画法与 $G(j\omega)$ 各环节的时间常数有关。

视频：Nyquist 图画法及理解

6.4　对数频率特性图（Bode 图）

◎ 6.4.1　基本概念

对数频率特性图又称 Bode 图，由对数幅频特性图和对数相频特性图组成。其横坐标按 $\lg\omega$ 进行对数分度，但标注 ω 值。在对数坐标中，频率每变化 10 倍，坐标间距将变化一个长度单位，如图 6-21 所示。将该频带宽度称为十倍频程，记作 dec。

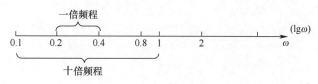

图 6-21　对数频率特性图横坐标

对数幅频特性图的纵坐标采用线性分度，坐标值为 $L(\omega) = 20\lg|G(j\omega)|$，单位为分贝，记作 dB，如图 6-22（a）所示。

对数相频特性图的纵坐标也是采用线性分度，坐标值为 $\varphi(\omega) = \angle G(j\omega)$，单位是度（°），如图 6-22（b）所示。

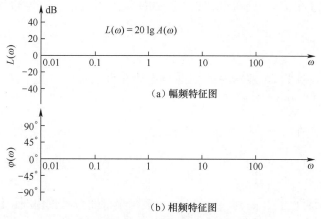

（a）幅频特征图

（b）相频特征图

图 6-22　对数频率特性图纵坐标

对数坐标图的主要优点如下：

1）可以将幅频的乘/除运算转化为对数幅频的加/减运算，简化了计算过程，便于绘制由多个环节串联组成的系统的对数频率特性图。

2）可采用渐近线近似的作图方法绘制对数频率特性图，简单方便，尤其是在控制系统设计、校正及系统辨识等方面，优点尤为突出。

3）如前所述，采用对数分度有效地扩展了频率范围，尤其是低频段的扩展对工程系统设计具有重要意义。

◎ **6.4.2 典型环节频率特性的 Bode 图**

1. 比例环节

比例环节的频率特性为 $G(j\omega) = K$ ，对数幅频特性为 $20\lg|G(j\omega)| = 20\lg K$ ，对数相频特性为 $\varphi(\omega) = \angle G(j\omega) = 0°$ ，如图 6-23 所示。

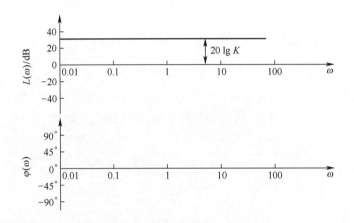

图 6-23 比例环节的 Bode 图

2. 微分环节

微分环节的频率特性为 $G(j\omega) = j\omega$ ，对数幅频特性为 $L(\omega) = 20\lg|G(j\omega)| = 20\lg\omega$ ，对数相频特性为 $\varphi(\omega) = 90°$ 。

对数幅频特性曲线在 $\omega = 1$ 处通过 0 dB 线，斜率为 20 dB/dec；对数相频特性曲线为 90°直线，如图 6-24 所示。

3. 积分环节

积分环节的频率特性为 $G(j\omega) = \dfrac{1}{j\omega}$ ，对数幅频特性为 $L(\omega) = 20\lg|G(j\omega)| = -20\lg\omega$ ，对数相频特性为 $\varphi(\omega) = -90°$ 。

对数幅频特性曲线在 $\omega = 1$ 处通过 0 dB 线，斜率为 -20 dB/dec；对数相频特性为 -90°直线。如图 6-25 所示。

4. 惯性环节

惯性环节的频率特性为 $G(j\omega) = \dfrac{1}{1 + j\omega T}$ ，对数幅频特性与对数相频特性分别为

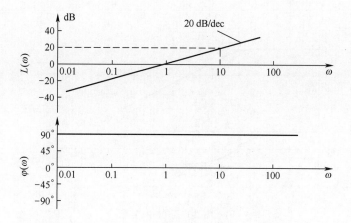

图 6-24 微分环节的 Bode 图

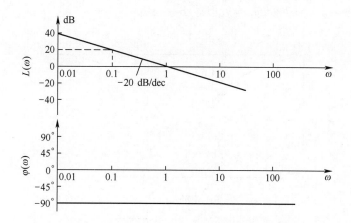

图 6-25 积分环节的 Bode 图

$$L(\omega) = 20\lg |G(j\omega)| = -20\lg \sqrt{1 + \left(\frac{\omega}{\omega_T}\right)^2}$$

$$\varphi(\omega) = -\arctan \frac{\omega}{\omega_T} \qquad (6\text{-}41)$$

式中：$\omega_T = \dfrac{1}{T}$，称为转角频率。

当 $\omega \ll \omega_T$ 时，略去式(6-41)根号中的 $\left(\dfrac{\omega}{\omega_T}\right)^2$ 项，则有 $L(\omega) \approx -20\lg 1 = 0 \text{ dB}$，表明 $L(\omega)$ 的低频渐近线是 0 dB 线。

当 $\omega \gg \omega_T$ 时，则有 $L(\omega) \approx -20\lg(\omega/\omega_T) = 20\lg\omega_T - 20\lg\omega$，表明 $L(\omega)$ 高频部分的渐近线是经过点 $(\omega_T, 0)$、斜率为-20 dB/dec 的直线。

惯性环节的对数相频特性从 0°变化到-90°，并关于点 $(\omega_T, -45°)$ 对称，如图 6-26 所示。

117

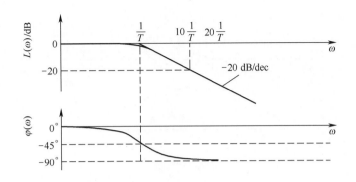

图 6-26　惯性环节的 Bode 图

用渐近线作图简单方便,且足以接近其精确曲线,在系统初步设计阶段时常采用这种方法。如果需要精确的幅频曲线,可参照图 6-27 的误差曲线对渐近线进行修正。由图中可见,最大幅值误差发生在 $\omega_T = 1/T$ 处,其值近似等于 -3 dB。

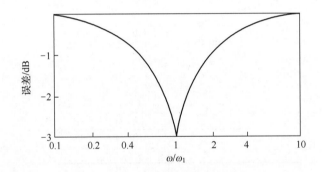

图 6-27　惯性环节对数相频特性误差修正曲线

由上述幅频和相频曲线图可以看出惯性环节具有低通滤波器的特性,对于高于 $\omega_T = 1/T$ 的频率,其对数幅频迅速衰减。

5. 一阶微分环节

一阶微分环节的频率特性为 $G(j\omega) = 1 + j\omega T$,对数幅频特性与对数相频特性分别为

$$
L(\omega) = 20\lg \sqrt{1 + \left(\frac{\omega}{\omega_T}\right)^2}
$$

$$
\varphi(\omega) = \arctan \frac{\omega}{\omega_T}
$$

(6-42)

式中: $\omega_T = \dfrac{1}{T}$,为转角频率。

分析方法同前述"惯性环节",可知一阶微分环节的对数幅频渐近线在低频段($\omega \ll \omega_T$)为 0 dB 线,高频段($\omega \gg \omega_T$)为经过点 $(\omega_T, 0)$ 、斜率为 20 dB/dec 的直线。一阶微分环节对数相频特性从 0° 变化到 90°,并且关于点 $(\omega_T, 45°)$ 对称,如图 6-28 所示。

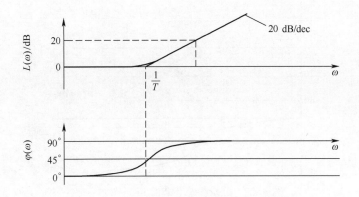

图 6-28　一阶微分环节的 Bode 图

6. 二阶振荡环节

二阶振荡环节的频率特性为

$$G(j\omega) = \frac{1}{1 - \left(\dfrac{\omega}{\omega_n}\right)^2 + j2\xi\left(\dfrac{\omega}{\omega_n}\right)}$$

式中：$\omega_n = \dfrac{1}{T}$，$0 < \xi < 1$。

对数幅频特性为

$$L(\omega) = -20\lg\sqrt{\left[1 - \left(\frac{\omega}{\omega_n}\right)^2\right]^2 + \left(2\xi\frac{\omega}{\omega_n}\right)^2} \tag{6-43}$$

对数相频特性为

$$\varphi(\omega) = -\arctan\frac{2\xi\dfrac{\omega}{\omega_n}}{1 - \left(\dfrac{\omega}{\omega_n}\right)^2} \tag{6-44}$$

当 $\dfrac{\omega}{\omega_n} \ll 1$ 时，略去式（6-43）中的 $\left(\dfrac{\omega}{\omega_n}\right)^2$ 和 $2\xi\dfrac{\omega}{\omega_n}$ 项，则有 $L(\omega) \approx -20\lg1 = 0$ dB，表明低频段渐近线是一条 0 dB 的水平线。

当 $\dfrac{\omega}{\omega_n} \gg 1$ 时，略去式（6-44）中的 1 和 $2\xi\dfrac{\omega}{\omega_n}$ 项，则有 $L(\omega) = -20\lg\left(\dfrac{\omega}{\omega_n}\right)^2 = -40\lg\dfrac{\omega}{\omega_n}$，表明高频段渐近线是一条斜率为-40 dB 的直线。

显然，当 $\dfrac{\omega}{\omega_n} = 1$ 时，即 $\omega = \omega_n$ 是两条渐近线的相交点。所以，振荡环节的无阻尼固有频率 ω_n 就是其转角频率。二阶振荡环节对数相频特性从 0°变化到-180°，并且关于点（ω_n，-90°）对称，如图 6-29 所示。

振荡环节的对数幅频特性不仅与 $\dfrac{\omega}{\omega_n}$ 有关，而且也与阻尼比 ξ 有关，因此在转折频率附近一般不能简单地用渐近线近似代替，否则可能会引起较大的误差。图 6-30 给出了当 ξ 取不同值时对数幅频特性的准确曲线和渐近线。由图可见，在 $\xi < 0.707$ 时，曲线出现谐振峰值，ξ

119

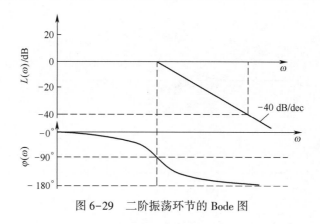

图 6-29 二阶振荡环节的 Bode 图

值越小,谐振峰值越大,它与渐近线之间的误差越大。必要时,可以用如图 6-31 所示的误差修正曲线进行修正。

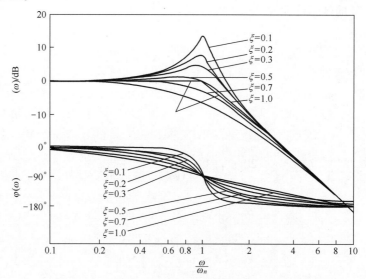

图 6-30 ξ 取不同值时对数幅频特性的准确曲线和渐近线

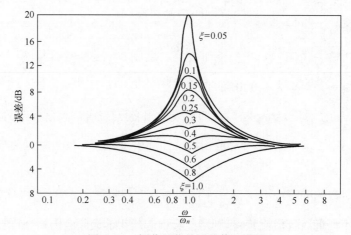

图 6-31 振荡环节的误差修正曲线

7. 二阶微分环节

二阶微分环节的频率特性为

$$G(j\omega) = 1 - \left(\frac{\omega}{\omega_n}\right)^2 + j2\xi\left(\frac{\omega}{\omega_n}\right)$$

式中：$\omega_n = \dfrac{1}{T}$，$0 < \xi < 1$。

对数幅频特性为

$$L(\omega) = 20\lg\sqrt{\left[1 - \left(\frac{\omega}{\omega_n}\right)^2\right]^2 + \left(2\xi\,\frac{\omega}{\omega_n}\right)^2} \tag{6-45}$$

对数相频特性为

$$\varphi(\omega) = \arctan\frac{2\xi\,\dfrac{\omega}{\omega_n}}{1 - \left(\dfrac{\omega}{\omega_n}\right)^2} \tag{6-46}$$

二阶微分环节与振荡环节成倒数关系，其 Bode 图与振荡环节 Bode 图关于频率轴对称，如图 6-32 所示。

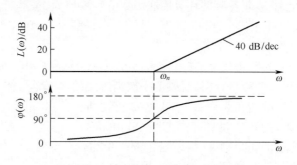

图 6-32　二阶微分环节的 Bode 图

8. 延迟环节

延迟环节的频率特性为 $G(j\omega) = e^{-j\tau\omega}$，对数幅频特性为 $L(\omega) = 20\lg|G(j\omega)| = 0$，对数相频特性为 $\varphi(\omega) = -\tau\omega$。

表明延迟环节的对数幅频特性与 0 dB 线重合，对数相频特性值与 ω 成正比，当 ω 趋近于 ∞ 时，相角滞后量也趋近于 ∞。延迟环节的 Bode 图如图 6-33 所示。

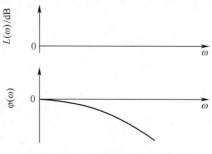

图 6-33　延迟环节的 Bode 图

◎ 6.4.3 绘制系统 Bode 图的一般步骤

设系统由 n 个环节串联组成,系统频率特性为

$$G(j\omega) = G_1(j\omega)G_2(j\omega)\cdots G_n(j\omega) = A_1(\omega)e^{j\varphi_1(\omega)} \cdot A_2(\omega)e^{j\varphi_2(\omega)}\cdots A_n(\omega)e^{j\varphi_n(\omega)}$$

$$(6-47)$$

则有对数幅频特性为

$$L(\omega) = 20\lg A_1(\omega) + 20\lg A_2(\omega) + \cdots + 20\lg A_n(\omega) = L_1(\omega) + L_2(\omega) + \cdots + L_n(\omega)$$

$$(6-48)$$

对数相频特性为

$$\varphi(\omega) = \varphi_1(\omega) + \varphi_2(\omega) + \cdots + \varphi_n(\omega) \qquad (6-49)$$

式中: $L_i(\omega)$ 和 $\varphi_i(\omega)$ 分别表示各典型环节的对数幅频特性和相频特性。可见,只要能作出 $G(j\omega)$ 所包含的各典型环节的对数幅频和相频曲线,将它们分别进行代数相加,即可求得系统的 Bode 图。

在熟悉了对数幅频特性的性质后,还可以采用顺序频率法直接画出系统的 Bode 图,具体步骤如下:

(1) 由传递函数 $G(s)$ 求出频率特性 $G(j\omega)$,然后将 $G(j\omega)$ 化为若干典型环节频率特性相乘的形式,并化成标准型。即各典型环节传递函数的常数项为1。

(2) 确定 $\omega = 1$、$L(\omega)\big|_{\omega=1} = 20\lg K$ 的点,过该点作斜率为 -20ν dB/dec 的斜线。ν 为系统包含的积分环节的个数,K 为系统增益。

(3) 计算各典型环节的转角频率,并沿频率轴方向由低到高标出。从低频段的渐进线出发,沿频率轴方向每遇到一个转角频率,就改变一次渐进线的斜率。具体遵循以下原则:

1)若过一阶惯性环节的转角频率,斜率变化-20 dB/dec。

2)若过一阶微分环节的转角频率,斜率变化 20 dB/dec。

3)若过二阶振荡环节的转角频率,斜率变化-40 dB/dec。

4)若过二阶微分环节的转角频率,斜率变化 40 dB/dec。

(4) 如果有需要,可对渐近线进行修正,以获得较精确的对数幅频特性曲线。其办法是在同一频率处将各环节误差值叠加。

【例 6-7】 已知系统传递函数为

$$G(s) = \frac{2560(s+4)}{s(s+2)(s^2+8s+64)}$$

画出系统的 Bode 图。

解:1) 求系统频率特性 $G(j\omega)$ 并将其化为典型环节相乘的形式。

$$G(j\omega) = \frac{80\left(\dfrac{j\omega}{4}+1\right)}{j\omega\left(\dfrac{j\omega}{2}+1\right)\left[\dfrac{(j\omega)^2}{64}+\dfrac{j\omega}{8}+1\right]}$$

2) 求各典型环节的参数。

比例环节 $K=80$, $L(\omega) = 20\lg 80$, $\varphi(\omega) = 0°$;

积分环节 $\dfrac{1}{j\omega}$, $L(\omega)$ 为过点 $(1,0)$ 斜率 20 dB/dec 的直线, $\varphi(\omega) = -90°$;

惯性环节 $\dfrac{1}{\dfrac{j\omega}{2}+1}$，转角频率 $\omega_{T_1}=\dfrac{1}{T_1}=2$；

一阶微分环节 $\dfrac{j\omega}{4}+1$，转角频率 $\omega_{T_2}=\dfrac{1}{T_2}=4$；

振荡环节 $\dfrac{1}{\dfrac{(j\omega)^2}{64}+\dfrac{j\omega}{8}+1}$，$\omega_n=8$，因为 $\dfrac{2\xi}{\omega_n}=\dfrac{1}{8}$，所以 $\xi=0.5$。

3）将各环节对数幅频曲线的渐近线进行叠加，并进行修正；将各环节对数相频曲线叠加，得到系统的 Bode 图，如图 6-34 所示。

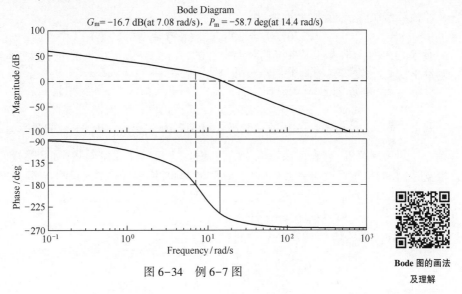

图 6-34　例 6-7 图

Bode 图的画法及理解

○ 6.5　频率性能指标

频域性能指标是根据闭环控制系统的性能要求制定的。与时域特性中有超调量、调整时间性能指标一样，在频域中也有相应的性能指标，如谐振峰值 M_r、谐振频率 ω_r、截止频率 ω_b 与截止带宽 $0\sim\omega_b$ 等，如图 6-35 所示。

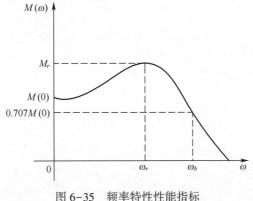

图 6-35　频率特性性能指标

123

1. 零频幅值 $M(0)$

零频幅值 $M(0)$ 表示当频率 ω 接近于 0 时，闭环系统输出与输入幅值之比。在频率极低时，对单位反馈系统而言，若输出幅值能完全准确地反映输入幅值，则 $M(0) = 1$。$M(0)$ 越接近于 1，系统的稳态误差越小。因此，$M(0)$ 的值与 1 相差的大小反映了系统的稳态精度。

2. 谐振峰值 M_r 及谐振频率 ω_r

闭环频率特性的幅值用 M 表示。当 $\omega = 0$ 的幅值为 $M(0) = 1$ 时，M 的最大值 M_r 称作谐振峰值。在谐振峰值处的频率 ω_r 称为谐振频率，如图 6-35 所示。若 $M(0) \neq 1$，则谐振峰值为

$$M_r = \frac{M_{\max}(\omega_r)}{M(0)}$$

它又称相对谐振峰值，若取分贝值，则

$$20\lg M_r = 20\lg M_{\max}(\omega_r) - 20\lg M(0) \tag{6-50}$$

通常，M_r 的大小表征了系统相对稳定性的好坏。一般来说，M_r 值越大，系统瞬态响应的超调量 M_p 越大，表明系统的阻尼小，相对稳定性差。

3. 截止频率 ω_b 与截止带宽 $0 \sim \omega_b$

截止频率 ω_b 是指闭环幅频特性衰减至 $0.707M(0) = \dfrac{\sqrt{2}}{2}M(0)$ 时的频率。截止带宽是指由 $0 \sim \omega_b$ 的频率范围，它表征系统响应的快速性，也反映了系统对噪声的滤波性能。在确定系统频宽时，大的频宽可改善系统的响应速度，使其跟踪或复现输入信号的精度提高，但同时对其高频噪声的过滤特性降低，系统抗干扰性能减弱。因此，必须综合考虑以选择合适的频宽范围。

对于一阶系统 $G(s)$，可求解如下：

$$G(j\omega) = \frac{1}{1 + j\omega T}$$

$$= \left| \frac{1}{1 + j\omega T} \right|_{\omega = \omega_b} = \frac{1}{\sqrt{2}} \left| \frac{1}{1 + j\omega T} \right|_{\omega = 0}$$

即

$$\frac{1}{\sqrt{1 + \omega_b^2 T^2}} = \frac{1}{\sqrt{2}}$$

则有

$$\omega_b = \frac{1}{T} = \omega_T \tag{6-51}$$

一阶系统的截止频率 ω_b 等于系统的转角频率 ω_T，即等于系统时间常数的倒数。这也说明频宽越大，系统时间常数 T 越小，响应速度越快。

对于二阶系统 $G(s)$，可求解如下：

$$G(j\omega) = \frac{\omega_n^2}{(j\omega)^2 + 2\xi\omega_n(j\omega) + \omega_n^2}$$

$$M(\omega) = \frac{1}{\sqrt{\left(1 - \dfrac{\omega^2}{\omega_n^2}\right)^2 + \left(2\xi\dfrac{\omega}{\omega_n}\right)^2}}$$

$$\left|\frac{1}{\sqrt{\left(1-\dfrac{\omega^2}{\omega_n^2}\right)^2+\left(2\xi\dfrac{\omega}{\omega_n}\right)^2}}\right|_{\omega=\omega_b}=\frac{1}{\sqrt{2}}\left|\frac{1}{\sqrt{\left(1-\dfrac{\omega^2}{\omega_n^2}\right)^2+\left(2\xi\dfrac{\omega}{\omega_n}\right)^2}}\right|_{\omega=0}=\frac{1}{\sqrt{2}}$$

即

$$\left(1-\frac{\omega_b^2}{\omega_n^2}\right)^2+\left(2\xi\frac{\omega_b}{\omega_n}\right)^2=2$$

频域性能指标的求解

可解得二阶系统的截止频率 ω_b 为

$$\omega_b=\omega_n\sqrt{1-2\xi^2+\sqrt{2-4\xi^2+4\xi^4}} \tag{6-52}$$

6.6 最小和非最小相位系统

如果系统的传递函数在 $[s]$ 右半平面上没有极点和零点,则称为最小相位传递函数。具有最小相位传递函数的系统,称为最小相位系统。反之,在 $[s]$ 右半平面上有极点和(或)零点的传递函数称为非最小相位传递函数,对应的系统称为非最小相位系统。

例如,有下列两个系统,传递函数分别为

$$G_1(s)=\frac{K(T_3s+1)}{(T_1s+1)(T_2s+1)} \quad (K,T_1,T_2,T_3\ \text{均为正数})$$

$$G_2(s)=\frac{K(T_3s-1)}{(T_1s+1)(T_2s+1)} \quad (K,T_1,T_2,T_3\ \text{均为正数})$$

$G_1(s)$ 和 $G_2(s)$ 具有相同的幅频特性,即

$$A(\omega)=\frac{K\sqrt{1+T_3^2\omega^2}}{\sqrt{(1+T_1^2\omega^2)(1+T_2^2\omega^2)}}$$

但它们的相频特性却不同。设 $G_1(s)$ 和 $G_2(s)$ 的相频特性分别为 $\varphi_1(\omega)$ 和 $\varphi_2(\omega)$,则有

$$\varphi_1(\omega)=\tan^{-1}(T_3\omega)-\tan^{-1}(T_1\omega)-\tan^{-1}(T_2\omega)$$

$$\varphi_2(\omega)=\tan^{-1}\left(\frac{T_3\omega}{-1}\right)-\tan^{-1}(T_1\omega)-\tan^{-1}(T_2\omega)$$

当 $\omega=0$ 时, $\varphi_1(\omega)=0°$, $\varphi_2(\omega)=180°$;当 $\omega\to\infty$ 时, $\varphi_1(\infty)=90°-90°-90°=-90°$, $\varphi_2(\infty)=90°-90°-90°=-90°$

对于最小相位系统 $G_1(s)$ 来说,当 ω 为 $0\to\infty$ 时,其相位角变化为 $90°$;对于非最小相位系统 $G_2(s)$ 来说,当 ω 为 $0\to\infty$ 时,其相位角变化为 $270°$ 。显然,最小相位位系统的相位角变化为最小。

对控制系统来说,相位滞后越大,对系统的稳定性越不利,因此要尽可能地避免有非最小相位特性的元件。

本 章 小 结

本章涉及的主要概念和问题如下:

1) 频率特性可以用常规的微积分特性与三角函数的合成方法进行推导,并归纳出用 $j\omega$

代替传递函数中的 s 可以简化推导过程。频率特性结果复变量是在频率域内描述系统运动的一种数学模型。

$$G(j\omega) = G(s)\big|_{s=j\omega}$$

2）系统频率特性分为幅频特性和相频特性。线性定常系统在谐波信号输入时,稳态输出 $x_o(t)\big|_{t\to\infty}$ 与输入 $x_i(t)$ 的振幅比 $|G(j\omega)|$ 和相位移 $\angle G(j\omega)$ 随频率 ω 而变化的函数关系,分别称为幅频特性和相频特性。

依据复变函数的概念,频率特性可表示为

$$G(j\omega) = |G(j\omega)| e^{j\angle G(j\omega)} = A(\omega) e^{j\varphi(\omega)}$$

也可表示为

$$G(j\omega) = R_e(\omega) + jI_m(\omega)$$

相应的幅频和相频特性计算如下

$$A(\omega) = \sqrt{R_e^2(\omega) + I_m^2(\omega)}$$

$$\varphi(\omega) = \arctan\frac{I_m(\omega)}{R_e(\omega)}$$

3）利用系统的幅频特性可以分析系统的滤波特性或设计适当的滤波器。

4）系统频率特性的图示法有两种:极坐标图(Nyquist 图)和对数频率特性图(Bode 图)。

5）与时域特性中有超调量、调整时间性能指标一样,在频域中也有相应的性能指标,如谐振峰值 M_r、谐振频率 ω_r、截止频率 ω_b 与截止带宽 $0 \sim \omega_b$ 等。

本章是学习本课程的重点,必须注意理解各个概念,掌握频域分析的基本方法。

习　　题

6.1　某系统传递函数为 $G(s) = \dfrac{7}{3s+2}$,当输入为 $\dfrac{1}{7}\sin\left(\dfrac{2}{3}t + 45°\right)$ 时,试求其稳态输出。

6.2　试画出下列传递函数的 Bode 图。

（1）$G(s) = \dfrac{20}{s(0.5s+1)(0.1s+1)}$　　　　（2）$G(s) = \dfrac{2s^2}{(0.4s+1)(0.04s+1)}$

（3）$G(s) = \dfrac{50(0.6s+1)}{s^2(4s+1)}$　　　　（4）$G(s) = \dfrac{7.5(0.2s+1)(s+1)}{s(s^2+16s+100)}$

6.3　试画出下列传递函数的 Nyquist 图。

（1）$G(s) = \dfrac{20}{s(0.5s+1)(0.1s+1)}$　　　　（2）$G(s) = \dfrac{(0.2s+1)(0.5s+1)}{(0.05s+1)(5s+1)}$

（3）$G(s) = \dfrac{50(0.6s+1)}{s^2(4s+1)}$　　　　（4）$G(s) = \dfrac{10(0.5+s)}{s^2(2+s)(10+s)}$

6.4　若题 6.4 图所示系统的截止频率 $\omega_b = 20(\text{rad/s})$,$T$ 值应为多少?

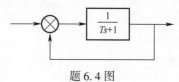

题 6.4 图

6.5　写出题 6.5(a) 和(b)图所示的最小相位系统的开环传递函数。

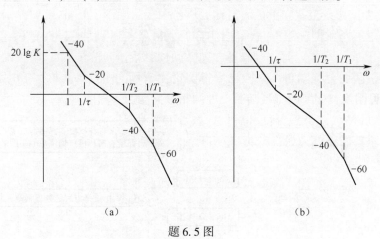

（a）　　　　　　　　　　　　（b）

题 6.5 图

6.6　为什么说积分系统为低通滤波器,微分系统为高通滤波器。

6.7　利用 RC 电路设计一阶低通滤波器,使得截止频率为 100 Hz,请选择合适的 R 和 C。

第7章　控制系统的稳定性分析

本章导学思维导图

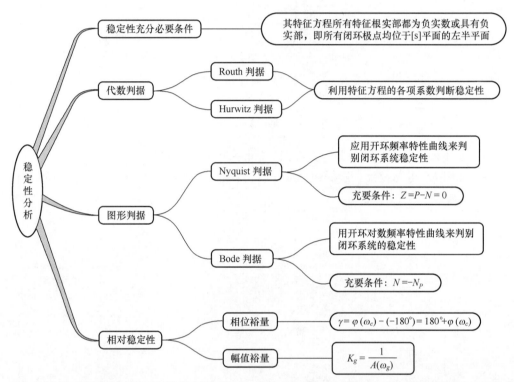

稳定性是系统能正常工作的首要条件,稳定性分析是系统设计的重要组成部分,在经典控制论中,对于判别一个定常系统是否稳定提供了多种方法。本章首先介绍线性系统稳定性的概念以及解析法判别系统稳定性的基本原则;接着介绍 Routh、Nyquist 和 Bode 稳定性判据;最后介绍系统相对稳定性及其表达形式。

◎ 7.1　稳定性定义

控制系统在实际工作中,总会受到外界和内部一些因素的扰动。例如,火炮射击时,施加给火炮随动系统的冲击;雷达天线跟踪时,突然遇到的阵风;还有负载或能源的波动、系统参数的变化等。如果系统不稳定,就会在这些扰动的作用下偏离原来的平衡工作状态,并随时间的推移而发散。因此,如何分析系统的稳定性,并提出保证系统稳定的措施,是自动控制的基本任务。

稳定性的定义:系统在受到外界扰动作用时,其被控制量 $x_o(t)$ 将偏离平衡位置,当这个扰动作用去除后,若系统在足够长的时间内能恢复到其原来的平衡状态或者趋于一个给定的新的平衡状态,如图 7-1(a)所示,则系统是稳定的;反之,若系统对干扰的瞬态响应随时间的推移而不断扩大或发生持续振荡,如图 7-1(b)和(c)所示,则系统是不稳定的。

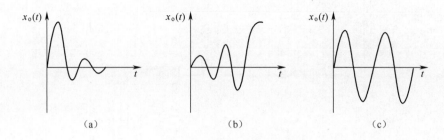

图 7-1　系统在扰动作用下的响应

　　稳定性是系统在去掉扰动以后,自身具有的一种恢复能力,是系统本身的固有特性,这种特性只取决于系统的结构、参数,而与初始条件及外作用无关。下面将分别介绍用解析法以及 Routh、Nyquist 和 Bode 等方法判别系统的稳定性。

　　其实,也可以从系统的运行特性中直观地判断系统是否稳定,或判断一个稳定的系统最后应该表现出什么样的特点。

　　对前面所讲述的 *KMC* 系统进行仿真分析,仿真结果如图 7-2 所示。

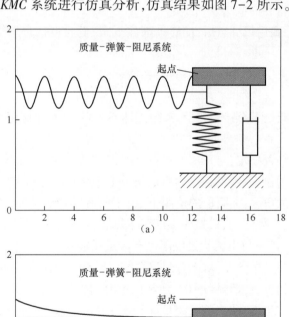

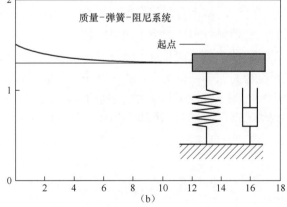

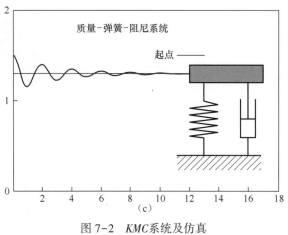

视频：KMC 系统
MATLAB 仿真

图 7-2　*KMC* 系统及仿真

从图中可以看出：①自由振荡的弹簧稳定不下来；②阻尼太大的弹簧稳定下来所花费的时间很长；③适当阻尼的弹簧能够很快稳定下来。

从上面的例子，可得到一些启发与结论。

1）所谓稳定，就是到达目标点后，能够渐渐停下来，而且振荡是越小越好，与目标点误差越小越好，最好没有。

2）稳定与时间有关，一个系统如果稳定，在输入为一常力的情况下，所经历的时间越长，振荡或变化越小。

3）大阻尼系统只能是无穷接近目标点，但到达不了目标点；小阻尼系统振荡接近无穷小，但到达不了 0。

4）一个二阶系统是否稳定，与系统的参数有关，如阻尼系数的大小。

以上述 *KMC* 系统为例，系统的稳定性可以从以下三个角度分析和解释。

1）能量守恒的定性角度：无阻尼的情况下，由于没有热量的消耗，机械能始终守恒，所以振荡持续存在；反之，由于阻尼力，机械能逐渐变成热能，导致弹簧机械能消耗，没有运动，系统逐渐稳定下来。（注：一阶系统电流流过电阻也有能量耗散。）

2）数学求解形式的定量角度：对于有阻尼系统，含有 $\mathrm{e}^{at}\sin(\omega t)$ 环节的形式中，$a<0$，使得 $\sin(\omega t)$ 的系数（振动幅值）越来越接近 0。所经历的时间越长，振荡越小。

3）传递函数的形式角度：从二阶系统传递函数 $1/(ms^2+cs+k)$ 的形式上来分析，表征 e 指数形式的解系数是传递函数分母等于 0 的方程，即特征方程之根。如果这两个根都含有负实部，即根在坐标系统左半平面，那么同数学解一样，运动是逐渐衰减的。

事实上，这三种解释是内在统一的，得到的是同样的结论，只不过第三种方法在思想逻辑上最复杂，换来的是计算与形式上最简单，所以一般以第三种方法来进行考察分析。

7.2　解析法稳定性判断

由稳定性的定义可知，稳定性所研究的问题是当扰动消失后系统的运动情况。因此，可设系统的初始条件为零，将单位脉冲函数 $\delta(t)$ 作为瞬态干扰作用于系统，系统的脉冲响应应为

$x_o(t)$。如果系统的脉冲响应函数 $x_o(t)$ 是收敛的,即

$$\lim_{t \to \infty} x_o(t) = 0 \qquad (7\text{-}1)$$

则系统是稳定的。

由于单位脉冲函数的拉氏变换等于1,因此系统的脉冲响应函数就是系统闭环传递函数的拉氏反变换。

设系统闭环传递函数为

$$G(s) = \frac{X_o(s)}{X_i(s)} = \frac{b_m(s - z_1)(s - z_2)\cdots(s - z_m)}{a_n(s - p_1)(s - p_2)\cdots(s - p_n)} \qquad (7\text{-}2)$$

式中:$z_1, z_2, \cdots, z_m$ 为闭环零点;$p_1, p_2, \cdots, p_n$ 为闭环极点。

脉冲响应函数的拉氏变换式为

$$X_o(s) = G(s)L[\delta(t)] = \frac{b_m(s - z_1)\cdots(s - z_m)}{a_n(s - p_1)\cdots(s - p_n)} \qquad (7\text{-}3)$$

根据闭环传递函数特征方程的特征根的虚实,下面分三种情况进行讨论。

1)如果闭环极点 p_i 为互不相同的实数根,将式(7-3)展开成部分分式:

$$X_o(s) = \frac{A_1}{s - p_1} + \frac{A_2}{s - p_2} + \cdots + \frac{A_n}{s - p_n} = \sum_{i=1}^{n} \frac{A_i}{s - p_i} \qquad (7\text{-}4)$$

式中:A_i 为待定常数;p_i 为特征根。对上式进行拉氏反变换,即得单位脉冲响应函数

$$x_o(t) = \sum_{i=1}^{n} A_i e^{p_i t} \qquad (7\text{-}5)$$

根据稳定性定义

$$\lim_{t \to \infty} x_o(t) = \lim_{t \to \infty} \sum_{i=1}^{n} A_i e^{p_i t} = 0 \qquad (7\text{-}6)$$

考虑到系数 A_i 的任意性,必须使式(7-6)中的每一项都趋于零,所以有

$$\lim_{t \to \infty} A_i e^{p_i t} = 0 \qquad (7\text{-}7)$$

式中:A_i 为常值。

式(7-7)表明,系统的稳定性仅取决于特征根 p_i 的性质。并可得到,系统稳定的充分必要条件是系统闭环特征方程的所有根都具有负的实部,或者说都位于[s]平面的左半平面。

2)如果特征方程有重根,且重根数为 m,则在脉冲响应函数中将具有如下分量形式:$te^{p_1 t}$,$t^2 e^{p_2 t}$,$\cdots$,$t^i e^{p_i t}$,$\cdots$。这些项,当时间 t 趋于无穷时是否收敛到 0,仍然取决于重特征根 p_i 的性质。所以上述系统稳定的充分必要条件也完全适用于系统特征方程有重根的情况。

3)如果 p_i 为共轭复根,即 $p_i = \sigma_i \pm j\omega_i$,那么在脉冲响应函数中具有下列形式的分量

$$A_i e^{(\sigma_i + j\omega_i)t} + A_{i+1} e^{(\sigma_i - j\omega_i)t} \qquad (7\text{-}8)$$

或写成

$$A e^{\sigma_i t} \sin(\omega_i t + \psi_i) \qquad (7\text{-}9)$$

由式(7-9)可见,只有共轭复根的实部 σ_i 为负,在 $t \to \infty$ 时,$\lim_{t \to \infty} x_o(t) = 0$。

综合上述特征根的三种情况可知,判别系统稳定性的问题可归结为对系统特征方程的根的判别。

系统稳定的充分必要条件：其特征方程的所有特征根都为负实数或具有负实部，即所有闭环极点均位于$[s]$平面的左半平面，系统才稳定，如图 7-3 所示；反之，只要有一个特征根落在$[s]$平面的右半平面（图 7-3 中阴影部分），系统就不稳定。

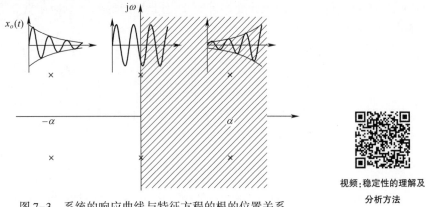

视频：稳定性的理解及分析方法

图 7-3　系统的响应曲线与特征方程的根的位置关系

当系统有纯虚根时，系统处于临界稳定状态，脉冲响应呈现等幅振荡。由于系统参数的变化以及扰动的不可避免，实际上等幅振荡不可能永远维持下去，系统很可能会由于某些因素而导致不稳定。另外，从工程实践来看，这类系统也不能很好工作，因此临界稳定系统可以归属于不稳定系统之列。

判别系统稳定与否，可归结为判别系统闭环特征方程的根的实部符号。因此，如果能解出全部特征根，则可立即判断系统是否稳定。

7.3　代数判据

通常对于高阶系统，求根本身不是一件容易的事，但是，根据上一节分析得出的结论，系统稳定与否，只需能判别其特征根实部的符号，而不必知道每个根的具体数值。因此，也可不必解出每个根的具体数值来进行判断。接下来介绍的代数判据，就是利用特征方程的各项系数，直接判断其特征根是否都具有负实部，或是否都位于$[s]$平面的左半平面，以确定系统是否稳定的方法。代数判据中，有 Hurwitz 判据和 Routh 判据，两种判据基本类同。

7.3.1　系统稳定的必要条件

设系统特征方程的一般式为

$$D(s) = a_n s^n + a_{n-1} s^{n-1} + \cdots + a_1 s + a_0 = 0 \tag{7-10}$$

将式（7-10）中各项同除以 a_n 并分解因式，得

$$s^n + \frac{a_{n-1}}{a_n} s^{n-1} + \cdots + \frac{a_1}{a_n} s + \frac{a_0}{a_1} = (s - s_1)(s - s_2) \cdots (s - s_n) \tag{7-11}$$

式中：$s_1, s_2, \cdots, s_n$ 为系统的特征根。将式（7-11）等式右边展开得

$$(s - s_1)(s - s_2) \cdots (s - s_n) = s^n - \left(\sum_{i=1}^{n} s_i \right) s^{n-1} + \left(\sum_{n} s_i s_j \right) s^{n-1} - \cdots + (-1)^n \prod_{i=1}^{n} s_i$$

$$\tag{7-12}$$

比较式(7-11)与式(7-12),可得

$$\frac{a_{n-1}}{a_n} = -\sum_{i=1}^{n} s_i, \quad \frac{a_{n-2}}{a_n} = \sum_n s_i s_j, \quad \frac{a_{n-3}}{a_n} = -\sum_n s_i s_j s_k, \cdots, \frac{a_0}{a_n} = (-1)^n \prod_{i=1}^{n} s_i \quad (7-13)$$

由式(7-13)可知,要使全部特征根 $s_1, s_2, \cdots, s_n$ 均具有负实部,就必须满足以下两个条件,即系统稳定的必要条件。

1) 特征方程的各项系数 $a_i(i = 0,1,2,\cdots,n-1,n)$ 都不等于零。

2) 特征方程的各项系统 a_i 符号相同。

按习惯,一般 a_n 取为正值,因此系统稳定的必要条件是 $a_n, a_{n-1}, \cdots, a_1, a_0 > 0$。

这一条件并不充分,对各项系统均为正且不为零的特征方程,还有可能具有正实部的根。因为当特征根有正有负时,它们组合起来仍能满足式(7-13)中的各式。一个具有实系数的 s 多项式,总可以分解成一次和二次因子的乘积,即 $(s+a)$ 和 $(s^2 + bs + c)$,式中 a、b 和 c 都是实数,一次因子给出的是实根,而二次因子给出的则是多项式的复根。只有当 b 和 c 都是正值时,因子 $(s^2 + bs + c)$ 才能给出具有负实部的根。也就是说,为了使所有的根都具有负实部,必须要求所有因子中的常数 a、b、c 等都是正值。很显然,任意个只包含正系数的一次因子和二次因子的乘积,必然也是一个具有正系数的多项式。但反过来就不一定了。因此,应当指出,所有系数都是正值这一条件,并不能保证系统一定稳定,即系统特征方程所有系数 $a_i > 0$,只是系统稳定的必要条件,而不是充分条件。

若系统不满足稳定的必要条件,则系统必不稳定。若系统满足稳定的必要条件,还需进一步判定其是否满足稳定的充分条件。

◎ 7.3.2 Routh 判据

Routh 判据是根据系统特征方程式的各项系数进行代数运算,得出全部根具有负实部的条件,从而判定系统的稳定性,因此这种稳定判据又称为代数稳定判据。

将式(7-10)的系统特征方程系数先构成 Routh 表的前两行,第一行由特征方程的第1,3,5,…项的系数组成;第二行由特征方程的第2,4,6,…项的系数组成。以后各行的数值需逐行计算,这种排列一直进行到 n 行,构成 Routh 表,见表7-1。

表 7-1 Routh 表

s^n	a_n	a_{n-2}	a_{n-4}	a_{n-6}	…
s^{n-1}	a_{n-1}	a_{n-3}	a_{n-5}	a_{n-7}	…
s^{n-2}	b_1	b_2	b_3	b_4	…
s^{n-3}	c_1	c_2	c_3	c_4	…
⋮	⋮	⋮	⋮	⋮	⋮
s^1	f_1				
s^0	g_1				

表中第三行 b_i 由第一、第二行按下式计算:

$$b_1 = \frac{a_{n-1}a_{n-2} - a_n a_{n-3}}{a_{n-1}}$$

$$b_2 = \frac{a_{n-1}a_{n-4} - a_n a_{n-5}}{a_{n-1}}$$

$$b_3 = \frac{a_{n-1}a_{n-6} - a_n a_{n-7}}{a_{n-1}}$$

$$\vdots$$

系数 b_i 的计算,一直进行到其余的 b 值全部等于 0 为止。第四行 c_i 则按下式计算:

$$c_1 = \frac{b_1 a_{n-3} - a_{n-1}b_2}{b_1}$$

$$c_2 = \frac{b_1 a_{n-5} - a_{n-1}b_3}{b_1}$$

$$c_3 = \frac{b_1 a_{n-7} - a_{n-1}b_4}{b_1}$$

$$\vdots$$

其余的行依次类推,一直计算到第 $n+1$ 行为止,系统的完整阵列呈现为三角形。为简化数值运算,可用一个正整数去乘或去除某一行的各项,这并不改变稳定性的结论。

于是,Routh 提出系统稳定判据:系统稳定的充要条件是,其特征方程式(7-10)的全部系数符号相同,并且其 Routh 表中第一列($a_n, a_{n-1}, b_1, c_1, \cdots, g_1$)中各元素的符号全部为正,且值不等于零;否则,系统为不稳定。

如果 Routh 表第一列中发生符号变化,则其符号变化的次数就是其不稳定根的数目。例如:

$$+ + + + + +$$ 没有不稳定根(系统稳定)

$$+ + + + - +$$ 有两个不稳定根(系统不稳定)

【**例 7-1**】 设有一个三阶系统的特征方程为

$$D(s) = a_3 s^3 + a_2 s^2 + a_1 s + a_0 = 0$$

式中所有系数都大于零。试用 Routh 判据判别系统的稳定性。

解:由已知条件可知, $a_i > 0$,满足系统稳定的必要条件。列出 Routh 表,有

s^3	a_3	a_1
s^2	a_2	a_0
s^1	$\frac{a_1 a_2 - a_0 a_3}{a_2}$	0
s^0	a_0	

显然,当 $a_1 a_2 - a_0 a_3 > 0$ 时,系统稳定。

【**例 7-2**】 系统特征方程为

$$D(s) = s^4 + 2s^3 + 3s^2 + 4s + 5 = 0$$

试用 Routh 判据判别系统的稳定性。

解:由已知条件可知, $a_i > 0$,满足系统稳定的必要条件。列出 Routh 表,有

$$
\begin{array}{c|ccc}
s^4 & 1 & 3 & 5 \\
s^3 & 2 & 4 & 0 \\
s^2 & \dfrac{2\times3-1\times4}{2}=1 & \dfrac{2\times5-1\times0}{2}=5 & \\
s^1 & \dfrac{1\times4-2\times3}{1}=-6 & 0 & \\
s^0 & 5 & &
\end{array}
$$

可见,Routh 表第一列系数不全大于 0,所以系统不稳定。Routh 表第一列系数符号改变的次数等于系统特征方程正实部根的数目。因此该系统有两个正实部的根,或者说有两个根处在[s]平面的右半平面。

在应用 Routh 判据时,可能会发生第一列出现 0 或某一行的各项全部为 0 的情况,因为不能用 0 除,Routh 表无法排列。下面针对这两种情况分别介绍。

1. Routh 表第一列出现 0

对于这种情况,可以用一个很小的正数 ε 代替 0,然后继续列 Routh 表,最后令 $\varepsilon\to0$ 来研究 Routh 表中第一列的符号。

【例 7-3】　系统特征方程为

$$
D(s)=s^4+2s^3+s^2+2s+1=0
$$

试用 Routh 判据判别系统的稳定性。

解:根据特征方程列出 Routh 表,有

$$
\begin{array}{c|ccc}
s^4 & 1 & 1 & 0 \\
s^3 & 2 & 2 & 0 \\
s^2 & \varepsilon\approx0 & 1 & 0 \\
s^1 & 2-2/\varepsilon & 0 & \\
s^0 & 1 & 0 &
\end{array}
$$

由于第一列各元素符号为 $\varepsilon\to2-2/\varepsilon\to1(+\ -\ +)$,改变了两次,因此特征方程有两个具有正实部的根。

2. Routh 表中某一行全部为零

出现这种情况意味在[s]平面中存在着一些"对称"的根:一对(或几对)大小相等符号相反的实根;一对共轭虚根;或呈对称位置的两对共轭复根。为了写出后面各行,可将不为零的最后一行的各元素组成一个方程式,此方程称为"辅助方程式",式中 s 均为偶次,将该方程式对 s 求导。用求导得到的各项系数代替原为 0 的各项,然后继续列 Routh 表。解辅助方程可求出特征方程中对称分布的根。

【例 7-4】　系统特征方程为

$$
s^6+2s^5+8s^4+12s^3+20s^2+16s+16=0
$$

试用 Routh 判据判别系统的稳定性。

解:根据特征方程列出 Routh 表,有

s^6	1	8	20	16	0
s^5	1	6	8	0	
s^4	1	8	0		
s^3	0	0	0		

（中间两行各元素除以 2）

由第三行各元素组成的辅助方程式为

$$F(s) = s^4 + 6s^3 + 8 = 0$$

将此式对 s 求导

$$\frac{\mathrm{d}}{\mathrm{d}s}F(s) = 4s^3 + 12s$$

将该式的系数作为 s^3 行的各元素，列出 Routh 表

s^6	1	8	20	16	0
s^5	1	6	8	0	
s^4	1	6	8	0	
s^3	1	3	0		
s^2	3	8			
s^1	1/3				
s^0	8				

从新排列的 Routh 表中可以看出，第一列中各元素并无符号改变，因此在 $[s]$ 的右半平面没有特指方程的根存在。求解辅助方程式得

$$s_{1,2} = \pm \mathrm{j}\sqrt{2}$$

$$s_{3,4} = \pm \mathrm{j}2$$

这两对根同时也是原特征方程的根，它们位于虚轴上，因此该系统是临界稳定的。

【例 7-5】 单位负反馈系统的开环传递函数为

$$G(s) = \frac{K}{s(0.1s + 1)(0.25s + 1)}$$

试确定当系统稳定时 K 值的范围，并确定当系统所有特征根都位于平行 $[s]$ 平面虚轴线 $s = -1$ 的左侧时的 K 值范围。

解：将系统闭环特征方程

$$s(0.1s + 1)(0.25s + 1) + K = 0$$

整理得

$$0.025s^3 + 0.35s^2 + s + K = 0$$

系统稳定的必要条件为 $a_i > 0$，则要求 $K > 0$。列出 Routh 表，有

s^3	0.025	1
s^2	0.35	K
s^1	$\dfrac{0.35 - 0.025K}{0.35}$	
s^0	K	

使
$$\frac{0.35 - 0.025K}{0.35} > 0$$

得
$$K < 14$$

可见,当系统增益 $0 < K < 14$ 时,系统才稳定。

根据题意第二部分的要求,特征根全部位于 $s = -1$ 线左侧,所以取 $s = s_1 - 1$ 代入原特征方程得

$$D(s_1) = 0.025 (s_1 - 1)^3 + 0.35 (s_1 - 1)^2 + (s_1 - 1) + K = 0$$

整理得

$$s_1^3 + 11s_1^2 + 15s_1 + (40K - 27) = 0$$

要求 $a_i > 0$,则 $(40K - 27) > 0$ 得

$$K > 0.675$$

列出 Routh 表,有

$$
\begin{array}{c|cc}
s_1^3 & 1 & 15 \\
s_1^2 & 11 & 40 - 27 \\
s_1^1 & \dfrac{11 \times 15 - (40K - 27)}{11} & \\
s_1^0 & 40K - 27 &
\end{array}
$$

使
$$11 \times 15 - (40K - 27) > 0$$

得
$$K < 4.8$$

$40K - 27 > 0$ 与 $a_i > 0$ 的条件相一致。因此,K 值范围为 $0.675 < K < 4.8$。显然,K 值范围比原系统要小。

上述稳定判据虽然避免了解根的困难,但有一定的局限性。例如,当系统结构和参数发生变化时,将会使特征方程的阶次、方程的系数发生变化,而且这种变化是很复杂的,从而相应的 Routh 表也将要重新列写,重新判别系统的稳定性。

◎7.3.3　Hurwitz 判据

Hurwitz 判据是根据系统特征方程的系数来判别系统稳定性的另外一种方法,即将系统特征方程的系数作为一个行列式,通过对行列式的操作来判定系统稳定性。

对于式(7-10)所示的系统特征方程,做出它的系数行列式:

$$
\Delta_n =
\begin{vmatrix}
a_{n-1} & a_{n-3} & a_{n-5} & \cdots & \cdots & 0 \\
a_n & a_{n-2} & a_{n-4} & \cdots & \cdots & 0 \\
0 & a_{n-1} & a_{n-3} & \cdots & \cdots & 0 \\
\cdots & a_n & a_{n-2} & \cdots & \cdots & 0 \\
0 & \cdots & \cdots & \cdots & a_1 & 0 \\
0 & \cdots & \cdots & \cdots & a_2 & a_0
\end{vmatrix}
$$

在 $a_n > 0$ 的情况下,系统稳定的充要条件为:上述行列时的各阶主子式均大于 0,即

$$\Delta_1 = a_{n-1} > 0$$

$$\Delta_2 = \begin{vmatrix} a_{n-1} & a_{n-3} \\ a_n & a_{n-2} \end{vmatrix}$$

$$\Delta_3 = \begin{vmatrix} a_n & a_{n-3} & a_{n-5} \\ a_{n-1} & a_{n-2} & a_{n-4} \\ 0 & a_{n-1} & a_{n-3} \end{vmatrix}$$

$$\cdots$$

$$\Delta_n > 0$$

上式所示的系数行列式,又称为 Hurwitz 行列式,它的排列简单明确,使用也比较方便。但对六阶以上的系统,由于行列式计算麻烦,故很少应用。

对于 $n \leq 4$ 的线性系统,其稳定的充要条件可表示为如下简单形式:

$n = 2$:$a_2 > 0, a_1 > 0, a_0 > 0$;

$n = 3$:$a_3 > 0, a_2 > 0, a_1 > 0, a_0 > 0, a_2 a_1 - a_0 a_3 > 0$;

$n = 4$:$a_4 > 0, a_3 > 0, a_2 > 0, a_1 > 0, a_0 > 0, a_3 a_2 a_1 - a_1^2 a_4 - a_0 a_3^2 > 0$。

上述结果与 Routh 判据所得结果相同,这表明 Hurwitz 判据虽然在形式上与 Routh 判据不同,但实际结论是相同的。

【例 7-6】 系统的特征方程为

$$D(s) = s^4 + 8s^3 + 18s^2 + 16s + 5 = 0$$

试用 Hurwitz 判据确定系统是否稳定。

解:

由特征方程可知:$a_4 = 1 > 0$,$a_3 = 8 > 0$,$a_2 = 18 > 0$,$a_1 = 16 > 0$,$a_0 = 5 > 0$,$a_3 a_2 a_1 - a_1^2 a_4 - a_0 a_3^2 = 16 \times 18 \times 8 - 16^2 \times 1 - 5 \times 8^2 = 1728 > 0$,所以闭环系统稳定。

◎ 7.4 Nyquist 判据

Routh 判据是根据系统的特征方程判别其稳定性,对开环或闭环系统均适用,其缺点是不能知道稳定或不稳定的程度,也难知道系统中各参数对稳定性的影响。在频域的稳定判据中,目前应用得比较广泛的是 Nyquist 判据,也称奈氏判据,这是一种应用开环频率特性曲线来判别闭环系统稳定性的判据。

Nyquist 判据不但可以判断系统是否稳定(绝对稳定性),确定系统的稳定程度(相对稳定性),还可以用于分析系统的动态性能以及指出改善系统性能指标的途径。因此,Nyquist 判据是一种重要而实用的稳定性判据,在工程上应用十分广泛。

◎ 7.4.1 闭环特征方程

对于图 7-4 所示的控制系统结构图,其开环传递函数为

$$G(s)H(s) = \frac{M(s)}{N(s)} \tag{7-14}$$

相应的闭环传递函数为

$$\Phi(s) = \frac{G(s)}{1 + G(s)H(s)} = \frac{G(s)}{1 + \frac{M(s)}{N(s)}} = \frac{G(s)}{\frac{N(s) + M(s)}{N(s)}}$$

(7-15)

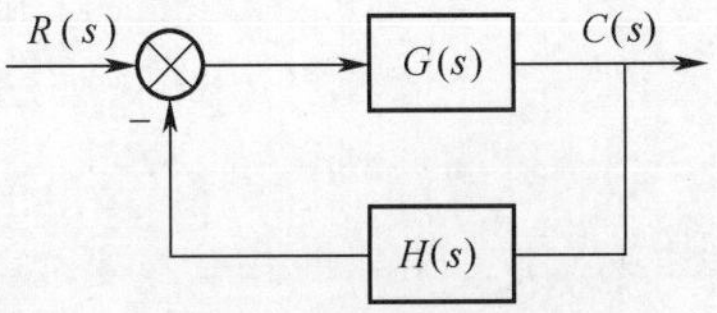

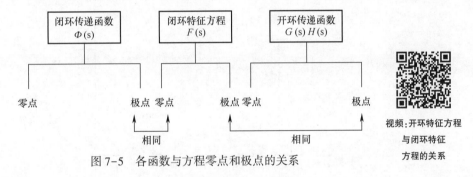

图 7-4 控制系统结图

式中：$M(s)$ 为开环传递函数的分子多项式，m 阶；$N(s)$ 为开环传递函数的分母多项式，n 阶。因为 $G(s)$ 和 $H(s)$ 均为物理可实现的环节，所以 $n \geq m$。闭环特征方程可写为

$$F(s) = 1 + G(s)H(s) = \frac{N(s) + M(s)}{N(s)}$$

(7-16)

比较式(7-14)和式(7-16)，可得闭环传递函数、开环传递函数和闭环特征方程的零点、极点关系，如图 7-5 所示。

图 7-5　各函数与方程零点和极点的关系

视频：开环特征方程与闭环特征方程的关系

1）闭环特征方程的极点与开环传递函数的极点完全相同。

2）闭环特征方程的零点为闭环系统的极点。

3）闭环特征方程的零点、极点的个数相同，均为 n 个。

4）$F(s)$ 与开环传递函数 $G(s)H(s)$ 之间只差常量 1。$F(s) = 1 + G(s)H(s)$ 的几何意义为：F 平面上的坐标原点就是 GH 平面上的 $(-1, j0)$ 点，如图 7-6 所示。

因为开环系统的极点很容易得到，所以可将开环的极点看作闭环特征方程的极点，可以根据开环极点的位置来判断闭环特征方程的根在 $[s]$ 平面的位置，从而判定系统的稳定性。

◎ **7.4.2　幅角原理**

Nyquist 判据需依据闭环系统的开环频率特性图的相位角变化来确定其特征方程根的分布，这种基于图形分析系统稳定性的基础就是复变函数中的幅角原理，下面简要说明幅角原理。

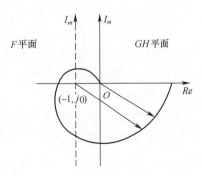

图 7-6　F 平面与 GH 平面的关系图

前面已分析出闭环特征方程的分子分母同阶，即其零点数与极点数相等。设 $z_1, z_2, \cdots, z_n$ 和 $p_1, p_2, \cdots, p_n$ 分别为其零点和极点，则式(7-16)可表示为

$$F(s) = \frac{(s - z_1)(s - z_2)\cdots(s - z_n)}{(s - p_1)(s - p_2)\cdots(s - p_n)} \quad\quad\quad (7-17)$$

式(7-17)中各因式$(s - z_i)$,$(s - p_i)$($i = 1,2,\cdots,n - 1,n$)均可表示为向量,这些向量均可表示为指数形式:

$$s - z_i = A_{z_i} \mathrm{e}^{\mathrm{j}\theta_{z_i}} \quad\quad\quad (7-18)$$

$$s - p_i = A_{p_i} \mathrm{e}^{\mathrm{j}\theta_{p_i}} \quad\quad\quad (7-19)$$

由复变函数理论可知,如果函数$F(s)$在$[s]$平面上指定域内是非奇异(零点、极点)的,那么对于此区域内的任一点d,都可通过$F(s)$的映射关系在$F(s)$平面上找到一个相应的点d'(称d'为d的像);对于$[s]$平面上的任意一条不通过$F(s)$任何奇异点的封闭曲线Γ_s,也可通过映射关系在$F(s)$平面(以下称$[F(s)]$平面)找到一条与它相对应的封闭曲线Γ_F(Γ_F称为Γ_s的像),如图7-7所示。

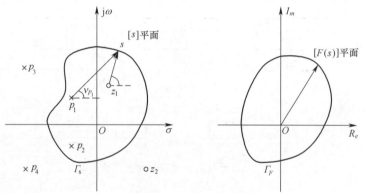

图7-7 S平面与$F(s)$平面的映射关系

视频:幅角原理的理解

将式(7-18)和式(7-19)代入式(7-17)中得

$$F(s) = \frac{A_{z_1} \mathrm{e}^{\mathrm{j}\theta_{z_1}} A_{z_2} \mathrm{e}^{\mathrm{j}\theta_{z_2}}\cdots A_{z_n} \mathrm{e}^{\mathrm{j}\theta_{z_n}}}{A_{p_1} \mathrm{e}^{\mathrm{j}\theta_{p_1}} A_{p_2} \mathrm{e}^{\mathrm{j}\theta_{p_2}}\cdots A_{p_n} \mathrm{e}^{\mathrm{j}\theta_{p_n}}} = \prod_{i=1}^{n} \frac{A_{z_i}}{A_{p_i}} \mathrm{e}^{\mathrm{j}(\sum_{i=1}^{n}\theta_{z_i} - \sum_{i=1}^{n}\theta_{p_i})} \quad\quad (7-20)$$

若令逆时针方向的相位角变化为正,顺时针为负,当自变量s沿图7-7中封闭曲线Γ_s顺时针行进一周时,式(7-20)中各向量及幅角均发生变化。对于不被封闭曲线Γ_s包围的零点和极点(如图7-6中的z_2、p_3、p_4等),其对应的向量$(s - z_i)$、$(s - p_i)$所积累的幅角变化均为零;对于Γ_s包围的零点和极点(如图7-5中的z_1、p_1、p_2等),其对应的向量所积累的幅角变化为$\pm 2\pi$(逆时针为+,顺时针为-)。

若Γ_s中包含$F(s)$在$[s]$平面上的零点数为Z,极点数为P,当s以顺时针方向沿封闭曲线Γ_s移动一周时,根据式(7-20),向量曲线$F(s)$的幅角变化为

$$\begin{aligned}
\Delta\angle F(s) &= \sum_{i=1}^{Z} \Delta\theta_{z_i} - \sum_{i=1}^{P} \Delta\theta_{p_i} \\
&= -Z \times 2\pi - (-P \times 2\pi) \\
&= 2\pi(P - Z)
\end{aligned} \quad\quad (7-21)$$

若用N表示$F(s)$在$[F(s)]$平面上绕原点旋转的圈数,因为幅角一圈的变化量为2π,由

式(7-21)可知 N 与 Z、P 的关系为

$$N = P - Z \qquad\qquad (7-22)$$

若 $N > 0$，Γ_F 逆时针包围零点 N 圈；若 $N < 0$，Γ_F 顺时针包围零点 N 圈；若 $N = 0$，Γ_F 不包围零点。

对于图 7-7 所示的简单情况，曲线 Γ_F 包围原点的圈数可一目了然。然而，对于较复杂的情况，如图 7-8 所示，这时在 $[\,F(s)\,]$ 平面上过原点任作一射线，然后以原点为基准观测曲线 Γ_F 与该射线成顺时针相交的次数和逆时针相交的次数，它们的代数和就是曲线 Γ_F 包围原点的圈数。

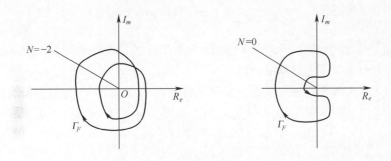

图 7-8   包围原点圈数 N 的确定

◎ 7.4.3   Nyquist 判据的方法

判别系统的稳定性，就是要判别在 s 的右边平面是否包含闭环特性方程的零点（或闭环传递函数的极点）。为了确定辅助函数 $F(s)$ 位于 $[s]$ 平面内的所有零点、极点数，现将封闭曲线 Γ_s 扩展为整个右半 $[s]$ 平面。为此，设计 Γ_s 曲线由以下 3 段所组成。

1）正虚轴 $s = j\omega$：频率 ω 由 0 变到 ∞。

2）半径为无限大的右半圆 $s = Re^{j\theta}$：$R \to \infty$，θ 由 $\pi/2$ 变化到 $-\pi/2$。

3）负虚轴 $s = j\omega$：频率 ω 由 $-\infty$ 变化到 0。

这样，由此 3 段曲线组成的封闭曲线 Γ_s（称为 Nyquist 路径）就包含了整个右半 $[s]$ 平面，如图 7-9 所示。如果辅助函数 $F(s)$ 在虚轴上有极点或零点，则 Nyquist 路径从其右侧绕过。这样特征方程所有在右半平面的零点和极点必然都包含在 Γ_s 曲线内，由式(7-22)可知，特征方程在右半平面上的零点数为

$$Z = P - N \qquad\qquad (7-23)$$

如果 Γ_F 包围原点的圈数 $N = P$，则 $Z = 0$，表明 $F(s)$ 的零点（即闭环系统的特征根）不在 $[s]$ 平面的右半平面上，因此系统是稳定的；否则，系统不稳定。

由于 $F(s) = 1 + G(s)H(s)$，表明将函数 $F(s)$ 映射而得的极坐标曲线 Γ_F 向左平移一个单位即可得到开环系统的极坐标曲线 Γ_G，如图 7-10 所示。在 $1 + GH$ 平面上绕原点逆时针旋转的圈数，相当于在 GH 平面上绕 $(-1, j0)$ 点逆时针旋转的圈数。于是，可以用系统的开环传递函数 $G(s)H(s)$ 来判定系统的稳定性。

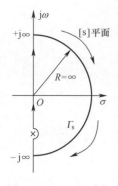

图 7-9　Nyquist 路径

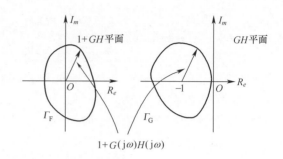

图 7-10　$1+G(j\omega)H(j\omega)$ 在 $F(s)$ 和 GH 平面上的转换

曲线 Γ_s 由整个虚轴和半径为无穷大的半圆弧构成,对于闭环系统的开环传递函数 $G(s)H(s)$ 的映射分为以下三种情况:

1) 半径为无穷大的半圆弧的映射。设开环传递函数 $G(s)H(s)$ 分母多项式 s 的最高幂次为 n,分子多项式的最高幂次为 m,一般实际物理系统, $n \geq m$。当 $s \to +\infty$,即 s 在右半平面无穷大圆弧上时, $G(s)H(s) \to 0 (n > m)$ 或趋于某个常数 $(n=m)$,即 $G(s)H(s)$ 收缩为原点或实轴上的一点。

2) 虚轴部分的映射。此时 $s = j\omega$,当 ω 从 $-\infty$ 变到 $+\infty$ 时, $G(j\omega)H(j\omega)$ 的轨迹图形关于实轴对称,所以只要画出 ω 在 $0 \to +\infty$ 的 $G(j\omega)H(j\omega)$ 图形,再作出它的对称图形(对应 ω 从 $-\infty \to 0$)即可。

3) 当开环传递函数在虚轴上具有极点或零点时,曲线 Γ_s 将从其右侧以半径为无穷小的圆弧绕过。[s]平面上无穷小的半圆,在 GH 平面上的映射是一个半径趋于无穷大的圆弧线。

在实际的控制工程应用中,开环系统在虚轴上的极点许多情况下是由积分环节产生的,这个极点就是坐标原点。对于还有积分环节的开环系统,在虚轴上从右侧环绕其极点的无穷小圆弧所对应的 $G(j\omega)H(j\omega)$ 图形可视为半径无穷大,且按顺时针方向旋转 $v\pi$ 的圆弧线(v 为系统的型次)。

若已知右半平面的开环极点数 P,又知道 Nyquist 图绕 $(-1, j0)$ 点的圈数 N,则可计算出零点数 Z,然后就可判断出系统的稳定性。

根据上面的讨论,可得到 Nyquist 判据。

Nyquist 稳定性判据:一个系统稳定的充分和必要条件是

$$Z = P - N = 0$$

式中: Z 表示闭环特征方程在[s]右半平面的零点数; P 表示开环传递函数在[s] 右半平面的极点数; N 表示当自变量 s 沿包含虚轴及整个右半平面在内的极大封闭曲线顺时针转一圈时,开环 Nyquist 图绕 $(-1, j0)$ 点逆时针转的圈数。

当 $P=0$ 时,即开环无极点在[s]右半平面,则系统稳定的充分和必要条件是开环 Nyquist 图不包围 $(-1, j0)$ 点,即 $N=0$。

【例 7-7】　设系统开环传递函数为

$$G(s) = \frac{K}{Ts - 1}$$

试判断系统的稳定性,并讨论 K 值对系统稳定性的影响。

解:系统是一个非最小相位系统,开环不稳定。开环传递函数在右半[s]平面上有一个极点,$P=1$。首先绘制 $\omega = 0 \to +\infty$ 的开环频率特性曲线,如图 7-11 中的实线所示。然后,按照开环频率特性曲线关于实轴对称的特点,可描出 $\omega = -\infty \to 0$ 时的曲线,如图 7-11 中的虚线所示。当 $\omega = 0$ 时,曲线从负实轴(-K,j0)点出发;当 $\omega = \infty$ 时,曲线以-90°趋于坐标原点;幅相频率特性曲线包围(-1,j0)点的圈数 N 与 K 值有关。图 7-11 中绘出了 $K > 1$ 和 $K < 1$ 的两条曲线,可见:当 $K > 1$ 时,曲线逆时针包围了(-1,j0)点,即 $N = 1$,此时 $Z = P - N = 0$,故闭环系统稳定;当 $K < 1$ 时,曲线不包围(-1,j0)点,即 $N = 0$,此时 $Z = P - N = 1$,有一个闭环极点在右半[s]平面,故系统不稳定。

【例 7-8】　设系统开环传递函数为

$$G(s) = \frac{10}{s(0.1s + 1)(s + 1)}$$

其幅相频率特性曲线如图 7-12 所示。试断别闭环系统的稳定性。

解:因为系统开环传递函数中无右极点,即 $P = 0$,由图 7-12 可见,系统开环频率特性曲线不包围 $(-1,j0)$ 点,即 $N = 0$,故闭环系统是稳定的。

同理,如果开环传递函数中包含有 v 个积分环节,则绘制开环幅相频率特性曲线后,必须增补从 $\omega = 0$ 开始顺时针转 $v \times 90°$ 到 $\omega = 0_+$ 为止的半径为无穷大的一段圆弧。然后用增补后的开环幅相频率特性曲线来分析闭环系统的稳定性。

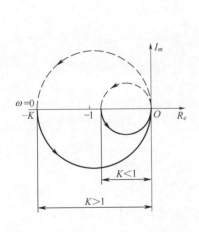

图 7-11　例 7-7 开环频率特性曲线

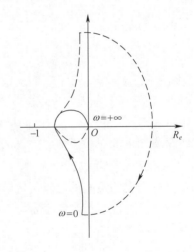

图 7-12　例 7-8 开环频率特性曲线

【例 7-8】　有一单位反馈系统,其开环传递函数为

$$G(s) = \frac{K}{s^2(Ts + 1)}$$

试用 Nyquist 判据判别闭环系统的稳定性。

解:系统开环频率特性曲线如图 7-13 所示。图中虚线是按 $v = 2$ 画的增补圆弧。可见,开环频率特性曲线反向包围 $(-1,j0)$ 点两圈,$N = -2$,开环右极点数 $P = 0$,因此 $Z = P - N = 2$,所以该闭环系统不稳定。

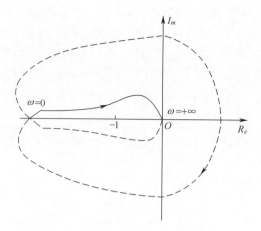

图 7-13 例 7-9 开环频率特性曲线

7.5 Bode 稳定判据

在工程计算中,常采用开环对数频率特性曲线分析系统的特性。由于开环系统的频率特性极坐标图与其对数频率特性图具有对应的关系,因此可以把 Nyquist 判据的条件转换到开环对数频率特性曲线上,直接用开环对数频率特性曲线来判别闭环系统的稳定性,这样将会更方便。

由 Nyquist 判据可知,若系统开环稳定 ($P = 0$) , ω 为 $0 \to + \infty$ 变化时,开环幅相频率特性曲线不包围 (-1,j0) 点,则闭环系统稳定;若包围 (-1,j0) 点,则闭环系统不稳定;若通过 (-1,j0) 点,则闭环系统为临界稳定状态。

如图 7-14 所示,开环频率特性的极坐标图与其对数频率特性图具有如下的对应关系:

1) 极坐标图上的单位圆对应于对数幅频特性图上的零分贝线;大于单位圆的幅值,即 $A(\omega) > 1$ 转换到对数幅频特性图中就是 $L(\omega) > 0$。

2) 极坐标图上的负实轴对应于对数相频特性图上的$-180°$的相位线。

3) 对数频率特性图只对应于 $\omega = 0 \to + \infty$ 变化的极坐标图。

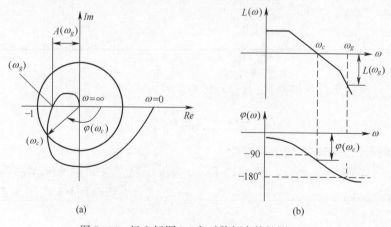

图 7-14 极坐标图(a)和对数频率特性图(b)

由此推知,极坐标曲线与单位圆相交处的频率 ω_c 就是穿越频率(或截止频率);与负实轴相交处的频率 ω_g 应当是 Bode 图中相频特性曲线与-180°水平线交点处的频率,称频率 ω_g 为相位交点频率(或相频穿越频率)。

从图 7-13 中可以看出,对于开环系统在 $\omega=0\to+\infty$ 范围内变化的极坐标图,如果从 $(-1,j0)$ 点出发沿负实轴部分设定为射线,则仍可确定出对应封闭极坐标曲线包围 $(-1,j0)$ 点的圈数 N。对此,依据极坐标曲线穿越射线的情况规定:在 $\omega=0\to+\infty$ 变化的极坐标曲线向上穿过负实轴 $(-\infty,-1)$ 为正穿越,其穿越次数一般记为 N_s;向下穿过负实轴 $(-\infty,-1)$ 为负穿越,其穿越次数一般记为 N_x。并且规定:如果在 $\omega=0\to+\infty$ 范围内变化的极坐标曲线以负实轴 $(-\infty,-1)$ 区间上的点为起点,则向上离开的记为 $N_s/2$ 次,向下离开的记为 $N_x/2$ 次;如果以负实轴 $(-\infty,-1)$ 上的点为终点,则向上进入的记为 $N_s/2$ 次,向下进入的记为 $N_x/2$ 次。那么,对应封闭极坐标曲线包围 $(-1,j0)$ 点的圈数 N 为

$$N = 2(N_s - N_x) \tag{7-24}$$

以上这种在极坐标图上正、负穿越负实轴 $(-\infty,-1)$ 段的情况,在对数频率特性图上的对应关系为:在对数幅频特性图的 $L(\omega)>0$ 的频率 ω 范围内,当频率 ω 增加时,其对数相频特性曲线从上向下穿过-180°相位线为正穿越,从下向上穿过-180°相位线为负穿越。

如果用 N_{ds} 和 N_{dx} 分别表示在开环系统的 Bode 图上 $L(\omega)>0$ 的频率 ω 范围内,相频特性曲线 $\varphi(\omega)$ 向上、向下穿越-180°相位线的次数,那么依据式(7-24),相频特性曲线 $\varphi(\omega)$ 穿越-180°相位线的总次数 N 为

$$N = 2(N_{ds} - N_{dx}) \tag{7-25}$$

由此可见,根据上面的讨论,可得到基于 Bode 图的 Nyquist 判据。

Bode 稳定判据:如果闭环系统在 $[s]$ 平面的右半部分无极点,则闭环系统稳定的充分必要条件就是在对数幅频特性曲线 $L(\omega)>0$ 的频率 ω 范围内,其相频特性曲线 $\varphi(\omega)$ 向上和向下穿越-180°相位线次数的代数和为零。

如果闭环系统的开环传递函数 $G(s)H(s)$ 在 $[s]$ 平面的右半部分具有 N_p 个极点,且在对数幅频特性曲线 $L(\omega)>0$ 的频率 ω 范围内,其相频特性曲线 $\varphi(\omega)$ 向上和向下穿越-180°相位线的总次数为 N。那么,闭环系统稳定的充分必要条件就是

$$N = -N_p \tag{7-26}$$

【例 7-10】 已知两个系统的开环 Bode 图,如图 7-15(a)和图 7-15(b)所示,图内的 N_p 为其开环系统在右半平面上的极点数。试分析对应闭环系统的稳定性。

解:1) 对于图 7-15(a)所示的系统:在 $L(\omega)>0$ 的范围内,相频特性曲线 $\varphi(\omega)$ 正、负穿越-180°相位线的总次数为 $N_{ds}=2$ 和 $N_{dx}=1$。那么,由式(7-25)得穿越的总次数为 $N=2$。根据 Bode 稳定判据,由于 $N\neq-N_p$,因此闭环系统不稳定。

2) 对于图 7-15(b)所示的系统:在 $L(\omega)>0$ 的范围内,相频特性曲线 $\varphi(\omega)$ 正、负穿越-180°相位线的总次数为 $N_{ds}=1$ 和 $N_{dx}=2$。那么,由式(7-25)得穿越的总次数为 $N=-2$。根据 Bode 稳定判据,由于 $N=-N_p$,因此闭环系统稳定。

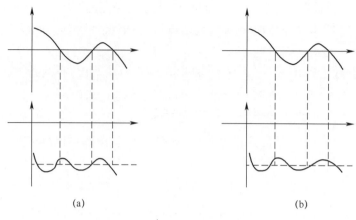

图 7-15　例 7-10 的 Bode 图

7.6　系统的相对稳定性

前面所讨论和分析判断的稳定性主要是指系统的绝对稳定性。一个实际的控制系统,其稳定性往往与系统参数有关,如在 7.4 节的例 7-7 中可以看到,系统开环增益 K 的变化将影响 Nyquist 图中是否包含 $(-1,j0)$ 点,从而影响系统的稳定性。事实上在 $K=1$ 时,系统处于一种临界稳定状态。因此,对于实际控制系统,不仅要求稳定,而且还必须具有一定的稳定储备,只有这样,才能不会因系统参数变化而导致系统性能变差甚至不稳定。

7.6.1　稳定裕量的定义

所谓相对稳定性是指稳定系统的稳定状态距不稳定(或临界稳定)状态的程度。反映这种稳定程度的指标就是稳定裕量。从图形上理解,对于最小相位的开环系统,稳定裕量就是衡量系统开环极坐标曲线距离实轴上 $(-1,j0)$ 点的远近程度。这个距离越远,稳定裕量越大,就意味着系统的稳定程度越高。稳定裕量主要由相位裕量 γ 和幅值裕量 K_g 定量表示。

1. 相位裕量

设开环系统在 $[s]$ 右半平面上无极点,其频率特性如图 7-16 所示,其中的 ω_c 是穿越频率,对应有 $A(\omega)=1$ 和 $L(\omega)=0\ \text{dB}$。于是,定义系统的极坐标曲线在穿越频率处的相位角 $\varphi(\omega_c)$ 距 $-180°$ 的相位差 γ 为相位裕量,即为

$$\gamma = \varphi(\omega_c) - (-180°) = 180° + \varphi(\omega_c) \tag{7-26}$$

相位裕量 γ 的物理意义是:当系统的开环幅频特性等于 1,即 $A(\omega)=1$ 时,相应的相频特性 $\varphi(\omega)$ 离 $-180°$ 的距离。由于闭环系统稳定时,$\varphi(\omega_c)>-180°$,则反映系统稳定程度的相位裕量 γ 一定大于 0。γ 值越大,从相位方面就反映系统的开环频率特性曲线距离 $-180°$ 相位线越远,那么闭环系统的稳定程度就越高;或者说,如果开环系统再附加一个大小为 γ 的相位滞后,那么闭环系统就将达到临界稳定状态。

在图 7-16(a) 中,尽管极坐标曲线 Ⅰ 和 Ⅱ 具有相同的相位裕量,但是它们的频率特性是不一样的,极坐标曲线 Ⅱ 更靠近实轴上的 -1 点,这说明仅仅用相位裕量来描述系统的稳定程度是不够的。

146

2. 幅值裕量

频率特性曲线与负实轴交点处的频率 ω_g 称为相频穿越频率,此时幅相特性曲线的幅值为 $A(\omega_g)$,如图 7-16 所示。幅值裕量是指 $(-1, j0)$ 点的幅值 1 与 $A(\omega_g)$ 之比,常用 K_g 表示,即

$$K_g = \frac{1}{A(\omega_g)} \tag{7-27}$$

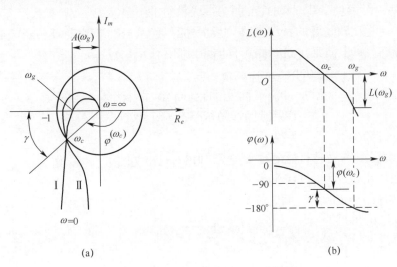

图 7-16　极坐标图和对数频率特性图

在对数坐标图上

$$L_g = 20\lg K_g = -20\lg A(\omega_g) = -L(\omega_g) \tag{7-28}$$

即 K_g 的分贝值等于 $L(\omega_g)$ 与 0 dB 之间的距离(在 0 dB 以下为正)。

幅值裕量 K_g 的物理意义是:当系统的开环相频特性为 $-180°$ 时,相应的幅频特距离实轴上 -1 点的距离。对于稳定的闭环系统,有 $A(\omega_g) < 1$ 和 $L(\omega_g) < 0$,则有 $K_g > 1$ 和 $L_g > 0$。K_g 值越大,从幅值方面就反映闭环系统的稳定程度越高;或者说,如果开环系统的幅值再增加 K_g 倍,即其对数幅频特性图向上平移 L_g 分贝,那么闭环系统就将达到临界稳定状态。

同样,仅仅用幅值裕量 K_g 来衡量闭环系统的稳定程度是不够的。在分析系统的稳定程度时,必须同时考虑相位裕量和幅值裕量这两个指标。对于复杂的系统,当存在多个穿越频率 ω_c 和(或)ω_g 时(见图 7-15),则需对每一个穿越频率考察相应的稳定裕量。

综上所述,当开环系统的相位裕量大于零,幅值裕量大于零分贝时,其闭环系统就是稳定的。但是,在工程应用中,往往要求有一定的裕量值,一般规定相位裕量的范围为 $30° \sim 60°$,幅值裕量应大于 2 dB(或大于 6 dB)。对于工程应用的大多数控制系统,它们的开环幅频特性与系统的相位裕量过小,不仅其稳定程度较低,而且其动态性能也不好,会出现超调量过大等问题;当然,过大的相位裕量,将使系统的动态响应迟缓,过渡过程时间加长,这也是不希望看到的。

◎ 7.6.2　稳定裕量的计算

稳定裕量可以利用两种方法进行计算。

1. 解析法

相位裕量 γ 根据式(7-26)计算,首先要知道穿越频率 ω_c,由 $A(\omega_c)=1$ 求得。而求幅值裕度 K_g 首先要知道相频穿越频率 ω_g,对于阶数不太高的系统,直接解三角方程 $\angle G(j\omega_g) = -180°$ 是求 ω_g 较方便的方法。通常将 $G(j\omega)H(j\omega)$ 写成虚部和实部,令虚部为 0 而解得 ω_g。

2. 图解法

对应开环传递比较复杂的系统,利用 Bode 穿越频率 ω_c。先由开环传递函数 $G(s)H(s)$ 绘制 $L(\omega)$ 曲线,由 $L(\omega)$ 与 0 dB 线的交点确定 ω_c,可用图解法和解析法。

【例7-11】 已知系统的开环传递函数为

$$G(s)H(s) = \frac{150(0.1s + 1)}{s(0.5s + 1)(0.02s + 1)}$$

求系统的相位裕量。

解:这里应用图解法进行求解。由于已知的系统是最小相位系统,因此只需画出其开环对数幅频特性图,如图7-17所示。系统的对数幅频特性曲线 $L(\omega)$ 与 0 dB 线只有一个交点 ω_c,按照近似的折线图可建立起求解穿越频率 ω_c 的方程为

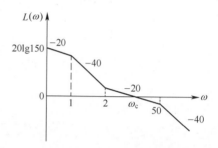

图 7-17　开环对数幅频特性图

$$20\lg150 = 20\lg\frac{2}{1} + 40\lg\frac{10}{2} + 20\lg\frac{\omega_c}{10}$$

可解得 $\omega_c = 30$,再根据系统的相频特性 $\varphi(\omega)$ 计算出 $\varphi(\omega_c)$,即

$$\varphi(\omega_c) = \arctan(0.1 \times 30) - 90° - \arctan(0.5 \times 30) - \arctan(0.02 \times 30) = -135.6°$$

所以,相位裕量为

$$\gamma = \varphi(\omega_c) + 180° = 44.4°$$

【例7-12】 某单位反馈系统的开环传递函数为

$$G(s) = \frac{K_0}{s(s + 1)(s + 5)}$$

试求 $K_0 = 10$ 时系统的相位裕量和幅值裕量。

解:系统开环传递函数转换为下式。

依题意,有开环增益 $K = K_0/5 = 2$。又因为

$$A(\omega_c) = \frac{2}{\omega_c\sqrt{\omega_c^2 + 1^2}\sqrt{\left(\frac{\omega_c}{5}\right)^2 + 1^2}} = 1 \approx \frac{2}{\omega_c\sqrt{\omega_c^2}\sqrt{1^2}} = \frac{2}{\omega_c^2} \quad (0 < \omega_c < 2)$$

所以

$$\omega_c = \sqrt{2}$$

$$\gamma_1 = 180° + \angle G(j\omega_c)$$

$$= 180° - 90° - \arctan\omega_c - \arctan\frac{\omega_c}{5}$$

$$= 90° - 54.7° - 15.8° = 19.5°$$

又由　　　　　　　$180° + \angle G(j\omega_g) = 180° - 90° - \arctan\omega_g - \arctan(\omega_g/5) = 0$

得　　　　　　　　　　　$\arctan\omega_g + \arctan(\omega_g/5) = 90°$

等式两边取正切　　　　　$\dfrac{\omega_g + \dfrac{\omega_g}{5}}{1 - \dfrac{\omega_g^2}{5}} = \tan90° = \infty$

得 $1 - \omega_g^2/5 = 0$，即 $\omega_g = \sqrt{5} = 2.236$。得到幅值裕量为

$$K_g = \frac{1}{|A(\omega_g)|} = \frac{\omega_g\sqrt{\omega_g^2 + 1}\;\sqrt{\left(\dfrac{\omega_g}{5}\right)^2 + 1}}{2} = 2.793 = 8.9(\text{dB})$$

因此,该系统的相位裕量为 19.5°,幅值裕量为 8.9 dB。

【例 7-13】　运用幅值裕量与相位裕量的方法,求解如图 7-18 所示的系统稳定的 k 值条件,要求:

(1)计算 $A(\omega_c) = 1$ 对应的频率点及相位裕量。

(2)计算 $\varphi(\omega) = -180°$ 对应的频率点及幅值裕量。

(3)求解 k 的取值条件。

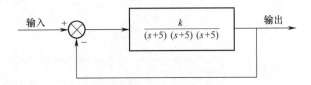

图 7-18　系统稳定的 k 值条件

解:1) 开环传递函数为

$$\left.\begin{array}{c} G(s) = \dfrac{k}{(s + 5)^3} \\[3mm] A(\omega) = \dfrac{k}{\left(\sqrt{\omega^2 + 5^2}\right)^3} = 1 \end{array}\right\}$$

得　　　　　　　　　　　$\omega = \sqrt{\left(\sqrt[3]{k}\right)^2 - 25}$

相位裕量

$$\gamma = 180° + \varphi(\omega) = 180° - 3\arctan\frac{\omega}{5} = 180° - 3\arctan\frac{\sqrt{\left(\sqrt[3]{k}\right)^2 - 25}}{k}$$

2) 由 $\varphi(\omega) = -3\arctan\dfrac{\omega}{5} = -180°$,可得 $\omega = 5\sqrt{3}$。

幅值裕量

$$K_g = \frac{1}{A(\omega_g)} = \frac{\left(\sqrt{\omega^2 + 5^2}\right)^3}{k} = \frac{1000}{k}$$

3）稳定性条件：$K_g = \dfrac{1000}{k} > 1$。得到 $k < 1000$。

本 章 小 结

稳定性是控制系统的重要性能指标之一，稳定性分析是系统设计的重要组成部分。本章重点介绍了线性系统稳定性的概念以及判别系统稳定性的几种方法。

1）介绍了系统稳定性的基本定义，指出稳定性是系统本身的固有特性，这种特性只取决于系统的结构、参数，而与初始条件及外作用无关。

2）根据系统的稳定性定义，以单位脉冲函数 $\delta(t)$ 作为瞬态干扰，用解析法求系统特征方程的特征根，得到系统稳定性的充分必要条件为系统闭环特征方程的所有根都具有负的实部，或者说都位于 $[s]$ 平面的左半平面。

3）介绍了 Routh 判据方法，该方法不解特征方程的根，只依据特征方程的各项系进行判别。

4）利用频率特性图分析系统的稳定性是领域分析法的特色，它是采用开环频率特性图来分析闭环系统的稳定性的。本章还分别介绍了 Nyquist 判据和 Bode 判据，并依此提出了相对稳定性的概念，给出了衡量系统相对稳定性的参数：幅值裕量和相位裕量。

习　　题

7.1　单位反馈系统的开环传递函数为

$$G(s) = \frac{0.2(s+2)}{s(s+0.5)(s+0.8)(s+3)}$$

试用 Routh 判据判断系统的稳定性。

7.2　已知闭环系统的特征方程为 $s^3 + 2s^2 + 4s + 10K = 0$，试用 Routh 判据确定系统稳定 K 的取值范围。

7.3　设系统开环传递函数为

$$G(s)H(s) = \frac{52}{(s+2)(s^2+2s+5)}$$

试用 Nyquist 判据判定闭环系统的稳定性。

7.4　画出下列开环传递函数的 Nyquist 图，并判定系统是否稳定。

（1）$G(s)H(s) = \dfrac{100}{(s+1)(0.1s+1)}$

（2）$G(s)H(s) = \dfrac{100}{(0.5s+1)(0.2s+1)(0.05s+1)}$

（3）$G(s)H(s) = \dfrac{200}{s(s+1)(0.1s+1)}$

（4）$G(s)H(s) = \dfrac{10}{s^2(0.1s+1)(0.2s+1)}$

7.5　已知系统开环传递函数为

$$G(s)H(s) = \frac{K(s+3)}{s(s-1)}$$

试绘制 Nyquist 图,并分析闭环系统的稳定性。

7.6　单位反馈系统的开环传递函数为

$$G(s) = \frac{10K(s+0.5)}{s^2(s+2)(s+10)}$$

试绘制在 $K=1$ 和 $K=10$ 时的 Nyquist 图,并用 Nyquist 判据判别系统的稳定性。

7.7　单位反馈系统的开环传递函数为

$$G(s) = \frac{K^*(s+\dfrac{1}{2})}{s^2(s+1)(s+2)}$$

当 $K^* = 0.8$ 时,判断闭环系统的稳定性。

7.8　设单位负反馈系统的开环传递函数为

$$G(s) = \frac{as+1}{s^2}$$

试确定使相位裕量等于 45 °时的 a 值。

7.9　系统开环传递函数为

$$G(s)H(s) = \frac{50(0.6s+1)}{s^2(4s-1)}$$

试绘制系统的 Bode 图并求出系统的相位裕量和幅值裕量。

7.10　已知系统的开环传递函数为

$$G(s)H(s) = \frac{150(0.1s+1)}{s(0.5s+1)(0.02+1)}$$

判断闭环系统的稳定性。若系统稳定,求系统的相位裕量和幅值裕量。

第8章　控制系统的综合与校正

本章导学思维导图

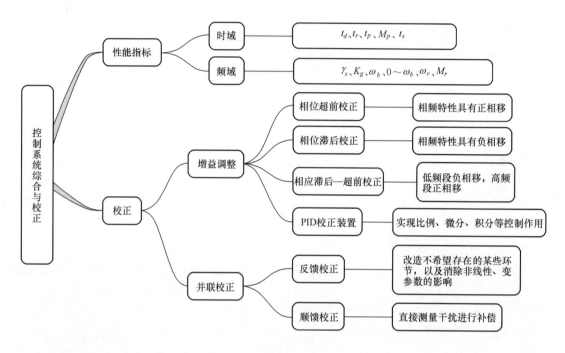

前面几章介绍了系统在时域和频域中的动态性能,以及系统快速性、准确性、稳定性的概念与评定方法,其主要是对系统进行分析,即在已知系统结构和参数的情况下,求取系统的性能指标,以及性能指标与系统结构和参数之间的关系。

系统稳定是系统能正常工作的必要条件,对于实际控制系统,如果稳定裕度不够,则可以进行系统参数调整甚至可以增加某些环节来提高稳定性。但是,只有稳定性还不能确保系统正常工作。系统的校正是指按控制系统应具有的多项性能指标,寻求能够全面满足这些性能指标的校正方案,以及合理地确定校正元件或环节的参数值。

本章首先简单地介绍了系统的时域性能指标、频域性能指标以及它们之间的相互关系;然后简单介绍了校正的概念;装置重点介绍了串联校正中的相位超前校正、相位滞后校正与相位滞后—超前校正以及 PID 校正装置;最后介绍了并联校正中的反馈校正和顺馈校正。

◉ 8.1　系统性能综合

系统的性能指标按其类型可分为时域性能指标和频域性能指标。时域性能指标包括瞬态性能指标和稳态性能指标;频域性能指标反映了系统在频域方面的特性。在时域性能无法求得时,可先用频率特性试验来求得该系统在频域中的动态性能,再由此推出时域中的动态性能。

◎ 8.1.1　系统时域性能指标

由第 5 章可知,系统的瞬态性能指标一般是在单位阶跃输入下,由输出的过渡过程所给出的。通常采用 5 个性能指标,如表 8-1 所示。

表 8-1　时域性能指标

性 能 指 标	符　号
延迟时间	t_d
上升时间	t_r
峰值时间	t_p
最大超调量	M_p
调整时间	t_s

系统的稳态性能指标是用来表征系统的精度及抗干扰的能力,是系统重要的性能指标之一,采用的指标是稳态误差 e_{ss}。

◎ 8.1.2　系统频域性能指标

由第 6 章可知,系统的频域性能指标主要有 6 个,如表 8-2 所示。

表 8-2　频域性能指标

性 能 指 标	符　号
相位裕度	γ
幅值裕度	K_g
截止频率	ω_b
带宽	$0 \sim \omega_b$
谐振频率	ω_r
谐振峰值	M_r

◎ 8.1.3　不同域中的性能指标的相互转换

频域性能指标与时域性能指标之间有一定的关系。对于二阶系统,不同域中的性能指标的相互转换有着严格的数学关系。由第 6 章可知

$$M_p = \mathrm{e}^{-\pi\sqrt{(M_r - \sqrt{M_r^2 - 1})/(M_r + \sqrt{M_r^2 - 1})}} \tag{8-1}$$

$$\omega_r = \frac{3}{t_s \xi}\sqrt{1 - 2\xi} \tag{8-2}$$

$$\omega_b = \frac{3}{t_s \xi}\sqrt{(1 - 2\xi^2) + \sqrt{2 - 4\xi^2 + 4\xi^4}} \tag{8-3}$$

$$\gamma = \arctan \frac{2\xi}{\sqrt{\sqrt{1 + 4\xi^4} - 2\xi^2}} \tag{8-4}$$

对于高阶系统来说,时域与频域之间的性能指标的关系比较复杂,通常取其主导极点,近似为二阶系统进行分析计算,工程上常用近似公式或曲线来表达它们之间的相互关系。

◎ 8.1.4 频率特性曲线与系统性能的关系

由于开环系统的频率特性与闭环系统的时间响应密切相关,而频域的设计方法又较为简便,因此了解两者之间的关系是很有必要的。

一般将开环系统的频率特性的幅值穿越频率 ω_c 看作频率响应的中心频率,并将在 ω_c 附近的频率区称为中频段,将频率 $\omega \ll \omega_c$ 的区间称为低频段,将频率 $\omega \gg \omega_c$ 的区间称为高频段。由第 6 章可知,决定闭环系统稳定特性好坏的主要参数(如开环增益 K、系统的型次等)可以通过开环系统的频率特性的低频段求得;而决定系统动态特性好坏的主要参数(如幅值穿越频率 ω_c、相位裕度 γ 等)可以通过开环系统的频率特性的中频段求得;系统的抗干扰能力等则可以由开环系统的频率特性的高频段求得。

基于上述分析,我们可以得出:开环系统的频率特性的低频段表征了闭环系统的稳态特性;中频段表征了闭环系统的动态特性;高频段表征了闭环系统的复杂性。用频率法设计系统的实质,就是对开环系统的频率特性的曲线形状作某些修改,使之变成我们所期望的曲线形状,即低频段的增益充分大,以保证稳态误差的要求。在幅值穿越频率 ω_c 附近,使对数幅频特性的斜率等于 $-20(\text{dB/dec})$,并占据充分的频段,以保证系统具有适当的相位裕度。在高频段的增益应尽快减小,以便将噪声影响减到最小。

◉ 8.2 系统校正概述

一个系统的性能指标总是根据它所要完成的具体任务来规定的。以数控机床进给系统为例,主要的性能指标包括死区、最大超调量、稳态误差和带宽等。性能指标的具体数值则根据具体要求而定。

一般情况下,几个性能指标的要求往往互相矛盾。例如,减小系统的稳态误差往往会降低系统的稳定性,在这种情况下,就要采取必要的校正,使两方面的性能要求都能得到适当的满足。

◎ 8.2.1 校正的概念

所谓校正(或称补偿),是指在系统中修改某些环节或增加新的环节,以改善系统性能的方法。

图 8-1 所示是系统校正概念的一个例子,其中曲线①为极点数 $P = 0$ 的开环系统的 Nyquist 图,由于 Nyquist 轨迹包围 $(-1, j0)$,故相应的系统不稳定。为使系统稳定,可能的方法之一是减小系统的开环放大倍数 K,即将 K 变为 K',使 $G(j\omega)H(j\omega)$ 减小。曲线①的模减小,相位不变,曲线变为曲线②,因此不再包围点 $(-1, j0)$,这样系统就稳定了。但是,减小 K 会使系统的稳态误差增大,这是不希望的,甚至是不允许的。另一种方法是在原系统中增加新的环节,使 Nyquist 轨迹在某个频率范围(如 ω_1 至 ω_2 内)发生变化。例如,从曲线①随着频率的增大而向原点靠近,逐渐转变为曲线③,使原来不稳定的系统变为稳定系统,并且不改变 K,即不

增大系统的稳态误差。

　　图 8-2 所示为系统校正概念的另一个例子。曲线①为极点数 $P=0$ 的开环系统的 Nyquist 图,系统是稳定的。但是,相位裕度太小,使系统的瞬态响应有很大的超调量,调整时间太长。对于这种系统,即使减小 K,相位裕度也不会发生变化,系统的性能仍得不到改善。只有加入新的环节,如将 Nyquist 轨迹变为曲线②,也就是说,将原来的特性在 ω_1 至 ω_2 频率区间产生正的相移,才能使系统的相位裕度得到明显提高,系统的性能得到明显改善。

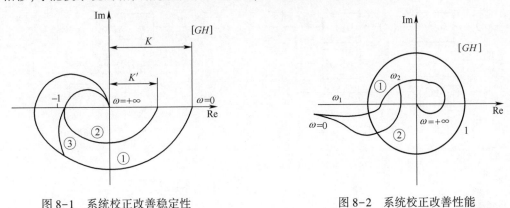

图 8-1　系统校正改善稳定性　　　　　图 8-2　系统校正改善性能

由上可知,从频域分析法的观点来看,增加新的环节,主要是改变系统的频率特性。

◎ 8.2.2　校正的分类

　　确定所采用校正环节及其在系统中的位置,两者合称为确定校正方案,以下只介绍线性定常系统的校正问题,工程系统常用的校正方案有以下几种。

1. 串联校正

　　串联校正是指校正环节 $G_c(s)$ 串联在原传递函数方框图的向前通道中,如图 8-3 所示。为了减少功率消耗,串联校正环节一般都放在向前通道的前端,即低功率部分。

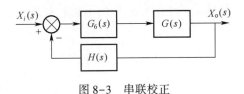

图 8-3　串联校正

　　串联校正按校正环节 $G_c(s)$ 的性质可分为以下几种。

1) 增益校正。
2) 相位超前校正。
3) 相位滞后校正。
4) 相位滞后—超前校正。

　　这几种串联校正中,增益校正的实现比较简单。例如,在液压随动系统中,提高供抽压力即可实现增益调整。串联增益环节导致了开环增益的加大,而开环增益的加大虽然可以使系统的稳态误差变小,却使系统的相对稳定性随之下降。

2. 并联校正

并联校正是指校正环节 $G_c(s)$ 与向前通道中的某些环节进行并联,以达到改善系统性能的目的。

并联校正按校正环节 $G_c(s)$ 的并联方式可分为以下几种。

1)反馈校正,如图 8-4 所示。

2)顺馈校正,如图 8-5 所示。

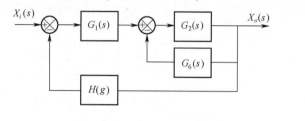

图 8-4　反馈校正

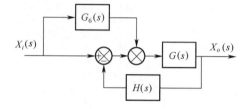

图 8-5　顺馈校正

8.3　控制系统的串联校正

◎ 8.3.1　相位超前校正

图 8-6 所示为 RC 超前网络原理图,其传递函数为

$$G_c(s) = \frac{U_o(s)}{U_i(s)} = \frac{R_2}{R_1 + R_2} \frac{R_1Cs + 1}{\dfrac{R_2}{R_1 + R_2}(R_1Cs + 1)} = \alpha \frac{Ts + 1}{\alpha Ts + 1} \tag{8-5}$$

式中:$\alpha = \dfrac{R_2}{R_1 + R_2} < 1$,称为分度系数或衰减系数;$T = R_1C$。

RC 超前网络的频率特性如图 8-7 所示,对数幅频特性的渐近线具有正斜率段,相频特性具有正相移。正相移说明此网络在正弦信号的作用下的稳态输出在相位上超前于输入,故称相位超前网络。

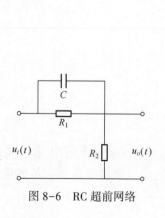

图 8-6　RC 超前网络

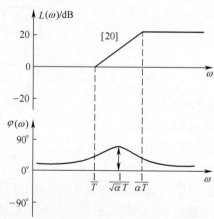

图 8-7　超前网络的对数频率特性曲线

超前网络所提供的最大超前角为

$$\varphi_m = \arcsin \frac{1 - \alpha}{1 + \alpha} \tag{8-6}$$

φ_m 发生在两个转折频率 $1/T$ 和 $1/(\alpha T)$ 的几何中点。对应的角频率 ω_m 满足

$$\lg \omega_m = \frac{1}{2}\left(\lg \frac{1}{T} + \lg \frac{1}{\alpha T}\right), \quad \omega_m = \frac{1}{\sqrt{\alpha}\, T} \tag{8-7}$$

由图 8-7 可以看出,超前网络是一个高通滤波器。

超前校正装置的主要作用是改变频率特性曲线的形状,产生足够大的相位超前角,以补偿原来系统中元件造成的过大的相位滞后。

下面举例说明用 Bode 图确定超前校正装置的方法及步骤。

【例 8-1】 图 8-8 所示为单位反馈控制系统,试设计一个校正网络,使系统的性能指标达到:单位速度输入下的稳态误差 $e_{ss} = 0.05$,相位裕量不小于 $50°$,幅值裕量不小于 10 dB。

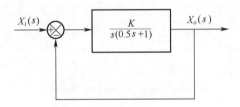

图 8-8　待校正系统

解: 在设计时,首先根据稳态误差的要求确定开环增益 K。

因是 I 型系统,对于给定的稳态误差 $e_{ss} = 0.05$,有

$$K = \frac{1}{e_{ss}} = 20$$

即当 $K = 20$ 时,系统可满足精度要求,此时开环传递函数为

$$K = \frac{20}{s(0.5s + 1)}$$

对应的 Bode 图如图 8-9 中的曲线①所示,由该图可求出系统的相位和幅值裕量分别为 $17°$ 和 ∞。由于题目要求系统的相位裕量不应小于 $50°$,因此,在不减小 K 值的情况下,为了满足相对稳定性要求,必须在系统中加入适当的超前校正装置。

理论上,加入校正装置的相位超前角应为 $50° - 17° = 33°$,但因增加相位超前校正装置会改变 Bode 图中的幅值曲线,使幅值交界频率向右移动,这时必须补偿由于幅值交界频率的增加而造成的相位滞后增量。因此,在确定校正装置的超前角时,应再增加补偿值 $5°$,用以补偿幅值交界频率移动。因而校正环节的相位超前量应为 $38°$。

根据 $\varphi_m = 38°$,由式(8-6)确定衰减系数为 $\alpha = 0.24$。

然后确定超前装置的两个转折频率 $1/T$ 和 $1/(\alpha T)$。由于最大相位超前角发生在两个转折频率的几何中点上,即 $\omega_m = 1/(\sqrt{\alpha}\, T)$,那么,在这一点上超前装置引起的幅值变化量应为

$$\left| \frac{1 + j\omega T}{1 + j\alpha\omega T} \right|_{\omega = 1/(\sqrt{\alpha}\, T)} = \frac{1}{\sqrt{\alpha}}$$

用分贝表示

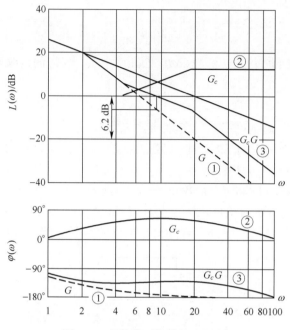

图 8-9　超前校正前后的 Bode 图

$$20\lg \frac{1}{\sqrt{\alpha}} = 6.2 \ dB$$

这就是超前校正网络在 ω_m 点上造成的对数幅频特性的上移量。在 $|G(j\omega)| = -6.2 \ dB$ 处的频率为 $\omega = 9s^{-1}$，选择这一频率作为新的幅值交界频率。由于 $\omega_c = 9s^{-1}$ 这一频率对应于校正装置的 $\omega_m = 1/(\sqrt{\alpha}T)$，因此求得

$$\frac{1}{T} = \sqrt{\alpha}\,\omega_c = 4.41s^{-1}$$

$$\frac{1}{\alpha T} = \frac{\omega_c}{\sqrt{\alpha}} = 18.4s^{-1}$$

代入式(8-5)可确定相位超前校正网络为

$$G_c(s) = \alpha \, \frac{Ts + 1}{\alpha Ts + 1} = 0.24 \times \frac{0.227s + 1}{0.054s + 1}$$

为了补偿超前校正造成的幅值衰减，须将放大器的增益乘以 $1/\alpha$，这样得到校正装置的传递函数为

$$G_c(s) = \frac{Ts + 1}{\alpha Ts + 1} = \frac{0.227s + 1}{0.054s + 1}$$

校正环节对应的 Bode 图如图 8-9 中的曲线②所示。
校正后的系统开环传送函数为

$$G_c(s) G(s) = \frac{0.227s + 1}{0.054s + 1} \cdot \frac{20}{s(0.5s + 1)}$$

对应的 Bode 图如图 8-9 中的曲线③所示。

超前校正装置使幅值交界频率从 $6.3s^{-1}$ 增加到 $9s^{-1}$。增加这一频率意味着增加了系统的带宽,从而说明系统的响应速度增大。由图 8-9 可见,校正后的系统的相位和幅值裕量分别等于 $50°$ 和 ∞,它既能满足稳态误差要求,也能满足相对稳定性的要求。

如果要求系统的响应速度快且超调量小,一般可采用超前串联校正。

利用 Bode 图设计超前校正装置的步骤归纳如下。

1)根据对稳态误差的要求,确定开环增益 K。

2)利用求得的 K,绘制原系统的 Bode 图,确定校正前的相位裕量和幅值裕量。

3)确定所需要增加的相位超前角 φ_m。

4)根据 φ_m 计算衰减系数 α,确定与校正前系统的幅值等于 $-20\lg(1/\sqrt{\alpha})$ 所对应的频率 ω_c 为新的幅值交界频率。

5)确定超前校正装置的转折频率 $\omega_1 = 1/T,\omega_2 = 1/(\alpha T)$。

6)增加一个增益等于 $1/\alpha$ 的放大器。

◎ **8.3.2　相位滞后校正**

图 8-10 所示为 RC 滞后网络原理图,其传送函数为

$$G_c(s) = \frac{U_o(s)}{U_i(s)} = \frac{R_2Cs + 1}{\frac{(R_1 + R_2)}{R_2}R_2Cs + 1} = \frac{Ts + 1}{\beta Ts + 1} \tag{8-8}$$

式中: $\beta = \dfrac{R_1 + R_2}{R_2} > 1$, $T = R_2C$。

RC 滞后网络的频率特性如图 8-11 所示,其对数幅频特性的渐近线具有负斜率段,相频曲线出现负相位移。负相位移说明此网络在正弦信号作用下的稳态输出量,在相位上滞后于输入,故称相位滞后网络。

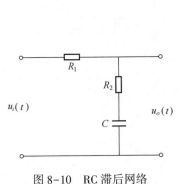

图 8-10　RC 滞后网络

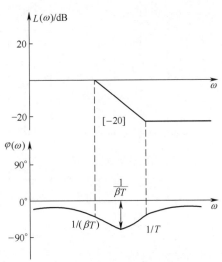

图 8-11　相应滞后网络的对数频率特性曲线

滞后网络的最大滞后角 φ_m 为

$$\varphi_m = \arcsin \frac{\beta - 1}{\beta + 1} \qquad (8-9)$$

φ_m 发生在两个转折频率 $1/(\beta T)$ 和 $1/T$ 的几何中点。对应的角频率 ω_m 满足

$$\omega_m = \frac{1}{\sqrt{\beta} T} \qquad (8-10)$$

由图 8-11 可以看出,滞后网络是一个低通滤波器。

滞后校正的作用主要是利用负斜率段使被校正系统高频段的幅值衰减,幅值交界频率左移,从而获得充分的相位裕量。

下面举例说明用 Bode 图确定滞后校正装置的方法及步骤。

【例 8-2】 已知单位反馈系统,其开环传递函数为

$$G(s) = \frac{K}{s(s+1)(0.5s+1)}$$

要求校正后单位速度输入的稳定误差为 $e_{ss} = 0.2$,相位裕量不小于 $40°$,幅值裕量不小于 10 dB。

解: 在设计时,首先根据稳态误差的要求确定系统的开环增益 K。

因为是 Ⅰ 型系统,对于给定的稳态误差 $e_{ss} = 0.2$,有

$$K = \frac{1}{e_{ss}} = 5$$

由已确定的开环增益 K,可画出系统校正前的开环 Bode 图,如图 8-12 所示中的曲线①。

由图 8-12 可以求出校正前系统的相位裕量 $\gamma = -20°$,这说明系统是不稳定的。采用相位滞后校正将能有效地改进系统的稳定性。

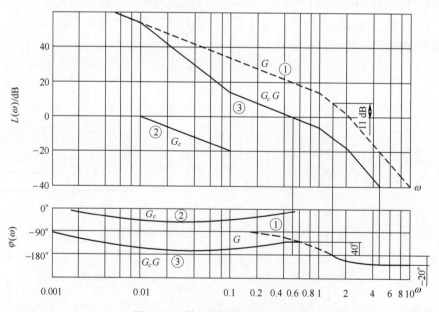

图 8-12 滞后校正前后的 Bode 图

从图 8-12 中看出,未校正时与 $40°$ 相位裕量所对应的频率约为 $0.7s^{-1}$,所以校正后的幅值交界频率应选在这一数值附近。为了防止滞后网络的时间常数 T 值过大,将转折频率 $\omega =$

160

$1/T$ 选择在 $0.1s^{-1}$ 上。因为这一转折频率位于新的幅值交界频率以下不太远的地方,所以在 $0.7s^{-1}$ 附近的相位曲线变化可能较大。考虑到滞后网络造成的相位滞后因素,需要在给定的相位裕量上再加上一个适当的角度,通常增加 12°,这样需要的相位裕量就变成了 52°。

按这个值在未校正的频率特性曲线上找到 −128°(−180° + 52° = −128°)所对应的频率约为 $0.5s^{-1}$,以此作为新的幅值交界频率 ω_c。由图 8-12 可见,要在 ω_c 上使幅值下降到 0,滞后网络应产生必要的衰减量,在此情况下,其值应为 −20,即

$$20\lg\left|\frac{1 + j\omega T}{1 + j\beta\omega T}\right| = -20$$

当 $\beta T \gg 1$ 时,有

$$20\lg\left|\frac{1 + j\omega T}{1 + j\beta\omega T}\right| \approx 20\lg\frac{1}{\beta}$$

即 $20\lg\dfrac{1}{\beta} = -20, \beta = 10$。

滞后网络的另一个转折频率为 $\omega = 1/(\beta T)$,可以求得

$$\frac{1}{\beta T} = 0.01s^{-1}$$

这样,所需滞后网络的传递函数可以求得

$$G_c(s) = \frac{10s + 1}{100s + 1}$$

对应的 Bode 图如图 8-12 中的曲线②所示。

校正后系统的开环传递函数为

$$G_c(s)G(s) = \frac{5(10s + 1)}{s(100s + 1)(s + 1)(0.5s + 1)}$$

对应的 Bode 图如图 8-12 中的曲线③所示。由图 8-12 可见,校正后系统的相位裕量约等于 40°,幅值裕量约等于 11dB,稳态误差等于 0.2,均满足预先提出的指标要求。但幅值交界频率从 $2.1s^{-1}$ 降低到 $0.5s^{-1}$,系统的带宽降低了。因此,已校正系统的瞬态响应速度比原系统快了。滞后校正是以对快速性的限制换取了系统的稳定性。

另外,串入滞后网络并没有改变原系统低频段的特性,故系统的稳态精度不受影响。相反,往往还允许适当提高开环增益,进一步改善系统的稳态性能。

对高稳定、高精度的系统常采用滞后校正。

利用 Bode 图设计滞后校正装置的步骤归纳如下。

1)根据对稳态误差的要求,确定系统的开环增益 K 值。

2)根据已确定的开环增益,绘制未校正系统开环 Bode 图,测出系统的相位裕量及幅值裕量。

3)若系统的相位裕量、幅值裕量不满足要求,应选择新的幅值交界频率。新的幅值交界频率应选择相角等于 −180° 加上必要的相位裕量(系统要求的相位裕量再增加 5° ~ 12°)所对应的频率上。

4)确定滞后网络的转折频率 $\omega = 1/T$,这一点应低于新的幅值交界频率 1~10 倍频程。

5)确定校正前幅频曲线在新的幅值交界处下降到 0 dB 所需的衰减量,这一衰减量等

于 $-20\lg\beta$，从而确定 β 值，然后确定另一个转折频率 $\omega = 1/(\beta T)$。

6）若全部指标均满足要求，把 T 值和 β 值代入滞后校正网络的表达式便是所要求的传递函数。

◎ 8.3.3 相位滞后—超前校正

相位超前校正可以增加带宽、提高快速性，以及改善相对稳态性，但对稳定性能改善却很微小；相位滞后校正使稳态特性获得很大的改善，但减小了带宽，降低了快速性，而采用相位滞后超前校正可全面改善系统的控制性能。

图 8-13 所示为 RC 相位滞后—超前网络原理图，其传递函数为

$$G_c(s) = \frac{U_o(s)}{U_i(s)} = \frac{(R_1C_1s+1)(R_2C_2s+1)}{(R_1C_1s+1)(R_2C_2s+1Z)+R_1C_2s+1} = \frac{T_1s+1}{\dfrac{T_1}{\beta}s+1} \cdot \frac{T_2s+1}{\beta T_2s+1} \quad (8-11)$$

式中：$T_1 = R_1C_1, T_2 = R_2C_2, \dfrac{T_1}{\beta} + \beta T_2 = R_1C_1 + R_2C_2 + R_1C_2(\beta > 1)$。式（8-11）最右端的第一项起相位超前网络作用，第二项起相位滞后网络作用。

相位滞后—超前网络的对数频率特性曲线如图 8-14 所示。由图 8-14 可见，曲线前段的低频部分具有负斜率和负相移，起相位滞后校正作用；后段则具有正斜率和正相移，起超前校正作用，故称相位滞后—超前网络。

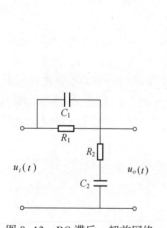

图 8-13　RC 滞后—超前网络

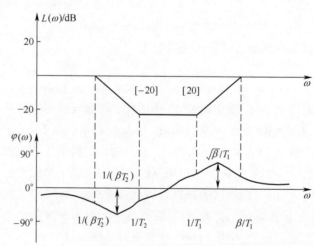

图 8-14　相位滞后—超前网络的对数频率特性曲线

用 Bode 图设计相位滞后—超前校正装置，实际上是前面讲过的超前校正和滞后校正两种设计方法的综合。

下面举例说明设计相位滞后—超前校正装置的方法及步骤。

【例 8-3】　已知单位反馈系统，其开环传递函数为

$$G(s) = \frac{K}{s(s+1)(s+2)}$$

要求校正后单位速度输入下稳态误差为 0.1，相位裕量等于 50°，增益裕量不小于 10 dB，

试设计相位滞后—超前校正装置。

解:设计时,首先根据稳态误差的要求确定系统的开环增益 K。

$$e_{ss} = \lim_{s \to 0} s \frac{1}{1 + G(s)H(s)} \frac{1}{s^2} = \frac{1}{\lim\limits_{s \to 0} \dfrac{K}{(s+1)(s+2)}} = \frac{2}{K}$$

已知 $e_{ss} = 0.1$,则 $K = 20$。

由已确定的 K 值可画出系统校正前的开环 Bode 图,见图 8-15 中的曲线①。由该图可求得相位裕量为 $-32°$,这说明校正前系统是不稳定的。

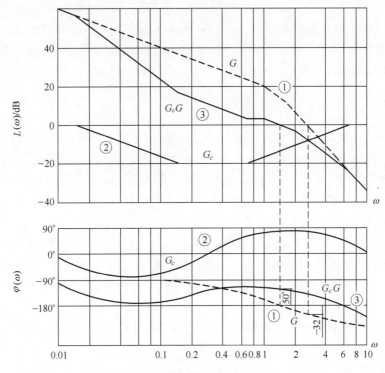

图 8-15 相位滞后—超前校正前后的 Bode 图

分析校正前的相频特性可知,当 $\omega = 1.5s^{-1}$ 时, $\varphi = -180°$,选择 $\omega = 1.5s^{-1}$ 作为新的幅值交界频率较为方便。这样在 $\omega = 1.5s^{-1}$ 处应满足 50°相位裕量的要求,采用相位滞后—超前网络完全可以满足这一要求。

选取转折频率在新的幅值交界频率以下 10 倍频程处,即 $\omega = 0.15s^{-1}$,并取 $\beta = 10$,则 $T_2 = 6.67, \beta T_2 = 66.7$。因此,相位滞后—超前网络相位滞后部分的传递函数为

$$\frac{T_2 s + 1}{\beta T_2 s + 1} = \frac{6.67s + 1}{66.7s + 1}$$

相位超前部分可确定如下:由未校正的 Bode 图可求得 $\omega = 1.5s^{-1}$ 处的幅值等于 13 dB。因此,如果校正装置在此处能产生-13 dB 的幅值,则 $\omega = 1.5s^{-1}$ 便是新的幅值交界频率。按这一要求,可在点($1.5s^{-1}$,-13 dB)处画一条斜率为 20dB 的直线,它与 0 线及-20 dB 线的两个交点就确定了超前部分的两个转折频率,其值分别为 $0.7s^{-1}$ 和 $7s^{-1}$,由此计算出 $T_1 = 1.43$,

$T_1/\beta = 0.143$，则超前部分的传递函数为

$$\frac{T_1 s + 1}{(T_1/\beta) s + 1} = \frac{1.43s + 1}{0.143s + 1}$$

将滞后和超前部分的传递函数组合在一起，就是相位滞后—超前网络的传递函数，即

$$G_c(s) = \frac{1.43s + 1}{0.143s + 1} \cdot \frac{6.67s + 1}{66.7s + 1}$$

校正后系统的开环传递函数为

$$G_c(s)G(s) = \frac{10(1.43s + 1)(6.67s + 1)}{s(0.143s + 1)(66.7s + 1)(s + 1)(0.5s + 1)}$$

相位滞后—超前校正装置和已校正系统的开环 Bode 图分别见图 8-15 中的曲线②和③。由图 8-15 可见，校正后系统的相位裕量等于 50°，幅值裕量等于 16 dB，稳态误差等于 $0.1s^{-1}$，所有指标均已满足要求。

◎ 8.3.4　三种串联校正的比较

1) 超前校正通过其相应超前效应获得所需结果，而滞后校正则通过其高频衰减特性获得所需结果。

2) 校正增大了相位裕量和带宽，带宽增大意味着调整时间减小。具有超前校正的系统，其带宽总是大于具有滞后校正系统的带宽。因此，如果需要系统具有大的带宽，或具有快速的响应特性，则应当采用超前校正。如果系统存在噪声信号，则不应增大带宽。因为随着带宽的增大，高频增益增加，会使系统对噪声信号更加敏感，在这种情况下，应当采用滞后校正。

3) 滞后校正可以改善稳态精度，但是它使系统的带宽减小。如果带宽过分减小，则已校正的系统将呈现出缓慢的响应特性。如果既需要快速响应特性，又需要良好的稳态精度，则必须采用滞后—超前校正装置。

4) 超前校正需要有一个附加的增益增长量，以补偿超前网络本身的衰减。这说明超前校正比滞后校正需要更大的增益。

5) 虽然利用超前、滞后及滞后—超前网络能够完成大量的实际校正任务，但对于复杂的系统来说，采用这些网络的简单校正，并不能给出满意的结果。因此，必须采用具有不同零点和极点的各种校正装置。

◎ 8.3.5　PID 校正装置

在工业自动化设备中，常采用能够实现比例、微分、积分等控制作用的控制器，这些控制器通常以电动、气动或液动的方式实现。由比例(P)单元 K_p、微分(D)单元 $T_d s$ 及积分(I)单元 $1/(T_i s)$ 组成 PD、PI 及 PID 三种校正装置，可以实现超前、滞后、滞后—超前的校正作用。

1. PD 校正环节

PD 校正环节又称比例—微分校正环节，图 8-16 所示为实现 PD 作用的校正装置，其传递函数为

$$G_c(s) = \frac{U_o(s)}{U_i(s)} = \frac{R_2}{R_1}(R_1 C_1 s + 1) = K_p(T_d s + 1) \tag{8-12}$$

式中: $K_p = \dfrac{R_2}{R_1}$, $T_d = R_1 C_1$。其作用相当于式(8-5)的相位超前校正。

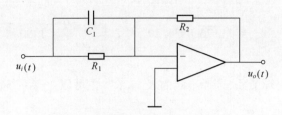

图 8-16　实现 PD 作用的校正装置

下面举例说明设计 PD 校正装置的作用和特点。

【例 8-4】　图 8-17 所示为打印轮控制系统, $G_c(s)$ 为微处理机调节器,其程序编制成 PD 校正控制。设打印轮系统的传递函数为

$$G(s) = \frac{400}{s(s + 48.5)}$$

试分析当 $K_p = 2.94, K_D = 0$ 和当 $K_p = 2.94, K_D = 0.0502$ 时,整个打印轮控制系统的特征参数。

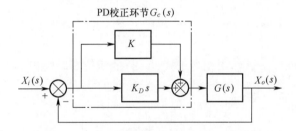

图 8-17　具有 PD 校正控制的打印轮控制系统

解: 加入 PD 校正环节后,整个打印轮控制系统的开环传递函数为

$$G(s) = \frac{400(K_p + K_D s)}{s(s + 48.5)}$$

整个打印轮控制系统的闭环传递函数为

$$G_B(s) = \frac{400(K_p + K_D s)}{s^2 + (48.5 + 400K_D)s + 400K_p}$$

1) 当 $K_p = 2.94, K_D = 0$ 时,整个打印轮控制系统的闭环传递函数为

$$G_B(s) = \frac{400K_p}{s^2 + 48.5s + 400K_p} = \frac{1176}{s^2 + 48.5s + 1176}$$

是一个典型二阶系统。此时, $\omega_n = \sqrt{1176} = 34.29$, $\xi = \dfrac{48.5}{2\omega_n} = 0.707$。

2) 当 $K_p = 2.94, K_D = 0.0502$ 时,整个打印轮控制系统的闭环传递函数为

$$G_B(s) = \frac{400(K_p + K_D s)}{s^2 + (48.5 + 400K_D)s + 400K_p} = \frac{400(2.94 + 0.0502s)}{s^2 + 68.59s + 1176}$$

是一阶微分系统与二阶振荡系统的串联系统。此时,一阶微分系统

$$\omega = \frac{2.94}{0.0502} = 58.57$$

二阶振荡系统 $\qquad \omega_n = \sqrt{1176} = 34.29 , \quad \xi = \frac{68.59}{2\omega_n} = 1.00$

此时为临界阻尼状态。

可见,加入 PD 校正环节后,选择不同的 K_p、K_D 参数可以改善系统的特征参数,达到校正的目的。

PD 校正有如下特点。

1) PD 校正环节可以用相位超前的作用抵消惯性等环节相位滞后产生的不良后果,可以显著改善系统的稳定性。

2) PD 校正环节可以使幅值穿越频率 ω_c 提高,从而改善系统的快速性,使系统的调整时间减小。

3) PD 校正环节可以使系统的高频增益增大,因此容易引入高频干扰。

2. PI 校正环节

PI 校正环节又称比例—积分校正环节,图 8-18 所示为实现 PI 作用的校正装置,其传递函数为

$$G_c(s) = \frac{U_o(s)}{U_i(s)} = \frac{R_2}{R_1}\left(1 + \frac{1}{R_2 C_2 s}\right) = K_p\left(1 + \frac{1}{T_i s}\right) \tag{8-13}$$

式中: $K_p = \dfrac{R_2}{R_1}$, $T_i = R_2 C_2$。其作用相当于式(8-8)的相位滞后校正。

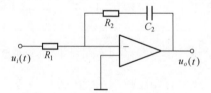

图 8-18　实现 PI 作用的校正装置

在系统中采用 PI 校正,可以使系统的稳态性得到明显的改善,但会使系统的稳定性变差。

3. PID 校正环节

PID 校正环节又称比例—微分—积分校正环节,图 8-19 所示为实现 PID 作用的校正装置,其传递函数为

$$G_c(s) = \frac{U_o(s)}{U_i(s)} = K_p\left(1 + \frac{1}{T_i s} + T_d s\right) \tag{8-14}$$

式中: $K_p = \dfrac{R_1 C_1 + R_2 C_2}{R_1 C_1}$, $T_i = R_1 C_1 + R_2 C_2$, $T_d = \dfrac{R_1 C_1 R_2 C_2}{R_1 C_1 + R_2 C_2}$。其作用相当于式(8-11)的相位滞后—超前校正。

PID 校正兼顾了系统的稳态性能和动态性能的改善,因此在要求较高的场合(或系统也含有积分环节的系统),较多采用 PID 校正。

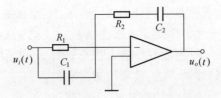

图 8-19　实现 PID 作用的校正装置

4. PID 校正环节对系统时间响应的作用

由前面分析可知,PD 校正装置可有效地改善系统的瞬态性能,但对稳态性能的改善却比较有限,而 PI 校正装置可有效地提高系统的稳态性能,但其动态响应变慢。因此,将它们结合起来,集中比例、积分、微分三种基本控制规律优点的 PID 校正装置,在工程中的应用十分广泛。

由式(8-14)可知,PID 校正装置的传递函数为

$$G_c(s) = K_p\left(1 + \frac{1}{T_i s} + T_d s\right) = K_p + \frac{K_i}{s} + K_d s$$

可写成

$$G_c(s) = \frac{K_p}{s}\left(s + \frac{K_p + \sqrt{K_p^2 - 4K_i K_d}}{2K_d}\right)\left(s + \frac{K_p - \sqrt{K_p^2 - 4K_i K_d}}{2K_d}\right) \tag{8-15}$$

可以看出,加入 PID 校正装置后,系统的型次增加了,在满足 $K_p^2 - 4K_i K_d > 0$ 的条件下,还提供了两个负实数零点,比 PI 校正装置多了一个零点,因此,在系统的动态特性上有很大的优越性。

如果将 PID 校正装置的传递函数写成另一种形式

$$G_c(s) = \frac{(\tau_1 s + 1)(\tau_2 s + 1)}{\tau_3 s} \tag{8-16}$$

式中: $K_p = \dfrac{\tau_1 + \tau_2}{\tau_3}$, $T_i = \tau_1 + \tau_2$, $T_d = \dfrac{\tau_1 \tau_2}{\tau_1 + \tau_2}$ 。

其对数频率特性图如图 8-20 所示。由图 8-20 可知,其与前面的滞后—超前校正环节的 Bode 图极为相似。

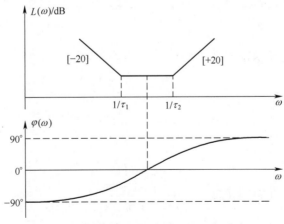

图 8-20　PID 校正装置的对数频率特性曲线

对于 PID 校正装置来说,关键是如何选取 K_p、K_i、K_d 三个参数。在实际调试中,可以按照减小误差、改变阻尼、增加稳定性等性能要求来选择 K_p、K_i、K_d,从而使系统获得尽可能好的特性;也可以采用前面介绍的滞后—超前校正的方法来选择 K_p、K_i、K_d;在实际工程中还总结了不少有关 PID 校正装置参数选择的方法,读者可参考有关资料。

下面举例说明设计 PID 校正装置的方法。

【例 8-5】 已知系统开环传递函数 $G(s) = \dfrac{K}{s(0.5s + 1)(0.1s + 1)}$,试设计 PID 校正装置,使得系统的速度无偏系数 $K_V \geq 10$,相位裕量 $\gamma \geq 50°$,幅值穿越频率 $\omega_c \geq 4s^{-1}$。

解: 令 $K = K_V = 10$,系统的对数频率特性图如图 8-21(a) 所示。由图 8-21(a) 可知,幅值穿越频率 $\omega_c = 4.47s^{-1}$,相位裕量 $\gamma \approx 0°$,此系统不符合要求。

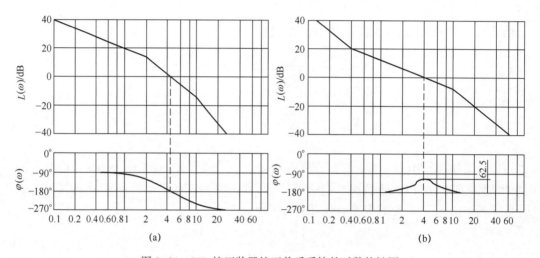

图 8-21 PID 校正装置校正前后系统的对数特性图

设 PID 校正装置的传递函数为

$$G_c(s) = \frac{(\tau_1 s + 1)(\tau_2 s + 1)}{\tau_1 s} = \frac{\left(\dfrac{s}{\omega_1} + 1\right)\left(\dfrac{s}{\omega_2} + 1\right)}{\dfrac{s}{\omega_1}}$$

则校正后系统的传递函数为

$$G(s)G_c(s) = \frac{K\omega_1\left(\dfrac{s}{\omega_1} + 1\right)\left(\dfrac{s}{\omega_2} + 1\right)}{s^2(0.5s + 1)(0.1s + 1)}$$

校正后系统的频率特性为

$$G(j\omega)G_c(j\omega) = \frac{K\omega_1\left(\dfrac{j\omega}{\omega_1} + 1\right)\left(\dfrac{j\omega}{\omega_2} + 1\right)}{(j\omega)^2(0.5j\omega + 1)(0.1j\omega + 1)}$$

校正后的系统为 Ⅱ 型系统,故肯定能够满足速度无偏系数 $K_V \geq 10$ 的要求,系统的开环增益可任选,将取决于其他条件。

初选 $\omega_c = 4s^{-1}$，为了降低系统的阶次，选 $\omega_2 = 2s^{-1}$，$\omega_1 = 0.4s^{-1}$。此时，系统的频率特性为

$$G(j\omega)G_c(j\omega) = \frac{0.4K\left(\dfrac{j\omega}{0.4} + 1\right)}{(j\omega)^2(0.1j\omega + 1)}$$

其对数频率特性应通过幅值穿越频率 $\omega_c = 4s^{-1}$，此时

$$\left|\frac{j\omega_c}{0.4} + 1\right| \approx \frac{\omega_c}{0.4}, \quad |0.1j\omega_c + 1| \approx 1$$

则系统的频率特性为

$$G(j\omega_c)G_c(j\omega_c) \approx \frac{K\omega_c}{(\omega_c)^2} = \frac{K}{\omega_C} = 1$$

可以得到 $K = 4$。则此时校正后系统的传递函数为

$$G(s)G_c(s) = \frac{1.6(2.5s + 1)}{s^2(0.1s + 1)}$$

由此作校正后系统的对数频率特性图，如图 8-21(b)所示。

经验算，$\gamma = \arctan\dfrac{\omega_c}{0.4} - \arctan\dfrac{\omega_c}{10} = 62.5°$。因此，经校正后系统的特性指标全部满足要求。

8.4　控制系统的并联校正

8.4.1　反馈校正

反馈校正在控制系统中得到了广泛的应用，常见的有被控量的速度、加速度反馈、执行机构的输出及其速度的反馈以及复杂的系统中间变量反馈等，如图 8-22 所示。

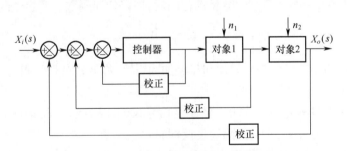

图 8-22　反馈校正的连接形式

在随动系统和调速系统中，转速、加速度、电枢电流等都可用作反馈信号源，而具体的反馈元件实际上就是一些测试传感器，如测速发电机、加速度传感器、电流互感器等。

从控制观点来看，反馈校正比串联校正有其突出的优点，它能有效地改变被包围环节的动态结构和参数；另外，在一定的条件下，反馈校正甚至能完全取代被包围环节，从而大大减弱这部分环节由于特性参数变化及各种干扰给系统带来的不利的影响。

图 8-23(a)所示为积分环节被比例(放大)反馈所包围,则回路传递函数为

$$G(s) = \frac{K/s}{1 + KK_H/s} = \frac{\dfrac{1}{K_H}}{1 + \dfrac{s}{KK_H}}$$ (8-17)

其结果由原来的积分环节转变成惯性环节,可降低原系统的型次,意味着降低了系统的稳态精度,但有可能提高系统的稳定性。

1. 比例反馈包围惯性环节

图 8-23(b)为惯性环节被比例反馈包围,则回路传递函数为

$$G(s) = \frac{\dfrac{K}{Ts + 1}}{1 + \dfrac{KK_H}{Ts + 1}} = \frac{\dfrac{K}{1 + KK_H}}{\dfrac{Ts}{1 + KK_H} + 1}$$ (8-18)

其结果仍为惯性环节,但是时间常数减小了,即惯性减弱,导致过渡过程时间缩短,响应时间加快;同时系统的增益也下降了。反馈系数 K_H 越大,时间常数越小,系统增益也越小。

2. 微分反馈包围惯性环节

图 8-23(c)为惯性环节被微分反馈 $K_1 s$ 包围,则回路传递函数为

$$G(s) = \frac{\dfrac{K}{Ts + 1}}{1 + \dfrac{KK_1 s}{Ts + 1}} = \frac{K}{(T + KK_1)s + 1}$$ (8-19)

其结果仍为惯性环节,但是时间常数增大了。反馈系数 K_1 越大,时间常数越大。

因此,利用局部反馈可使原系统中各环节的时间常数拉开,从而改善系统的动态平稳性。

3. 微分反馈包围振荡环节

在图 8-23(d)中,振荡环节被微分反馈包围后,回路传递函数经变换整理为

$$G(s) = \frac{K}{T^2 s^2 + (2\xi T + KK_1)s + 1}$$ (8-20)

其结果仍为振荡环节。但是阻尼比却显著加大,从而有效地减弱了阻尼环节的不利影响,但不影响系统的固有频率。

微分反馈是将被包围的环节的输出量速度信号反馈至输入端,故常称为速度反馈(如果反馈的环节传递函数为 $K_1 s^2$,则称为加速度反馈)。

速度反馈在随动系统中使用得极为广泛,而且在具有较高快速性的同时,还具有良好的平稳性。当然,实际上理想的微分反馈是难以得到的,如测速发电机还具有电磁时间常数,故速度反馈的传递函数可取为 $\dfrac{K_1 s}{T_i s + 1}$,只要 T_i 足够小($10^{-2} \sim 10^{-4}$),阻尼效应仍是很明显的。

4. 利用反馈校正取代局部结构

反馈环节之所以能取代被包围环节,其原理是很简单的。图 8-24 所示的反馈回路的向前通道传递函数为 $G_1(s)$,反馈为 $H_1(s)$,则回路传递函数为

$$G(s) = \frac{G_1(s)}{1 + G_1(s)H_1(s)} \tag{8-21}$$

频率特性：

$$G(j\omega) = \frac{G_1(j\omega)}{1 + G_1(j\omega)H_1(j\omega)} \tag{8-22}$$

在一定频率范围内,如果能够选择结构参数,使

$$G_1(j\omega)H_1(j\omega) \gg 1$$

则

$$G(j\omega) \approx \frac{1}{H_1(j\omega)}$$

这表明整个反馈回路的传递函数等效于

$$G(s) \approx \frac{1}{H_1(s)} \tag{8-23}$$

和被包围环节 $G_1(s)$ 全然无关,达到了以 $1/H_1(s)$ 取代 $G_1(s)$ 的效果。

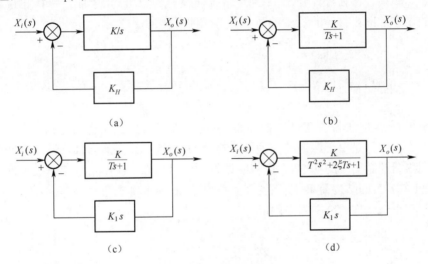

图 8-23　局部反馈回路

在系统设计和调试中,反馈校正的这种作用常被用来改造不希望存在的某些环节,以及消除非线性、变参数的影响和抑制干扰。

◎ 8.4.2　顺馈校正

前面所介绍的闭环反馈系统,控制作用由偏差 $\varepsilon(t)$ 产生,即闭环反馈系统是靠偏差来减小误差的。因此,从原理上讲,误差是不可避免的。

顺馈校正的特点是不依靠偏差而直接测量干扰,在干扰引起误差之前就对它进行近似补偿,及时消除干扰的影响。因此,对系统进行顺馈补偿的前提是可以测出干扰。

图 8-24 所示是一个单位反馈系统,其中图 8-24(a)是一般的闭环反馈系统, $E(s) \neq 0$。若要使 $E(s) = 0$,即使 $X_i(s) = X_o(s)$,则可以在系统中加入顺馈校正环节 $G_c(s)$,如图 8-24(b)所示,加入 $G_c(s)$ 后

$$X_o(s) = G_1(s)G_2(s)E(s) + G_c(s)G_2(s)X_i(s)$$
$$= X_{01}(s) + X_{02}(s)$$

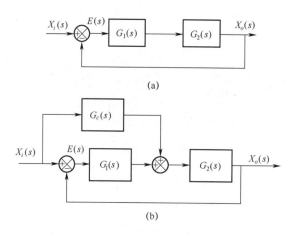

(a)

(b)

图 8-24　单位反馈系统顺馈校正

此式表示顺馈补偿为开环补偿,相当于系统通过 $G_c(s)G_2(s)$ 增加了一个输出 $X_{02}(s)$,以补偿原来的误差。图 8-24(b)所示的系统的等效闭环传递函数为

$$G(s) = \frac{X_o(s)}{X_i(s)} = \frac{G_1(s)G_2(s) + G_c(s)G_2(s)}{1 + G_1(s)G_2(s)} \qquad (8-24)$$

当 $G_c(s) = 1/G_2(s)$ 时, $G(s) = 1$,即 $X_o(s) = X_i(s)$,所以 $E(s) = 0$ 。这称为全补偿的顺馈校正。

上述系统虽然加了顺馈校正,但稳定性并不受影响,因为系统的特征方程仍然是 $1 + G_1(s)G_2(s)$ 。这是由于顺馈补偿为开环补偿,其传递路线没有参加到原闭环回路中。

为减小顺馈控制信号的功率,大多将顺馈控制信号加在系统中信号综合放大器的输入端。同时,为了使 $G_c(s)$ 的结构简单,在绝大多数情况下,不要求实现全补偿,只要通过部分补偿将系统的误差减小至允许的范围之内即可。

本 章 小 结

本章介绍了控制系统综合与校正的概念和方法,具体如下。

1)所谓校正,是指在系统中修改某些环节或增加新的环节,以改善系统性能的方法。

2)根据所采用的校正环节及其在系统中的位置不同,校正一般可分为串联校正和并联校正。串联校正按校正环节的性质可分为增益调整、相位超前校正、相位滞后校正和相位滞后—超前校正。并联校正按校正环节的并联方式可分为反馈校正和顺馈校正。

3)超前校正的作用在于提高系统的相对稳定性和响应快速性,但对稳态性能改善不大。滞后校正能改善稳态性能,但对动态性能没有什么改善。采用滞后—超前校正,可同时改善系统的动态性能和静态性能。

4)由比例单元、微分单元及积分单元组成的 PD、PI 及 PID 三种校正装置,可以实现超前、滞后、滞后—超前的校正作用。

5)反馈校正能有效地改变被包围环节的动态结构和参数,在一定的条件下甚至能够完全取代被包围环节。顺馈校正的特点是不依靠偏差而直接测量干扰,在干扰引起误差之前就对它进行近似补偿,及时消除干扰的影响。

习　题

8.1　一般采用哪些指标来衡量系统的性能,它们各自反映系统哪些方面的性能?

8.2　试分析串联校正中,各种形式的校正环节的作用。

8.3　试分析 PID 校正装置的作用及特点。

8.4　什么是速度反馈校正? 速度反馈对系统有何改善作用?

8.5　已知单位反馈系统的开环传递函数为

$$G_k(s) = \frac{1}{s(0.5s + 1)}$$

现要求速度误差系数 $K_V = 20s^{-1}$,相位裕度不小于 45°。增益不小于 10 dB,试确定校正装置的传递函数。

8.6　如题 8.6 图所示,其中 $\overline{ABC}$ 是未加校正环节前系统的 Bode 图; $\overline{GHKL}$ 是加入某种串联校正环节后的 Bode 图。试说明它是哪种串联校正方法,写出校正环节的传递函数,说明它对系统性能的影响。

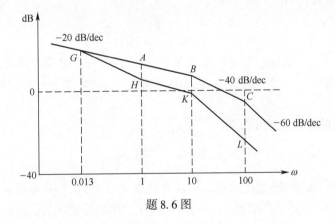

题 8.6 图

8.7　如题 8.7 图所示,其中 $\overline{ABCD}$ 是未加校正环节前系统的 Bode 图; $\overline{ABEFL}$ 是加入某种串联校正环节的 Bode 图。试说明它是哪种串联校正,写出校正环节的传递函数,指出系统的哪些性能得到了改善。

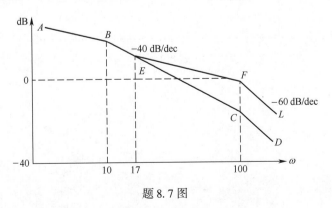

题 8.7 图

8.8 如题 8.8 图所示,其中 $\overline{ABCD}$ 是未加校正环节前系统的 Bode 图;$\overline{AEFG}$ 是加入某种串联校正环节后的 Bode 图。试说明它是哪种串联校正,写出校正环节的传递函数,说明该校正方法的优点。

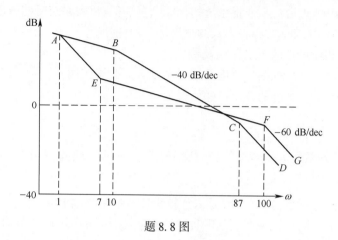

题 8.8 图

8.9 某一伺服机构的开环传递函数为

$$G_k(s) = \frac{7}{s(0.5s+1)(0.15s+1)}$$

(1)画出 Bode 图,并确定该系统的增益裕度、相位裕度和速度误差系数。

(2)设计串联滞后校正装置,使其得到增益裕度至少为 15 dB、相位裕度至少为 45° 的特性。

8.10 设系统的开环传递函数为

$$G_k(s) = \frac{0.25}{s^2(0.25s+1)}$$

试设计相位超前校正,使其在频率 $\omega = 1s^{-1}$ 时提供约 45° 的相位裕度。

8.11 如题 8.11 图所示的系统,$G_c(s) = T_d s + 1$ 为串联校正装置,要使系统具有最佳阻尼比(系统的闭环阻尼比为 $\xi = \sqrt{2}/2$)时,系数 T_d 应如何选取?

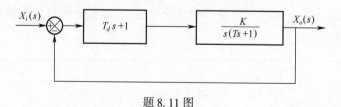

题 8.11 图

第9章 控制系统 MATLAB 仿真

本章导学思维导图

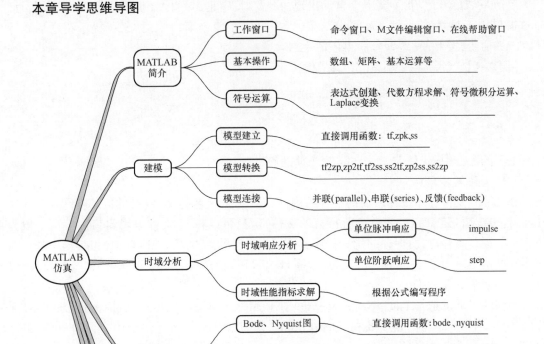

MATLAB 语言在工程计算与分析方面具有无可比拟的优异性能。它集计算、数据可视化和程序设计于一体,并能将问题和解决方案以使用者所熟悉的数学符号或图形表示出来。本章以 MATLAB 9.6 为例,介绍 MATLAB 语言在经典控制方面的一些典型应用。

◎ 9.1 MATLAB 简介

◎ 9.1.1 MATLAB 的工作窗口

按照软件说明安装好 MATLAB 后,其启动的初始界面由 Command Window(命令窗口)、

Command History(命令历史记录)和 Workspace(工作空间)等组成。

MATLAB 工作窗口包括命令窗口、M 文件编辑窗口、图形编辑窗口、数学函数库、应用程序接口及在线帮助窗口等。下面介绍 MATLAB 常用的命令窗口、M 文件编辑器和在线帮助窗口。

1. 命令窗口

启动 MATLAB 之后,屏幕上会自动出现命令窗口,它是 MATLAB 提供给用户的操作界面,命令窗口用于显示输入命令及输出结果,用户可以在命令窗口中的"＞＞"提示符之后输入 MATLAB 命令,按 Enter 键即可获得该命令的答案。

【例 9-1】 计算 $4+2*\sin(pi/2)$ 的值。

```
>> 4+2*sin(pi/2)          % 直接输入算式%
   ans =
        6
```

上面的命令中,变量 pi 为 π,ans 为当前的答案。

2. M 文件编辑窗口

MATLAB 支持程序设计所需的各种结构,以 .m 为扩展名的文件(M-file)进行保存,简称 M 文件。M 文件是 MATLAB 语言所特有的文件,用户可以在 M 文件编辑窗口内编写一段程序,调试、运行并存盘,所保存的用户程序就是用户自己的 M 文件。MATLAB 工具箱中的大量应用程序也是以 M 文件的形式出现的,这些 M 文件可以打开阅读,甚至修改,但要注意,不可改动工具箱中的 M 文件。

M 文件可通过选择 File→New→M-File 创建,M 文件编辑窗口的默认标记是 Untitled(无标题的)。当用户编写的程序要存盘时,Untitled 作为默认文件名提供给用户,用户可以自己命名。若用户不自己命名,则 MATLAB 会对 Untitled 进行编号。

需要执行 M 文件时,返回到命令窗口,在当前目录(Current Directory)中选择所要运行的 M 文件的目录,在命令窗口中的"＞＞"提示符后,直接输入文件名(不加扩展名)即可运行。

3. 在线帮助窗口

学会使用 MATLAB 在线帮助功能对于正确且快速使用 MATLAB 是非常重要的。通过在线帮助功能,用户可以很容易地获得想查询的各个函数的相关信息。获取在线帮助的方式有以下三种。

1) 帮助命令(help)。在 MATLAB 的工作空间中直接输入 help,即可得到 MATLAB 库函数的总体信息。如果要对某一命令或函数进行查询,直接在 help 后跟上该命令或函数名即可,如 help sin。

2) 查找命令(lookfor)。MATLAB 提供了关键词查询命令 lookfor。例如,若想查询与 com-plex(复数)有关的命令和函数,则可以在 MATLAB 的工作空间中输入 lookfor complex。

3) 从菜单上获取帮助。MATLAB 还提供了 Windows 下的查询方法,这和一般 Windows 程序的联机帮助系统是统一的。用户可以用鼠标选择 MATLAB 工作空间中的 help 菜单以及其中的选项和条目来进行查询。

◎ 9.1.2　数组与矩阵基本操作

MATLAB 具有强大的数学计算功能。数学计算分为数值计算和符号计算。下面从数组与矩阵的基本操作入手,对数值运算和符号运算进行介绍。

1. 矩阵或数组的输入

在 MATLAB 中,可用不同的方法生成矩阵或数组。对于小矩阵或没有任何规律的矩阵来说,可以利用直接赋值输入,在方括号内依次按行输入矩阵元素,在一行内的各元素之间用空格或逗号分开,每行之间用分号分开。

【例 9-2】　使用直接赋值方式输入矩阵或数组。

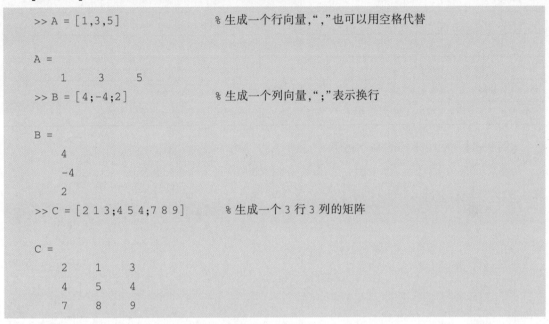

```
>> A = [1,3,5]                    % 生成一个行向量,","也可以用空格代替

A =
    1     3     5
>> B = [4;-4;2]                   % 生成一个列向量,";"表示换行

B =
    4
   -4
    2
>> C = [2 1 3;4 5 4;7 8 9]        % 生成一个 3 行 3 列的矩阵

C =
    2     1     3
    4     5     4
    7     8     9
```

矩阵或数组还可以使用增量方式进行快捷输入。

【例 9-3】　增量方式输入矩阵或数组。

```
>> m = 1:6 % 一般格式为 from:step:to,默认步距为 1

m =
    1     2     3     4     5     6

>> n = pi:-pi/4:0 % 以 -pi/4 为步距,从 pi 开始计到 0

n =
    3.1416    2.3562    1.5708    0.7854    0
```

输入矩阵或数组还可以使用其他方式,具体见帮助文件或其他参考资料。

2. 矩阵的基本运算

矩阵是一个二维数组,所以矩阵的加、减、乘、除等运算与数组运算是一致的。但是有两点需要注意,具体如下。

1) 对于乘法、乘方和除法这三种运算,矩阵运算与数组运算的运算符及含义不同:矩阵运算按线性变换定义,使用一般运算符号;数组运算按对应元素运算定义,使用点运算符号。

2）数与矩阵加减、矩阵除法在数学上是没有意义的,在 MATLAB 中为了简便,定义了这两类运算,其含义如表 9-1 所示。

表 9-1　矩阵运算符

运　算	符　号	说　明
转置	A '	
加与减	A+B 与 A-B	同数组运算
矩阵乘法	$A*B$	普通意义下的矩阵相乘
数组点乘	A.*B	矩阵 A 与矩阵 B 的对应元素相乘
矩阵乘方	A^k	
数与矩阵加减	$k+A$ 与 $k-A$	k+A 等价于 k*ones(size(A))+A
矩阵除法	左除 $A \backslash B$、右除 B/A	它们分别为矩阵方程 $AX=B$ 和 $XA=B$ 的解

【例 9-4】　两个矩阵的基本运算。

```
>> A = [2 2 3;4 5 4;7 8 9];      % 三阶矩阵输入
>> B = [1,3,5;6,-4,2;3,5,1];     % 三阶矩阵输入
>> D1 =A+B                        % 矩阵相加

D1 =
    3     5     8
   10     1     6
   10    13    10

>> D2 =A*B                        % 矩阵与矩阵相乘

D2 =
   23    13    17
   46    12    34
   82    34    60

>> D3 =A.*B                       % 矩阵的对应元素相乘

D3 =
    2     6    15
   24   -20     8
   21    40     9

>> D4 =A\B                        % A 的逆左乘 B

D4 =
   28.0000   -20.0000   70.0000
  -14.0000     8.0000  -42.0000
```

```
    -9.0000 9.0000 -17.0000

>> D5 = A'                  % A 的转置

D5 =
```

MATLAB 中的矩阵运算的其他主要命令可通过在线帮助功能获得。

◎ 9.1.3 MATLAB 的符号运算操作

MATLAB 的符号运算数学工具箱使用字符串进行符号分析,而不是进行数值分析,可以进行代数方程和微分方程的求解,支持 Fourier、Laplace、Z 变换及它们的逆变换。

1. 表达式创建

常用符号运算表达式的创建方法有两种:str2sym 和 syms,需要根据使用场合进行选择。

str2sym 函数的用途是将字符串转换为对应的符号表达式。这种创建方式主要用于从文本文件中读取符号表达式。

syms 函数与 str2sym 函数不同,它需要在具体创建一个符号表达式之前,将这个表达式所包含的全部符号变量创建完毕。

【例 9-5】 使用 str2sym、syms 创建符号表达式。

```
>> f = str2sym('a*x^2+b*x+c')        % 用 str2sym 创建符号表达式,只定义了 f

f =
a*x^2+b*x+c

>> syms a b c x                      % 用 syms 定义 a b c x
>> f1 = a*x^2+b*x+c

f1 =
a*x^2+b*x+c
```

2. 代数方程求解

MATLAB 提供了 solve、dsolve 函数分别对代数方程和符号常微分方程进行求解。

solve 函数的一般使用格式如下:

```
solve('eqn1','eqn2',...,'eqnN','var1','var2',...,'varN')
```

其中,'eqn1','eqn2',...,'eqnN'组成 N 个方程联立的方程组。如果只有一个方程,则只求取一个方程的解。'var1','var2',…,'varN'为指定变量。

dsolve 函数的一般使用格式如下:

```
dsolve('eq1','eq2',...,'cond1','cond2',…,'v')
```

其中,字母 d 表示微分算子;'eq1','eq2',...为方程;'cond1','cond2',...为初始条件;'v'为自由变量。

【例 9-6】 用 solve 求方程组 $\begin{cases} x^2 - x - y = 0 \\ y^2 - 12x = 0 \end{cases}$ 的解。

```
>> syms x y
>> [x,y] = solve(x^2-x-y,y^2-12 * x,x,y)


x =

                              0
                              3
   (15^(1/2) * 1i)/2 - 1/2
 - (15^(1/2) * 1i)/2 -  1/2


y =

                              0
                              6
   - 3 - 15^(1/2) * 1i
   - 3 + 15^(1/2) * 1i
```

3. 符号微积分运算

MATLAB 符号工具箱提供了求微积分的相关函数,设函数 $f = f(x)$,常见微积分运算命令如下。

·diff(f):求函数 f 对自变量 x 的一阶导数。

·diff(f,n):求函数 f 对自变量 x 的 n 阶导数。

·int(f):求函数 f 的不定积分。

【例 9-7】 设

$$f = \frac{1}{5 + 4\cos x}$$

试计算其一阶、二阶导数和不定积分。

```
>> syms x
f = 1/(5+4 * cos(x))
>> f1 = diff(f)        % 函数 f 的一阶导数


f1 =
(4 * sin(x))/(4 * cos(x) + 5)^2


>> f2 = diff(f,2)       % 函数 f 的二阶导数


f2 =
(4 * cos(x))/(4 * cos(x) + 5)^2 + (32 * sin(x)^2)/(4 * cos(x) + 5)^3


>> f3 = int(f)          % 函数 f 的不定积分
   f3 =
x/3 + (2 * atan(tan(x/2)/3))/3 - (2 * atan(tan(x/2)))/3
```

4. 简单函数的拉氏(拉普拉斯)变换

在 MATLAB 的符号功能中,可以对简单函数进行拉氏正、反变换。

```
laplace(f(t)):拉氏正变换
ilaplace(L(s)):拉氏反变换
```

其中，$f(t)$ 为原函数；$L(s)$ 为象函数。

【例 9-8】 求 $f(t) = \sin(xt + 2t)$ 的拉氏变换，求函数 $F(s) = \dfrac{1}{s-a}$ 的拉普拉斯逆变换。

```
>> syms a t s x
>> laplace(sin(x*t+2*t))

ans =

(x + 2)/((x + 2)^2 + s^2)

>> ilaplace(1/(s-a))

ans =

exp(a*t)
```

9.2　控制系统的 MATLAB 建模

◎ 9.2.1　系统模型的建立

1. 模型建立方式

在 MATLAB 中，系统的表示可用三种模型，即传递函数、零极点增益、状态空间。

1）传递函数（tf）模型。若传递函数为 $G(s) = \dfrac{\text{num}(s)}{\text{den}(s)} = \dfrac{b_0 s^m + b_1 s^{m-1} + \cdots + b_m}{a_0 s^n + a_1 s^{n-1} + \cdots + a_n}$，在 MAT-LAB 中，直接用分子/分母的系数表示，即

$$\text{num} = [b_0, b_1, \cdots, b_m];$$
$$\text{den} = [a_0, a_1, \cdots, a_n];$$
$$G(s) = \text{tf}(\text{num}, \text{den})$$

2）零极点增益（zpk）模型。

$$G(s) = k \frac{(s - z_1)(s - z_2)\cdots(s - z_m)}{(s - p_1)(s - p_2)\cdots(s - p_n)}$$

在 MATLAB 中，用 $[\boldsymbol{z}, \boldsymbol{p}, \boldsymbol{k}]$ 矢量组表示，即

$$\boldsymbol{z} = [z_1, z_2, \cdots, z_m]$$
$$\boldsymbol{p} = [p_1, p_2, \cdots, p_n]$$
$$\boldsymbol{k} = [k]$$
$$G(s) = \text{zpk}(\boldsymbol{z}, \boldsymbol{p}, \boldsymbol{k})$$

3) 状态空间(ss)模型。

$$\begin{cases} \dot{x} = ax + bu \\ \dot{y} = cx + du \end{cases}$$

在 MATLAB 中,系统可用 $[a,b,c,d]$ 矩阵表示,再用 ss 函数得到系统的模型,即

$$G(s) = ss[a,b,c,d]$$

【例 9-9】 将传递函数 $G_1(s) = \dfrac{2s + 1}{s^3 + 2s^2 + 2s + 1}$, $G_2(s) = \dfrac{4(s + 5)^2}{(s + 1)(s + 2 + j)(s + 2 - j)}$

输入到 MATLAB 工作空间中。

```
>>num1 = [2 1] ;              % 传递函数的分子系数向量
>>den1 = [1 2 2 1] ;          % 传递函数的分母系数向量
>>G1 = tf(num1,den1)          % 传递函数的有理分式模型


Transfer function:
      2 s + 1
    ------------------
    s^3 + 2 s^2 + 2 s + 1


>> z = [-5,-5];               % 为零点赋值
>> p = [-1,-2-j,-2+j];        % 为极点赋值
>> k = 4;                     % 为增益赋值
>> G2 = zpk(z,p,k)            % 得到系统模型


Zero/pole/gain:
      4 (s+5)^2
    ------------------
    (s+1) (s^2 + 4s + 5)
```

2. 系统模型之间的转换

为分析系统的特性,有时需要在三种模型之间进行转换。MATLAB 提供了模型转换的函数,其用法及说明如表 9-2 所示。

表 9-2 模型转换函数的用法及说明

函 数 用 法	说 明
tfsys = tf(sys)	将其他类型的模型转换为 tf 型
zsys = zpk(sys)	将其他类型的模型转换为 zpk 型
sys_ss = ss(sys)	将其他类型的模型转换为 ss 型
[z, p, k] = tf2zp(num, den)	将 tf 型转换为 zpk 型
[num, den] = zp2tf(z, p, k)	将 zpk 型转换为 tf 型
[a, b, c, d] = tf2ss(num, den)	将 tf 型转换为 ss 型
(num, den) = ss2tf(a, b, c, d, iu)	将 ss 型转换为 tf 型
[a,b,c,d] = zp2ss(z,p,k)	将 zpk 型转换为 ss 型
(z, p, k) = ss2zp(a, b, c, d, i)	将 ss 型转换为 zpk 型

【例 9-10】　求出例 9-9 中 $G_1(s)$ 的零极点，并将 $G_1(s)$ 表示为 zpk 型。

```
>>num1 = [ 2 1 ];                % 传递函数的分子系数向量
>>den1 = [ 1 2 2 1 ];            % 传递函数的分母系数向量
>>[z1,p1,k1]=tf2zp(num1,den1)    % 传递函数的有理分式模型

z1 =
  -0.5000

p1 =
  -1.0000
  -0.5000 + 0.8660i
  -0.5000 - 0.8660i

k1 =
     2

>> G1 = zpk(z1,p1,k1)            % 将传递函数转换为 zpk 模型

Zero/pole/gain:
     2 (s+0.5)
  -------------------
  (s+1) (s^2 + s + 1)
```

◎ **9.2.2　系统模型框图的 MATLAB 处理**

模型间的连接主要有并联（parallel）、串联（serles）及反馈（feedback），MATLAB 提供了相应的连接函数，如表 9-3 所示。

表 9-3　模型连接化简函数

函　数　用　法	说　　明
sys = parallel(sys1,sys2)	sys1 与 sys2 并联
sys = series(sys1,sys2)	sys1 与 sys2 串联
sys = feedback(sys1,sys2)	两系统负反馈连接，默认格式
sys = feedback(sys1,sys2,+1)	两系统正反馈连接

◉ 9.3　控制系统的 MATLAB 时域仿真

◎ **9.3.1　典型函数响应的 MATLAB 仿真**

在 MATLAB 中，当传递函数已知时，可以方便地求出系统的单位脉冲响应、单位阶跃响应等曲线，相关函数的用法如表 9-4 所示。

表 9-4　单位脉冲响应、单位阶跃响应求解函数

函 数 用 法	说　　明
step(sys)	绘制系统阶跃响应曲线,sys 为传递函数
step(sys,t)	绘制系统阶跃响应曲线,t 为时间范围
y = step(sys,t)	返回系统阶跃响应曲线 y 值,不绘制图形,可用 plot 绘制
[y,t] = step(sys,t)	返回系统阶跃响应曲线 y、t 值,不绘制图形
impulse(sys)	绘制系统单位脉冲响应曲线
impulse(sys,t)	绘制系统单位脉冲响应曲线,t 为时间范围
y = impulse(sys,t)	返回系统单位脉冲响应曲线 y 值,不绘制图形
[y,t] = impulse(sys,t)	返回系统单位脉冲响应曲线 y、t 值,不绘制图形

【例 9 – 11】　绘制传递函数分别为 $G_1(s) = \dfrac{4s + 2}{2s^4 + 8s^3 + 14s^2 + 11s + 4}$, $G_2(s) = \dfrac{2s + 1}{s^4 + 4s^3 + 6s^2 + 7s + 3}$ 的两系统单位阶跃响应和单位脉冲响应曲线。

编写如下的程序,得到的单位阶跃响应曲线和单位脉冲响应曲线分别如图 9-1 和图 9-2 所示。

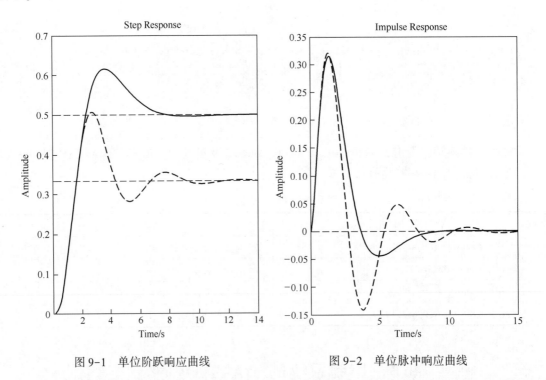

图 9-1　单位阶跃响应曲线　　　　　图 9-2　单位脉冲响应曲线

```
num1 = [4 2]
den1 = [2 8 14 11 4]
sys1 = tf(num1,den1)              % 系统 G1(s)

num2 = [2 1]
```

```
den2 =[1 4 6 7 3]
sys2 =tf(num2,den2)              % 系统 G2(s)

[y1,t1]=step(sys1);             % 系统 G1(s)的单位阶跃响应数据
[y2,t2]=step(sys2);             % 系统 G2(s)的单位阶跃响应数据
figure(1),step(sys1,sys2)       % 系统 G1(s)、G2(s)的单位阶跃响应曲线

[y3,t3]=impulse(sys1);          % 系统 G1(s)的单位脉冲响应数据
[y4,t4]=impulse(sys2);          % 系统 G2(s)的单位脉冲响应数据
figure(2),impulse(sys1,sys2)    % 系统 G1(s)、G2(s)的单位脉冲响应曲线
```

◎ 9.3.2 一阶系统时域特性 MATLAB 仿真

一阶系统和二阶系统是最基本也是最重要的系统,高阶系统可以视为由若干个一阶系统和(或)二阶系统组合构成。一阶系统的传递函数为

$$G(s) = \frac{1}{Ts + 1}$$

其中,影响系统特性的参数是时间常数 T。T 越大,系统惯性越大,响应速度越慢。

【例 9-12】 绘制时间常数 $T = 0.3,\ 0.6, 0.9,\ 1.2,\ 1.5$ 时,一阶系统的单位阶跃响应曲线和单位脉冲响应曲线。

编写如下的程序,得到一阶系统的单位阶跃响应曲线和单位脉冲响应曲线分别如图 9-3 和图 9-4 所示。

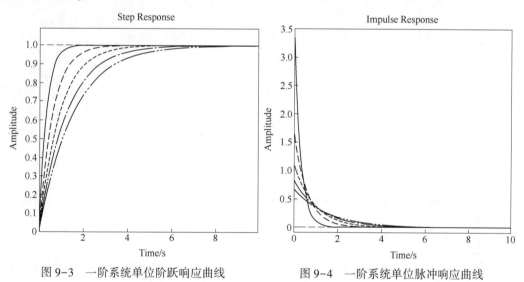

图 9-3 一阶系统单位阶跃响应曲线　　　图 9-4 一阶系统单位脉冲响应曲线

```
num=1;
for del=0.3:0.3:1.5             % 一阶系统时间常数递增间隔
den=[del 1];                    % 一阶系统分母向量

figure(1),step(tf(num,den))     % 一阶系统单位阶跃响应曲线
hold on                         % 不同时间常数的一阶系统单位阶跃响应曲线簇
```

```
figure(2),impulse(tf(num,den))    % 一阶系统单位脉冲响应曲线
hold on                           % 不同时间常数的一阶系统单位脉冲响应曲线簇
end
```

◎ 9.3.3 二阶系统时域特性 MATLAB 仿真

设二阶系统传递函数为

$$G(s) = \frac{\omega_n^2}{s^2 + 2\xi\omega_n + \omega_n^2}$$

其中,二阶系统的特征参数为固有频率 ω_n 及阻尼比 ξ。当 ω_n 增大,系统振动频率加快,振荡加剧;而随着 ξ 减小,系统振荡幅度加剧,振荡峰尖锐。

【例 9-13】 绘制 $\omega_n = 1, \xi = 0.2, 0.4, 0.6, 0.8, 1.0, 2.0$ 时,二阶系统的单位阶跃响应曲线和单位脉冲响应曲线。

编写如下的程序,得到二阶系统在不同阻尼比下的单位阶跃响应曲线和单位脉冲响应曲线分别如图 9-5 和图 9-6 所示。

```
wn=1;                              % 无阻尼固有频率
kosi=[0.2:0.2:1.0,2.0];           % 不同阻尼比
forkos =kosi
num = wn.^2;
    den=[1,2*kos*wn,wn.^2];       % 二阶系统分母向量
    figure(1),step(tf(num,den));  % 二阶系统单位阶跃响应曲线
hold on
    figure(2),impulse(tf(num,den)); % 二阶系统单位脉冲响应曲线
    hold on
end
```

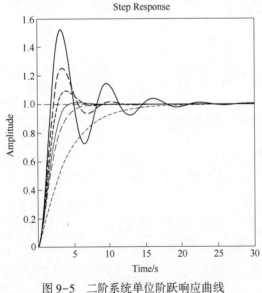

图 9-5 二阶系统单位阶跃响应曲线

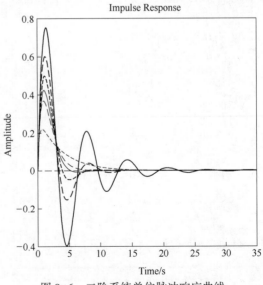

图 9-6 二阶系统单位脉冲响应曲线

◎ 9.3.4　控制系统动态性能指标 MATLAB 求解实例

控制系统的动态性能指标通常根据单位阶跃响应曲线来定义,在 MATLAB 图形窗口中,得到系统的单位阶跃响应曲线后,在图形窗口上右击,在 Characteristics 下的子菜单中可以选择 Peak Response(峰值)、Setting Time(调整时间)、Rise Time(上升时间)和 Steady State(稳态值)参数进行显示,也可以根据动态性能指标的定义编程实现。

【例 9-14】　单位负反馈系统的开环传递函数为

$$G_1(s) = \frac{4s + 7}{s(s^2 + 10s + 6)}$$

编写程序求系统动态性能指标。

程序如下:

```
num=[4 7];
den=[1 10 6 0];
Gk=tf(num,den);
G0=feedback(Gk,1,-1)              % 得到闭环传递函数
[y,t]=step(G0);
C=dcgain(G0);
[max_y,k]=max(y);
peak_time=t(k)                    % 最大超调量对应的时间
max_overshoot=100*(max_y-C)/C     % 计算最大超调量
r1=1;
while (y(r1)<0.1*C)
    r1=r1+1;
end
r2=1;
while (y(r2)<0.9*C)
    r2=r2+1;
end
    rise_time=t(r2)-t(r1)         % 计算上升时间
s=length(t);
while y(s)>0.98*C&&y(s)<1.02*C
    s=s-1;
end
settling_time=t(s)               % 计算调整时间
step(G0)
```

程序运行结果如下:

```
Transfer function:
      4 s + 7
-----------------
s^3 + 10 s^2 + 10s + 7

peak_time =
```

```
    3.7793

max_overshoot =
    12.5232

rise_time =
    1.7715
settling_time =
    6.1413
```

根据系统的单位阶跃响应曲线,利用 Characteristics 子菜单标出例 9-14 的最大超调量、上升时间、调整时间等参数,如图 9-7 所示。比较两种方式的结果,所得参数基本相同。

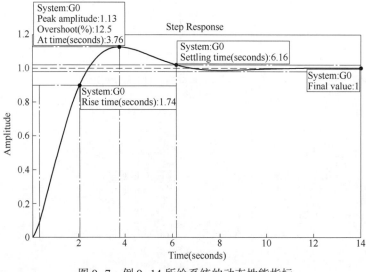

图 9-7　例 9-14 所给系统的动态性能指标

9.4　控制系统的频域分析

◎ 9.4.1　控制系统的频域分析相关函数

MATLAB 频域分析的相关函数主要有各种频率特性的 bode( )、nyquist( )、nichols( )等,本节主要对最常用的 bode( )和 nyquist( )函数进行分析,具体的用法及说明如表 9-5 所示。

表 9-5　频域分析相关函数的用法及说明

函 数 用 法	说　　明
bode(sys)	绘制系统 Bode 图,系统自动选取频率范围
bode(sys,w)	绘制系统 Bode 图,w 为用户设定频率范围
bode(sys1,' r--',sys2,' gx ')	同时绘制多系统 Bode 图,图形参数可选
[mag,phase,w] = bode(sys)	返回系统 Bode 图响应的幅值、相位和频率向量
[mag,phase] = bode(sys,w)	返回系统 Bode 图与指定 w 相应的幅值、相位

函　数　用　法	说　　明
nyquist（sys）	绘制系统 Nyquist 图,系统自动选取频率范围
nyquist（sys,w）	绘制系统 Nyquist 图,w 为用户设定频率范围
nyquist（sys1,' r--',sys2,' gx '）	同时绘制多系统 Nyquist 图,图形参数可选
［re,im,w］= nyquist（sys）	返回系统 Nyquist 图响应的实部、虚部和频率向量
［re,im］= nyquist（sys,w）	返回系统 Nyquist 图与指定 w 相应的实部、虚部

◎ **9.4.2　控制系统的频域分析实例**

1. Bode 图

【例 9-15】　系统的开环传递函数为

$$G_1(s) = \frac{K}{(s^2 + 10s + 500)}$$

根据该式,绘制 K 取 10、100、500 时系统的 Bode 图。

程序如下:

```
k=［10 100 500］;
for i=1:3
G(i)=tf(k(i),[1 10 500]);
end
bode(G(1),'r:',G(2),'b--',G(3))
grid
```

程序运行结果如图 9-8 所示。从图 9-8 中可以看到,系统会随 K 值的增大而使幅频特性曲线向上平移,形状未作改变;而系统的相频特性保持不变。

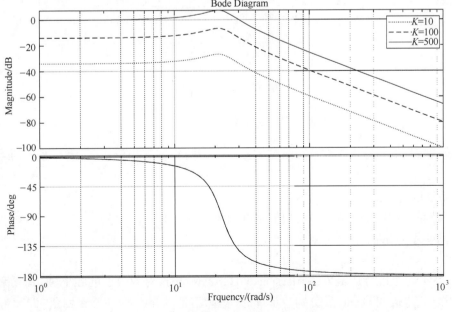

图 9-8　K 取 10、100、500 的 Bode 图

2. Nyquist 图

【例 9-16】 系统的闭环传递函数为 $G(s) = \dfrac{50(0.4s + 1)(0.2s + 1)}{(0.1s^2 + 0.14s + 1)(0.9s - 1)(0.3s + 1)}$

试绘制系统的 Nyquist 图。

程序如下：

```
num = 50;
den = [0.01 0.14 1];
[Z1,P1,K1] = tf2zp(num,den)      % 得到子系统的极点
Z = [-2.5;-1/0.2]                % 系统的零点
P = [P1;1/0.9;-1/0.3]            % 系统的极点
K = num
sys = zpk(Z,P,K)                 % 系统表示为 zpk 型
figure, nyquist(sys)            % 得到 Nyquist 图
```

程序运行结果如图 9-9 所示。

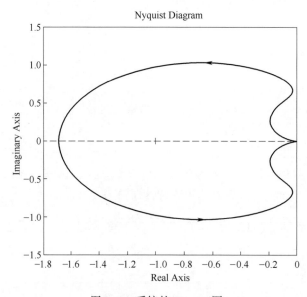

图 9-9　系统的 Nyquist 图

◎ 9.4.3　控制系统的频域性能指标

系统频域性能指标主要有开环系统的幅值（增益）裕度和相位裕度，闭环系统的带宽及谐振峰值。

1. 幅值裕度及相位裕度的求法

设开环系统的传递函数为 sys，幅值裕度和相位裕度用以下函数求解。

[m, p] = bode(sys, w)

[Kg, pm, wg, wc] = margin(m, p, w)

其中，sys 为开环系统传递函数；w = logspace(d1,d2,N) 构造对数分度的频率轴，其频率范围为 $(10^{d1} \sim 10^{d2})$，分成 N 点；m、p 分别为系统的幅值（不是以 dB 为单位）和相角（以度为单位）；

Kg 为系统的幅值裕度(不是以 dB 为单位);Pm 为系统的相位裕度(度);wg 为相位穿越频率;wc 为幅值穿越频率。

2. 带宽及谐振峰值的求法

对于闭环系统,MATLAB 没有提供相应的函数,可以根据其定义编写如下的程序进行求解。

```
[mag,phase,w] = bode(sys,w);
[Mp,k] = max(mag);                % 谐振峰值
Mg = 20 * log10(Mp)               % 返回谐振峰值(dB)
rFreq=w(k)                        % 求取谐振频率
n=1;
while 20 * log10(mag(n))>=-3
    n=n+1;
end
bandwidth=w(n)                    % 得到带宽和带宽频率
```

【例 9-17】 系统的开环传递函数为

$$G(s) = \frac{400}{s(s^2 + 200s + 200)}$$

根据该式,求开环系统的幅值裕度和相位裕度,并求其闭环单位阶跃响应的超调量。

编写程序如下:

```
num=400;
den=[1 200 200 0];                % 开环系统
w=logspace(-1,1.4771,1000);       % 频率范围(0.1~30rad/s)
[m,p]=bode(tf(num,den),w);        % 开环系统的幅值及相位值
[Kg,Pm,wg,wc]=margin(m,p,w)
sysc=feedback(tf(num,den),1)      % 闭环系统

mag = bode(sysc,w);
[Mp,k] = max(mag);                % 谐振峰值
Mg = 20 * log10(Mp)               % 返回谐振峰值(dB)
rFreq=w(k)                        % 求取谐振频率
n=1;
while 20 * log10(mag(n))>=-3      % 找到满足带宽频率条件的 n 值
    n=n+1;
end
bandwidth=w(n)                    % 得到带宽和带宽频率
```

程序运行结果如下:

```
% 得到系统的幅度值裕度(单位不是 dB)
nKg =
    100.0000

% 得到相位裕度
```

```
Pm =
    38.3958

% 得到谐振峰值(dB)
Mg =
    3.6467

% 谐振频率
rFreq =
    1.2331

% 得到带宽频率
bandwidth =
    2.0149
```

9.5 控制系统的稳定性分析

◎ 9.5.1 MATLAB 直接判定稳定性的相关函数

由系统的稳定判据可知,判定系统稳定与否实际上需要判定系统闭环特征方程的根的位置。MATLAB 中提供了相关的函数,如表 9-6 所示。

表 9-6 判定稳定性的相关函数的用法及说明

函 数 用 法	说 明
p=eig(sys)	求取系统模型的根
p=pole(sys)	求取系统的极点
[p,z]=pzmap(sys)	求取系统的零点、极点
r=roots(G)	求特征方程的根,G 为特征多项式
solve('f(s)')	求特征方程的根,必须在符号运算功能下运行

【例 9-18】 系统的闭环传递函数为

$$G(s) = \frac{2s + 1}{2s^4 + 6s^3 + 12s^2 + 20s + 8}$$

根据该式,判定系统的稳定性。

使用不同的方法求出特征方程的根,具体程序如下:

```
num=[2 1];
den=[2 6 12 20 8];
sys=tf(num,den);
p1=eig(sys)                          % 求系统模型的根
p2=pole(sys)                         % 求极点
r=roots(den)                         % 求特征根
```

```
syms s
s=solve(2*s^4+6*s^3+12*s^2+20*s+8)          % 求特征方程的解
pzmap(sys)                                    % 画出零点、极点图
```

程序运行结果如下：

```
p1 =
   -0.2334 + 1.9227i
   -0.2334 - 1.9227i
   -2.0000
   -0.5332

p1 =
   -0.2334 + 1.9227i
   -0.2334 - 1.9227i
   -2.0000
   -0.5332

p2 =

   -0.2334 + 1.9227i
   -0.2334 - 1.9227i
   -2.0000
   -0.5332

r =
   -0.2334 + 1.9227i
   -0.2334 - 1.9227i
   -2.0000
   -0.5332
s =
                        -2
 root(z^3 + z^2 + 4*z + 2, z, 1)
 root(z^3 + z^2 + 4*z + 2, z, 2)
 root(z^3 + z^2 + 4*z + 2, z, 3)
```

程序运行结果中的最后一项 s 的值化简后与 p1、p2、r 的结果是一致的，图 9-10 给出了系统的零点、极点图，根据系统的根和根在 s 平面的分布，很容易判断该系统是稳定的。

◎ 9.5.2　基于频域法的稳定判据

根据频域稳定性的分析，可以利用两种方法进行稳定性判定，具体如下。

1）根据 Nyquist 稳定判据，作出开环系统的 Nyquist 图，通过该系统围绕 $(-1,j0)$ 点的情况判断相应的单位负反馈闭环系统的稳定性。

2）根据 Bode 判据，通过开环系统的 Bode 图判断相应的单位负反馈闭环系统的稳定性。

除此之外，MATLAB 还提供了一些可以进行判定的相关函数，如表 9-7 所示。

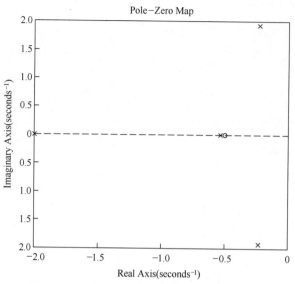

图 9-10 例 9-18 所给系统的零点、极点图

表 9-7 频域法稳定判据相关函数的用法及说明

函 数 用 法	说 明
margin(sys)	绘制系统 Bode 图,带有裕量及相位频率显示
[Gm,Pm,Wg,Wp] = margin(sys)	给出系统相对稳定参数,如幅值裕度、相角裕度、幅值穿越频率、相角穿越频率
[Gm,Pm,Wg,Wp] = margin(mag,phase,w)	给出系统相对稳定参数,由 Bode 函数得到的幅值、相角和频率向量计算,返回值与上面的函数相同
S = allmargin(sys)	返回相对稳定参数组成的结构体

【例 9-19】 系统的开环传递函数为

$$G(s) = \frac{10}{(s+1)(s+2)(s+5)}$$

根据该式绘制极坐标图,并判定系统的稳定性。

程序如下:

```
z = [];
p = [-1,-2,-5];
k = 10;
sys = zpk(z,p,k);
nyquist(sys)
```

由图 9-11 可见,开环系统的 Nyquist 曲线不包含(-1,j0)点,且开环系统不含不稳定点,因此可以判断闭环系统是稳定的。

【例 9-20】 分别判定开环传递函数为

$$G_1(s) = \frac{10}{s(s+2)(s+5)}, \quad G_2(s) = \frac{300}{s(s+2)(s+5)}$$

的两系统的稳定性。

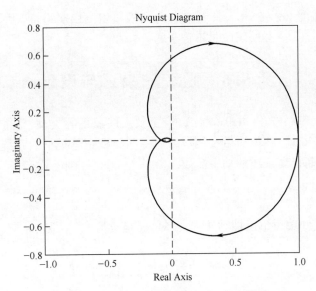

图 9-11　例 9-18 所给系统的 Nyqusit 曲线

程序如下：

```
z=[];
p=[0,-2,-5];
k1=10;
sys1=zpk(z,p,k1);
figure(1),margin(sys1)


k2=300;
sys2=zpk(z,p,k2);
figure(2),margin(sys2)
```

程序运行结果如图 9-12 所示，从图 9-12 中可以看出，系统 G_1 的幅值稳定裕度 $G_m =$

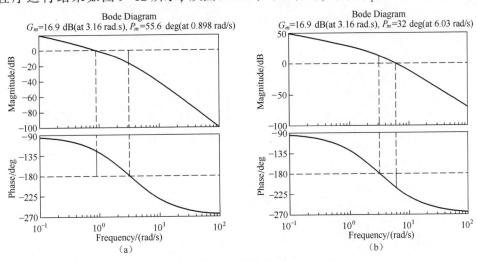

图 9-12　例 9-20 所给系统的 Bode 图

(a) G_1 的 Bode 图；(b) G_2 的 Bode 图

16.9 dB, 相位稳定裕度 Pm=55.6°, 具有一定的幅值和相位稳定裕度, 因此是稳定的; 而系统 G_2 的 $G_m = -12.6$ dB, $P_m = -32°$, 因此是不稳定的。

9.6 系统的校正与设计

系统的校正分为串联校正、并联(前馈)校正及反馈校正等类型, 常用的是串联校正。串联校正中又分为相位超前、相位滞后及相位滞后—超前校正等类型。系统校正的目的是兼顾稳、准、快三方面, 从而提高系统的动态品质。

◎ 9.6.1 相位超前校正实例

【例9-21】 已知单位负反馈系统的开环传递函数为

$$G(s) = \frac{K}{s(0.5s + 1)}$$

使用 MATLAB 设计相位超前校正, 满足如下性能指标:
1) 速度稳态误差 $e_{ss} = 0.05$。
2) 相位裕度 $P_m = 50°$。

解: 1) 由系统速度稳态误差 $e_{ss} = 0.05$ 可计算出 $K = 20$, 则满足速度稳态误差要求的系统开环的传递函数为

$$G(s) = \frac{20}{s(0.5s + 1)}$$

2) 编写程序进行校正, 程序如下:

```
delta = 5;                              % 补偿量
s = tf('s');
G = 20/(s*(0.5*s+1));                   % 得到原传递函数
[gm,pm] = margin(G)                     % 得到原系统的幅值、相位裕量

phim1 = 50;                             % 目标相位裕量
phim = phim1-pm+delta;                  % 补偿的相位裕量
phim = phim*pi/180;
alfa = (1+sin(phim))/(1-sin(phim))      % 求校正系统 α
a = 10*log10(alfa);                     % 校正装置在最大超前相位处的增益
[mag,phase,w] = bode(G);                % 返回 Bode 图参数
adB = 20*log10(mag);
wm = spline(adB,w,-a);
t = 1/(wm*sqrt(alfa))
Gc = (1+alfa*t*s)/(1+t*s)               % 补偿后的校正装置
[gmc,pmc] = margin(G*Gc)
bode(G,Gc,G*Gc),grid                    % 画出校正前后及校正装置的 Bode 图
```

3) 运行结果如下。

```
% 校正前的稳定裕度
gm =
    Inf
pm =
    17.9642
Transfer function:% 校正环节

0.2268 s + 1
------------
0.0563 s + 1

% 校正后的稳定裕度
gmc =
    Inf
pmc =
    49.7706
```

校正前后的 Bode 图如图 9-13 所示,超前校正环节为

$$G_c(s) = \frac{0.2268s + 1}{0.0563s + 1}$$

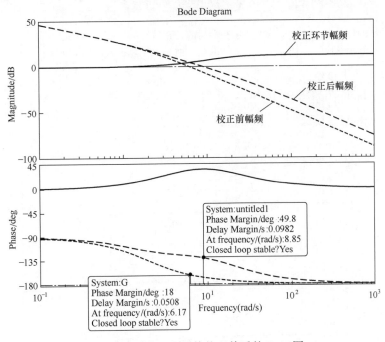

图 9-13　例 9-21 系统校正前后的 Bode 图

◎ **9.6.2　相位滞后校正实例**

【例 9-22】　已知单位负反馈系统的开环传递函数为

$$G(s) = \frac{K}{s(s + 1)(0.5s + 1)}$$

使用 MATLAB 设计相位滞后校正,满足如下性能指标:

1)速度稳态误差 $e_{ss}=0.2$。

2)相位裕度 $P_m=40°$。

3)幅值裕度不低于 10 dB。

解:1)由系统速度稳态误差 $e_{ss}=0.05$ 可计算出 $K=5$,则满足速度稳态误差要求的系统的开环传递函数为

$$G(s)=\frac{5}{s(s+1)(0.5s+1)}$$

2)编写程序进行校正,程序如下:

```
delta=12;                        % 补偿量
s=tf('s');
G=5/(s*(s+1)*(0.5*s+1));         % 得到原传递函数
ex_pm=40;                        % 目标相位裕量
phi=-180+ex_pm+delta;
[mag,phase,w]=bode(G);
wc=spline(phase,w,phi);
mag1=spline(w,mag,wc);
magdB=20*log10(mag1);
beta=10^(-magdB/20);             % 求校正系统 β
t=1/(beta*(wc/10));
Gc=(1+beta*t*s)/(1+t*s)          % 补偿后的校正器
bode(G,Gc,Gc*G)                  % 画出校正前后及校正装置的 Bode 图
```

3)运行结果如下。

校正前后的 Bode 图如图 9-14 所示,滞后校正环节为

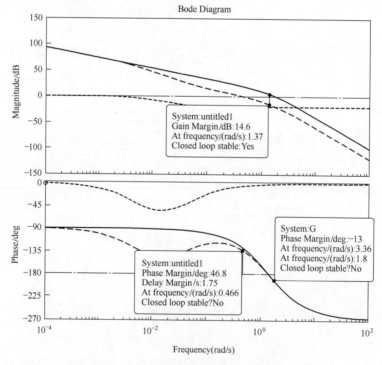

图 9-14　例 9-22 所给系统校正前后的 Bode 图

$$G(s) = \frac{21.52s + 1}{204.6s + 1}$$

校正后相位裕量为 46.8°,幅值裕量为 14.6dB,因此达到了设计要求。

9.7　MATLAB 仿真集成环境——Simulink

Simulink 是 MATLAB 中的一个用来对动态系统进行建模、仿真和分析的软件包,它支持连续、离散及两者混合的线性和非线性系统,也支持具有多种采样速率的多速率系统。Simulink 图形化的仿真方式使用简单方便,仿真结果形象直观、便于理解。

运行 Simulink,主要完成以下两方面的工作。

1)建立控制系统的模型。

2)实现控制系统的仿真。

本节主要介绍完成上述两方面工作所需的基本知识。

9.7.1　Simulink 基本操作

在 MATLAB 命令窗口输入 simulink,或在工具栏上单击 按钮,即可打开 Simulink Start Page 窗口,如图 9-15 所示。在该窗口中选择第一个图标 Blank Model,便可打开一个空白模型窗口,如图 9-16 所示。在该窗口中选择 Tools→Library Brower 或在工具栏中单击 按钮,即可打开 Library Brower 窗口,如图 9-17 所示。接着将 Library Brower 窗口中的图标拖动到空白模型窗口中建立模型并进行仿真,建立的反馈系统模型如图 9-18 所示。

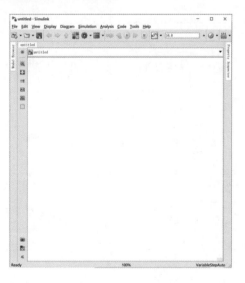

图 9-15　Simulink Start Page 窗口　　　　图 9-16　空白模型窗口

Simulink 为用户提供了用方框图进行建模的图形接口。MATLAB 9.6 版提供了 16 种模块组,表 9-8 列出了控制系统中常用的 7 种模块组,每种模块组给出了几种常用的模块,完整的模块及其应用请参考 MATLAB 帮助文件。

199

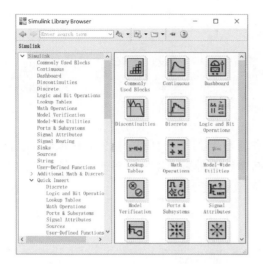

图 9-17　Simulink Library Browser 窗口

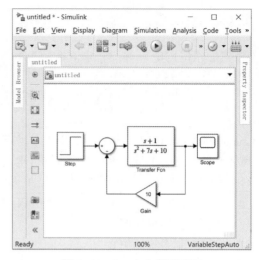

图 9-18　Simulink 模型窗口

表 9-8　Simulink 中常用的模块组

模　块　组	说　　明	常用模块举例
Commonly Used Blocks （常用模块组）	将常用模块集中在一起,由其他模块组中的模块组成	包含输入、输出、增益、子系统等常用的模块
Continious （连续系统模块组）	包含一些常用的连续模块	Integrator:积分模块 Derivative:微分模块 Transfer Fcn:传递函数模块 Zero-Pole:零极点函数模块
Discontinuities （非线性系统模块组）	包含常用的非线性模块	Saturation:饱和非线性模块 Dead Zone:死区非线性模块 Relay:继电模块 Quantizer:量化模块
Discrete （离散系统模块组）	包含常用的线性离散模块	Unit Delay:单位时间延迟 Discrete Transfer Fcn:离散传递函数 Discrete Filter:离散滤波器 Difference:差分模块
Math Operations （数学运算模块组）	用于构造任意复杂的数学运算	Gain:增益函数模块 Sum:求和函数,用于反馈节点 Math Function:数据函数模块 Add 等一般函数(+、-、* √)
Sinks （输出模块组）	将仿真结果以不同的形式输出	Out1:输出端口模块 Scope:示波器模块 Display:数字显示模块 To File:写文件模块
Source （输入源模块组）	提供各种输入信号	In1:输入端口模块 Step:阶跃输入 Pulse:脉冲输入 Signal Generator:信号发生器

关于功能模块的基本操作主要有对其外在属性的操作和对其内在属性的设定。外在属性的操作主要有移动、复制、删除、转向、改变大小、模块命名、字体设定和颜色设定等,后面的几种操作可以通过 Format 菜单中的各选项来实现。

对于功能模块内在属性的设定,双击模块就可以进入模块的参数设定窗口,然后根据要求设定相应的参数即可。

对于功能模块,可以用鼠标在功能模块的输入端和输出端之间直接连线,可以改变连接线的粗细、设定标签、折弯或分支等。

连接好功能模块,设定参数后就可以进行仿真了。仿真环境的设置是选择 Simulation 菜单下的 Configuration Parameters 项,弹出一个配置参数窗口,在该窗口上可进行设置仿真时间、选择解法器等操作。

◎ 9.7.2　Simulink 仿真实例

【例 9-23】　根据下面的框图

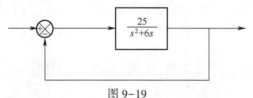

图 9-19

利用 Simulink 建立单位阶跃响应模型,并用示波器显示仿真波形。

（1）建立模型。建立模型的主要步骤如下。

1）从 Simulink Library Brower 窗口中的相应模块组中拖出 Step、Sum、Tranfer Fcn、Gain、Scope 模块。

2）将 Sum 模块反馈的符号改为负号。

3）将 Tranfer Fcn 模块的参数改为题目所给参数。

4）改变 Gain 模块的方向。

5）连线。

建立好的模型如图 9-20 所示。

（2）仿真。仿真环境参数选用默认参数,仿真结果如图 9-21 所示。

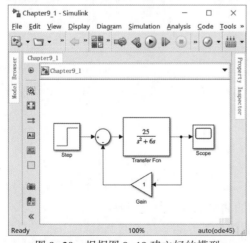

图 9-20　根据图 9-19 建立好的模型

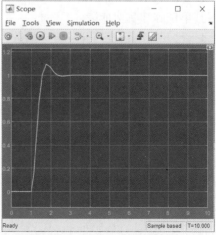

图 9-21　Simulink 仿真结果

Simulink 模块库提供了丰富的功能模块,涉及工程中许多领域,由于篇幅有限,本书仅进行了初步介绍,如果想要详细了解,请参阅 MATLAB 的帮助文件或其他参考资料。

本 章 小 结

本章介绍了 MATLAB 语言的基本使用方法以及在经典控制方面的一些典型应用。介绍了 MATLAB 中矩阵与数组、符号运算等基本操作。针对经典控制系统的模型建立、时域分析、频域分析、稳定性判定、校正与设计等相关内容,本章分别给出了 MATLAB 相应的分析函数,并提供了大量仿真实例。最后简单介绍了 Simulink 仿真集成环境,并用实例介绍了控制系统模型图形输入与动态仿真的方法。

借助 MATLAB,可以直观、快速地进行控制系统的计算、分析和设计工作。

习 题

9.1 设传递函数为

$$G(s) = \frac{4(s + 2)(s^2 + 6s + 6)^2}{(s + 1)^3(s^3 + 3s^2 + 2s + 5)}$$

(1)求传递函数的有理分数形式。

(2)求传递函数的零极点增益形式。

(3)求该系统的单位阶跃响应曲线和单位脉冲响应曲线。

9.2 设传递函数为

$$G(s) = \frac{5(s^2 + 5s + 6)}{s^3 + 6s^2 + 10s + 8}$$

求其单位脉冲响应曲线和单位阶跃响应曲线。

9.3 设传递函数为

$$G(s) = \frac{2}{s^2 + 0.5s + 2}e^{-1.5s}$$

求其单位脉冲响应曲线。

9.4 已知控制系统的开环传递函数为

$$G(s) = \frac{300(s + 1)^2}{s(10s + 1)^2(0.1s + 1)^2}$$

试绘制出其对数频率特性图。

9.5 作出系统

$$G(s) = \frac{s - 1}{s + 2}$$

的 Nyquist 图和 Bode 图,并回答下列问题:

(1)在 Nyquist 图中,对应 $\omega = 0$ 及 $\omega = \infty$ 时的曲线的起点及终点在哪?

(2)用解析法证明,在 $\omega \in [0, \infty)$ 区间内,该曲线是否为一个半圆?

(3)Bode 图中的曲线的起点及终点在什么地方?

（4）在 $\omega \in [0, \infty)$ 中，系统的相角如何变化？该相角的变化如何在 Nyquist 图中得到说明？

9.6　作出系统

$$G(s) = \frac{s^2 + 0.1s + 7.5}{s^4 + 0.12s^3 + 9s^3}$$

的 Nyquist 图，并回答下列问题：

（1）说明曲线的起点在哪里，处于第几象限？

（2）作出图形在原点附近的精细变化曲线，并解释这种现象，求出曲线在原点附近交点的频率、实部及虚部值。

（3）与该曲线的 Bode 图对比，说明相角峰及幅值峰的含义。

9.7　设系统的传递函数为

$$G(s) = \frac{10(0.02s + 1)(s + 1)}{s(s^2 + 4s + 100)}$$

（1）在同一幅度上作出系统各环节的 Bode 图，仔细分辨各个环节的幅频特性及相频特性曲线的特点。

（2）将各个环节的 Bode 图叠加起来，作在同一幅度上。分别说明低、高频段各是哪个（些）环节起主要作用。

9.8　系统开环传递函数为

$$G(s) = \frac{10}{(s + 5)(s - 1)}$$

绘制其极坐标图，并判定系统稳定性。

9.9　已知系统的开环传递函数为：

$$G_1(s) = \frac{100}{s^2(s + 100)}$$

$$G_2(s) = \frac{1}{s(s + 8)^2}$$

（1）判断这些系统的稳定性。

（2）选择一种校正方法，使校正后系统的单位恒加速响应的稳态误差 $e_{ss} < 0.1$，相位裕度 $\gamma > 45°$，幅值裕度 $-20\lg Kg > 10\text{dB}$。

（3）求出校正后闭环系统单位阶跃响应的超调量、峰值时间、振荡频率。

第 10 章　工程应用典型案例分析

在实际工程应用中,一个复杂的工程系统常常由多种元件混合组成,这些元件可以是电的、机械的、液压的、气动的、光学的、热力学的等。对于这些工程系统,根据系统的工作原理,只要选定系统的输入和输出,就可以应用解析法求出系统的微分方程,从而推导出系统的传递函数。一些系统不能利用解析法求出系统模型的,也可以使用试验等工程方法求取。下面是一些典型工程系统的实例。

⊙ 10.1　机 械 系 统

图 10-1 是机器中用来传递动力的旋转轴,机器中长轴的扭转振动是机械工程中应控制的问题,图 10-1(a)是长轴实物照片,图 10-1(b)是其简化模型。根据轴上的飞轮和质量分布情况,可以将轴等效为几个集中质量轮和扭转弹簧的连接。已知轴的等效转动惯量为 J_1、J_2,扭转弹簧的刚度为 k_1、k_2,轴的角摩擦系数为 f。选择轴一端的转角 θ_i 为输入,另一端的转角 θ_o 为输出,建立系统的数学模型。

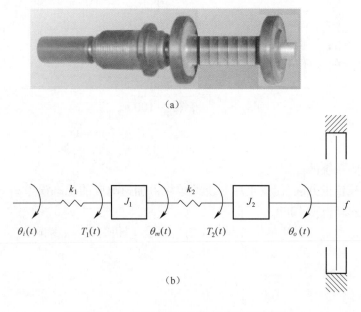

(a)

(b)

图 10-1　长轴实物及扭转振动的简化模型

设轴的等效转动惯量为 J_1 和 J_2 的中间变量为 $\theta_m(t)$,根据动力学原理,得到系统微分方程

$$\begin{cases} k_1[\theta_i(t) - \theta_m(t)] + k_2[\theta_o(t) - \theta_m(t)] = J_1 \ddot{\theta}_m(t) \\ f[0 - \dot{\theta}_o(t)] + k_2[\theta_m(t) - \theta_o(t)] = J_2 \ddot{\theta}_o(t) \end{cases} \tag{10-1}$$

并令
$$\begin{cases} T_1(t) = k_1[\theta_i(t) - \theta_m(t)] \\ T_2(t) = k_2[\theta_m(t) - \theta_o(t)] \end{cases}$$

在零初始条件下,对上式进行拉氏变换,得

$$\begin{cases} k_1[\theta_i(s) - \theta_m(s)] + k_2[\theta_o(s) - \theta_m(s)] = J_1 s^2 \theta_m(s) \\ -fs\theta_o(s) + k_2(\theta_m(s) - \theta_o(s)) = J_2 s^2 \theta_o(s) \end{cases} \tag{10-2}$$

且
$$\begin{cases} T_1(s) = k_1[\theta_i(s) - \theta_m(s)] \\ T_2(s) = k_2[\theta_m(s) - \theta_o(s)] \end{cases}$$

以上方程组中每个式子可以理解为一个环节。画出每个环节的方框图并组合成系统总的方框图,如图 10-2 所示。

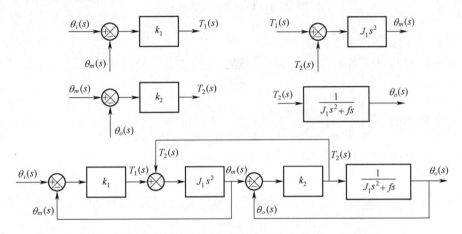

图 10-2　系统各环节的方框图及组合成系统总的方框图

简化系统的方框图,可得系统的传递函数为

$$G(s) = \frac{k_1 k_2}{J_1 J_2 s^4 + J_1 f s^3 + [(k_1 + k_2)J_2 + k_2 J_1]s^2 + (k_1 + k_2)fs + k_1 k_2} \tag{10-3}$$

得到了传递函数,可求得其响应特性及相应的性能指标,如果不满足要求,可利用前面学习的内容进行系统校正设计。

10.2　加速度传感器系统

加速度计在许多不同的领域中均有应用,例如,配有气囊的汽车、航海器、心房脉动探测器、机器监控等。根据检测元件的不同,加速度计可分为压阻式、电容式、静电平衡式和石英振梁式等。加速度计用于测量一个运动物体的加速度,如将加速度信号转换为电信号,对该信号进行积分,还可用于测量速度和位移。

图 10-3(a)是加速度计实物照片,图 10-3(b)为加速度计的原理图,下面分析其测量加速度的原理。

设加速度计壳体相对于某固定参考物(地球)的位移为 $x(t)$,并设 $x_i(t) = \ddot{x}(t)$ (壳体的加速度)为输入信号;质量 m 相对于壳体的位移 $y(t)$ 为输出信号。

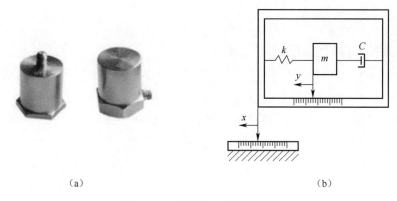

（a）   （b）

图 10-3   加速度计及其原理图

x、y 的正方向如图所示。

因为 $y(t)$ 是相对于壳体的位移,所以质量 m 相对于地球的位移是 $y(t) + x(t)$,该系统的运动微分方程为

$$m[\ddot{y}(t) + \ddot{x}(t)] + C\dot{y}(t) + ky(t) = 0$$

则 $$m\ddot{y}(t) + C\dot{y}(t) + ky(t) = -m\ddot{x}(t) = -mx_i(t) \tag{10-4}$$

对式(10-4)进行拉氏变换,得

$$(ms^2 + Cs + k)Y(s) = -mX_i(s)$$

则输入量为壳体加速度 $X_i(s)$,输出量为质量相对于壳体的位移 $Y(s)$,传递函数为

$$G(s) = \frac{Y(s)}{X_i(s)} = \frac{-m}{ms^2 + Cs + k} = \frac{-1}{s^2 + \dfrac{C}{m}s + \dfrac{k}{m}} \tag{10-5}$$

将式(10-5)的分子、分母同时除以 $s^2 + \dfrac{C}{m}s$,得

$$G(s) = \frac{-\dfrac{1}{s^2 + \dfrac{C}{m}s}}{1 + \dfrac{k}{m} \times \dfrac{1}{s^2 + \dfrac{C}{m}s}} \tag{10-6}$$

若使式(10-6)中的 $\left| \dfrac{k}{m} \times \dfrac{1}{s^2 + \dfrac{C}{m}s} \right| \gg 1$,则

$$G(s) = \frac{-\dfrac{1}{s^2 + \dfrac{C}{m}s}}{1 + \dfrac{k}{m} \times \dfrac{1}{s^2 + \dfrac{C}{m}s}} \approx \frac{-\dfrac{1}{s^2 + \dfrac{C}{m}s}}{\dfrac{k}{m} \times \dfrac{1}{s^2 + \dfrac{C}{m}s}} = -\frac{m}{k} \tag{10-7}$$

加速度

$$X_i(s) = -\frac{k}{m}Y(s)$$

即

$$x_i(t) = -\frac{k}{m}y(t) \tag{10-8}$$

表明,加速度计中质量 m 的稳态输出位移 $y(t)$ 正比于输入加速度 $x_i(t)$,因此可以用 $y(t)$ 值来衡量其加速度的大小。即在一定条件下,加速度计壳体加速度与质量 m 位移间的关系是一个比例环节。

10.3　PID 校正器在倒装摆平衡控制中的应用

图 10-4(a)是倒装摆系统实物照片,图 10-4(b)是一个倒装摆支承在一辆机动车上,是一个取出的空间倒装摆的状态控制模型。目的是保持倒装摆的铅垂位置。这里仅研究二维控制问题,即倒装摆只能在 x-y 平面上运动。

假设机动车的质量为 m_1 ,倒装摆的质量为 m ,倒装摆的摆长为 l ,设计一个合适的校正装置,使系统具有阻尼比为 ξ ,无阻尼固有频率为 $\omega_n(s^{-1})$ 。为了简化分析,将倒装摆视为集中质量 m ,忽略杆的质量及风力等干扰力的作用,忽略支承点的摩擦及车轮滑动等因素。

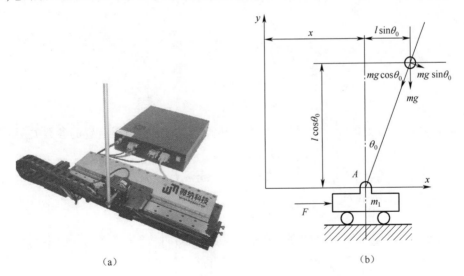

（a）　　　　　　　　　　　（b）

图 10-4　倒装摆系统及控制模型图

因为倒装摆是一个不稳定的被控对象,在控制器中必须引入微分控制作用。微分控制作用反映动作偏差的变化速率,因此微分环节有"预见"性,并有超前校正的作用,以增加系统的稳定性。又因为微分控制作用不能单独作用,故在这个问题中使用比例加微分控制器,即 PD 校正装置。PD 校正装置传递函数应为 $K_p(T_d s + 1)$,控制器产生力 F ,使

$$F = K_p(\theta_0 + T_d \dot{\theta}_0) \tag{10-9}$$

倒装摆的传递函数可由牛顿定律写出的运动方程导出

$$\frac{\theta_o(s)}{-F(s)} = \frac{1}{m_1 l s^2 - (m_1 + m)g} \tag{10-10}$$

图 10-5 是由 PD 校正装置控制的倒装摆系统方框图,其中输入 θ_i 为 0,表示希望倒装摆保持垂直。

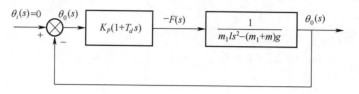

图 10-5　倒装摆系统的方框图

从方框图可写出系统的闭环传递函数

$$\frac{\theta_0(s)}{\theta_i(s)} = \frac{K_p(1 + T_d s)}{m_1 l s^2 + K_p T_d s + K_p - (m_1 + m)g}$$

$$= \frac{\dfrac{K_p(1 + T_d s)}{m_1 l}}{s^2 + \dfrac{K_p T_d}{m_1 l}s + \dfrac{K_p - (m_1 + m)g}{m_1 l}} \tag{10-11}$$

由此得

$$\omega_n^2 = \frac{K_p - (m_1 + m)g}{m_1 l}$$

$$2\xi\omega_n = \frac{K_p T_d}{m_1 l} \tag{10-12}$$

根据对系统 ω_n 和 ξ 的要求与已知参数,可以确定比例微分校正装置的参数 K_p 和 T_d。

$$K_p = \omega_n^2 m_1 l + (m_1 + m)g \tag{10-13}$$

$$T_d = 2\xi\omega_n m_1 l / K_p = 2\xi\omega_n m_1 l / [\omega_n^2 m_1 l + (m_1 + m)g] \tag{10-14}$$

校正装置的传递函数为

$$G_c(s) = K_p(1 + T_d s) \tag{10-15}$$

比例微分校正装置可使倒装摆在受到扰动发生倾斜时,产生校正力,使倒装摆保持垂直状态。

◎ 10.4　电动机控制系统

◎ 10.4.1　机械转动系统

图 10-6(a)是电动机实物照片,图 10-6(b)为一个机械转动系统示意图。其中 $T_M(t)$ 是电机的驱动力矩,也是整个系统的输入力矩;J_m 是电机的转动惯量;B_m 是电机的黏滞阻尼系数,它产生的阻力矩与电机的转速成正比;$\theta_m(t)$ 是电机轴的转角;$\theta_L(t)$ 是负载轴的转角;K

是轴的弹性系数;弹性力矩与轴的扭曲的角度 $[\theta_m(t) - \theta_L(t)]$ 成正比;J_L 是负载的转动惯量。

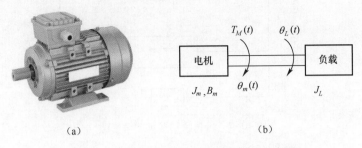

（a）　　　　　　　　　　　　（b）

图 10-6　电动机实物及机械转动系统示意图

（1）分析电机轴的受力情况。电机轴受到三个力矩的作用:驱动力矩 $T_M(t)$,黏滞阻尼力矩 $B_m\dot{\theta}_m(t)$,弹性力矩 $K[\theta_m(t) - \theta_L(t)]$。根据力学定律,可列出微分方程

$$J_m\ddot{\theta}_m(t) = T_M(t) - B_m\dot{\theta}_m(t) - K[\theta_m(t) - \theta_L(t)] \tag{10-16}$$

（2）分析负载轴的受力情况。负载轴只受到弹性力矩 $K[\theta_m(t) - \theta_L(t)]$ 的作用。对于负载轴来说,它是主动力矩。根据力学定律,可列出微分方程

$$J_L\ddot{\theta}_L(t) = K[\theta_m(t) - \theta_L(t)] \tag{10-17}$$

对式（10-16）和式（10-17）进行拉氏变换,得

$$(J_m s^2 + B_m s + K)\theta_m(s) = T_M(s) - K\theta_L(s) \tag{10-18}$$

$$(J_L s^2 + K)\theta_L(s) = K\theta_m(s) \tag{10-19}$$

据此画出系统方框图如图 10-7 所示。可以直接求出系统的传递函数

$$\begin{aligned}\frac{\theta_m(s)}{T_M(s)} &= \frac{\dfrac{1}{J_m s^2 + B_m s} \times \left(1 + \dfrac{K}{J_L s^2}\right)}{1 + \dfrac{K}{J_m s^2 + B_m s} + \dfrac{K}{J_L s^2}} \\[2mm] &= \frac{J_L s^2 + K}{s[J_m J_L s^3 + B_m J_L s^2 + K(J_m + J_L)s + B_m K]}\end{aligned} \tag{10-20}$$

$$\begin{aligned}\frac{\theta_L(s)}{T_M(s)} &= \frac{\dfrac{K}{J_L s^2(J_m s^2 + B_m s)}}{1 + \dfrac{K}{J_m s^2 + B_m s} + \dfrac{K}{J_L s^2}} \\[2mm] &= \frac{K}{s[J_m J_L s^3 + B_m J_L s^2 + K(J_m + J_L)s + B_m K]}\end{aligned} \tag{10-21}$$

◎ 10.4.2　机电系统

图 10-8（a）是电动机与减速箱实物照片,图 10-8（b）为一个机电合一的系统示意图。其工作原理是:在电动机电枢两端的电压 $u_a(t)$ 的作用下产生电枢电流 $i_a(t)$,进而产生驱动力

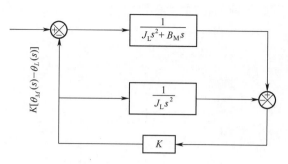

图 10-7　机械转动系统的结构图

矩 $T_M(t)$,带动电机轴转动并通过减速器带动负载轴转动。

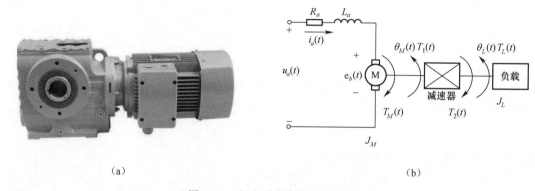

（a）　　　　　　　　　　　　　　（b）

图 10-8　机电系统实物与示意图

其中, $u_a(t)$ 是加到电动机电枢两端的电压,它是系统的输入量; R_a 和 L_a 是电枢回路的总电阻和电感。设减速器的减速比为 $n:1$,即

$$\frac{\theta_m(t)}{\theta_L(t)} = \frac{\dot{\theta}_m(t)}{\dot{\theta}_L(t)} = n \tag{10-22}$$

式中: $\theta_m(t)$ 是电机轴的转角; $\theta_L(t)$ 是负载轴的转角。根据电路及力学原理逐项列出该系统的微分方程。

1）分析电枢回路。有

$$u_a(t) = R_a i_a(t) + L_a \dot{i}_a(t) + e_b(t) \tag{10-23}$$

其中, $e_b(t)$ 是反电动势,它满足

$$e_b(t) = K_b \omega_m(t) = K_b \dot{\theta}_m(t) \tag{10-24}$$

式中: K_b 是电动势常数。

电机轴的驱动力矩与电枢电流成正比,即

$$T_M(t) = K_i i_a(t) \tag{10-25}$$

式中: K_i 是力矩常数。

2）分析电机轴的受力情况。根据力学定律,可列出微分方程

$$J_m \ddot{\theta}_m(t) = T_M(t) - T_1(t) \tag{10-26}$$

式中：J_m 是电机的转动惯量；$T_M(t)$ 是电机的驱动力矩；$T_1(t)$ 是电机轴的阻力矩。

3）分析减速器的受力情况。假设减速器是理想状态，即经过减速器无能量损失，则有

$$T_1(t)\omega_m(t) = T_2(t)\omega_L(t) \tag{10-27}$$

$$T_2(t) = \frac{\omega_m(t)}{\omega_L(t)}T_1(t) = nT_1(t) \tag{10-28}$$

4）分析负载轴的受力情况。根据力学定律，可列出微分方程

$$J_L\ddot{\theta}_L(t) = T_2(t) - T_L(t) \tag{10-29}$$

式中：J_L 是负载的转动惯量；$T_2(t)$ 是电机经减速器传递到负载轴的驱动力矩；$T_L(t)$ 是负载轴的阻力矩。

若以电机轴的转角 $\theta_m(t)$ 为输出量分析。将式（10-26）、式（10-27）、式（10-29）合并计算，有

$$J_m\ddot{\theta}_m(t) = T_M(t) - \frac{1}{n}T_2(t) = T_M(t) - \frac{1}{n}\left[J_L\ddot{\theta}_L(t) + T_L(t)\right]$$
$$= T_M(t) - \frac{J_L\ddot{\theta}_m(t)}{n^2} - \frac{T_L(t)}{n} \tag{10-30}$$

$$\left(J_m + \frac{J_L}{n^2}\right)\ddot{\theta}_m(t) = T_M(t) - \frac{T_L(t)}{n} \tag{10-31}$$

令

$$\hat{J}_m = J_m + \frac{J_L}{n^2}, \quad \hat{T}_L(t) = \frac{T_L(t)}{n}$$

则

$$\hat{J}_m\ddot{\theta}_m(t) = T_M(t) - \hat{T}_L(t) \tag{10-32}$$

可见，若将电机轴、减速器及负载轴合并到一起考虑，负载的转动惯量及阻尼力矩，折算到电机轴相当于将负载的转动惯量除以减速比的平方及将负载的阻力矩除以减速比。

若以负载轴的转角 $\theta_L(t)$ 为输出量分析。将式（10-30）~式（10-32）合并，有

$$\left(J_m + \frac{J_L}{n^2}\right)\ddot{\theta}_m(t) = \left(J_m + \frac{J_L}{n^2}\right)n\ddot{\theta}_L(t) = T_M(t) - \frac{T_L(t)}{n} \tag{10-33}$$

则有

$$(n^2J_m + J_L)\ddot{\theta}_L(t) = nT_M(t) - T_L(t) \tag{10-34}$$

令

$$\hat{J}_L = n^2J_m + J_L, \quad \hat{T}_M(t) = nT_M(t)$$

则

$$\hat{J}_L\ddot{\theta}_L(t) = \hat{T}_M(t) - T_L(t) \tag{10-35}$$

可见，若折算到电机轴，相当于将电机的转动惯量乘以减速比的平方和将电机的驱动力矩乘以减速比。

以上列出了该系统的所有方程。要根据这些原始方程求出系统的高阶微分方程或微分方程组并不是一件很容易的事情。下面借助结构图来完成这项工作（以电机轴的转角 $\theta_m(t)$ 为输出量分析）。

对上述式（10-23）~式（10-25）和式（10-32）进行拉氏变换，得

$$U_a(s) - E_b(s) = (R_a + L_as)I_a(s) \tag{10-36}$$

$$E_b(s) = K_bs\theta_m(s) \tag{10-37}$$

$$T_M(s) = K_iI_a(s) \tag{10-38}$$

$$\hat{J}_m s^2 \theta_m(s) = T_M(s) - \hat{T}_L(s) \tag{10-39}$$

根据上述方程可以画出方框图,如图 10-9 所示。

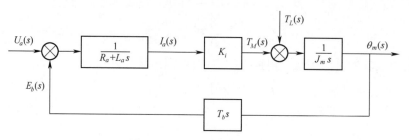

图 10-9 机电系统的方框图

利用梅逊公式可以求得

$$\frac{\theta_m(s)}{U_a(s)} = \frac{\dfrac{K_i}{(R_a + L_a s)\,\hat{J}_m s^2}}{1 + \dfrac{K_i K_b s}{(R_a + L_a s)\,\hat{J}_m s^2}} = \frac{K_i}{s\left(L_a \hat{J}_m s^2 + R_a \hat{J}_m s + K_i K_b\right)} \tag{10-40}$$

$$\frac{\theta_m(s)}{\hat{T}_L(s)} = \frac{-\dfrac{1}{\hat{J}_m s^2}}{1 + \dfrac{K_i K_b s}{(R_a + L_a s)\,\hat{J}_m s^2}} = \frac{-(R_a + L_a s)}{s\left(L_a \hat{J}_m s^2 + R_a \hat{J}_m s + K_i K_b\right)} \tag{10-41}$$

设
$$T_a = \frac{L_a}{R_a}, \quad T_m = \frac{\hat{J}_m R_a}{K_i K_b}$$

式中:T_a 为电磁时间常数,T_m 为机电时间常数。则式(10-40)和式(10-41)可写为

$$\frac{\theta_m(s)}{U_a(s)} = \frac{\dfrac{1}{K_b}}{s\left(\dfrac{L_a \hat{J}_m}{K_i K_b}s^2 + \dfrac{R_a \hat{J}_m}{K_i K_b}s + 1\right)} = \frac{1}{K_b s(T_a T_m s^2 + T_m s + 1)} \tag{10-42}$$

$$\frac{\theta_m(s)}{\hat{T}_L(s)} = \frac{-R_a(T_a s + 1)}{K_i K_b s(T_a T_m s^2 + T_m s + 1)} \tag{10-43}$$

◎ 10. 4. 3 机电控制系统

如图 10-10 所示为一个由直流电机驱动的位置随动系统。其工作原理是:在上述机电系统的基础上,加入比较部分和信号放大部分组成的反馈回路,将负载轴的转角 $\theta_L(t)$ 作为反馈信号并通过比较部分与输入信号 $\theta_r(t)$ 进行比较,通过信号放大部分得到电动机电枢两端的电压 $u_a(t)$。

(1)分析比较部分。

$$e(t) = K_1\left[\theta_r(t) - \theta_L(t)\right] \tag{10-44}$$

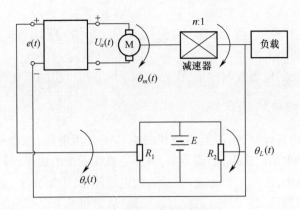

图 10-10　位置随动系统

式中：K_1 是比例系数。设电位计 R_1 和 R_2 的最大旋转范围为 $\theta_{\max}$ ，则有

$$K_1 = \frac{E}{\theta_{\max}}$$

（2）分析放大部分。

$$u_a(t) = K_2 e(t) \tag{10-45}$$

式中：K_2 是放大器的放大系数。

对式（10-44）和（10-45）进行拉氏变换，得

$$E(s) = K_1 \left[\theta_r(s) - \theta_L(s) \right] \tag{10-46}$$

$$U_a(s) = K_2 E(s) \tag{10-47}$$

结合上述机电系统的分析，对于电机及负载部分可以直接写出下列传递函数：

$$\frac{\theta_m(s)}{U_a(s)} = \frac{1}{K_b s(T_a T_m s^2 + T_m s + 1)} \tag{10-48}$$

$$\frac{\theta_m(s)}{\hat{T}_L(s)} = \frac{-R_a(T_a s + 1)}{K_i K_b s(T_a T_m s^2 + T_m s + 1)} \tag{10-49}$$

$$\frac{\theta_m(s)}{\theta_L(s)} = n \tag{10-50}$$

其中，各个系数和函数的含义与前面机电系统的相同。根据上述方程，可以画出系统的方框图，如图 10-11 所示。

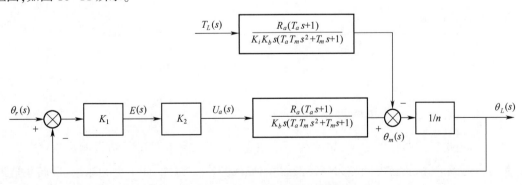

图 10-11　位置随动系统的方框图

213

◉ 10.5　直流电机驱动下的位置控制系统

要想了解直流电机的位置控制方法,首先必须了解直流电机的简化模型。

◎ 10.5.1　直流电机简化模型

直流电机旋转的物理规律是:给直流电机两端接通直流电压,在电机线圈绕组上产生电流,在磁场的作用下产生洛伦兹力,形成力矩,驱动电机线圈绕组加速旋转。由于旋转,线圈切割磁力线,产生反电动势,抵消了部分输入电压,使电流降低,力矩变小,旋转加速度变小,旋转速度开始平稳,最后达到稳定。当然,由于有旋转速度,也可能带来相应的旋转阻尼力矩,认为与旋转速度成正比。

利用这个物理规律以及规律中所涉及的物理参数(洛伦兹力矩、电流、输入电压、反电动势、阻尼力矩、旋转速、旋转加速度、线圈内阻等),建立如图 10-12 所示的参数网络关系。

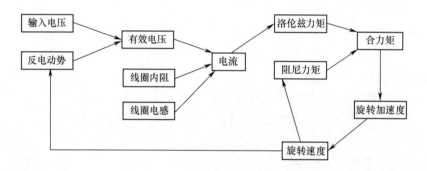

图 10-12　直流电机驱动参数网络

运用物理规律与参数网络关系,建立如图 10-13 所示的直流电机模型。

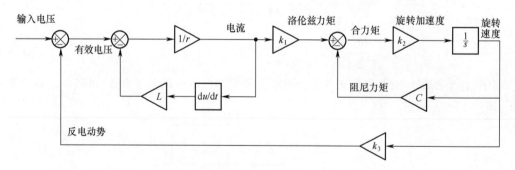

图 10-13　直流电机模型

◎ 10.5.2　直流电机模型仿真分析

在对直流电机进行仿真之前,想象一下电机运行时,各参数对运行结果的影响:① k_1 越大,在同一电流下,洛伦兹力矩越大,对转速影响如何? ② k_2 越大,同一合力矩下,旋转加速度越大,对转速影响如何? ③ k_3 越大,反电动势越大,最终转速会越大还是越小? ④ C 越大,阻尼力矩越大,最终转速会越大还是越小?

可以肯定的是:① 稳定后,合力矩为 0,即洛伦兹力矩与阻尼力矩相等;② 因为稳定后,速度恒定,所以阻尼力矩恒定,因此洛伦兹力矩恒定 $=cv$;③ 因为有洛伦兹力矩,所以有效电压不为 0。稳定后,洛伦兹力矩恒定,电流恒定,所以微分项为 0;④ 稳定后,转速越大,反电动势越大,有效电压越小。

因此,稳定后,可以把上面的模型关系简化为如图 10-14 所示的关系模型。

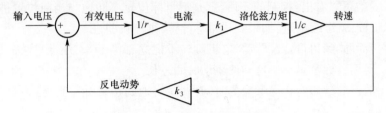

图 10-14 电机稳定后的模型

利用上述模型形成的代数等式关系,通过计算可得平衡条件下,转速 v 与电压 u 的关系满足等式

$$v(\infty) = \frac{u}{k_3 + rc/k_1} \tag{10-51}$$

当 $k_1 = 20, r = 30, L = 0.05, k_3 = 0.5, c = 0.25, k_2 = 3$。输入/输出的结果仿真如图 10-15 所示。从图中可以看出,在加载一个恒定电压条件下,电机从速度 0 开始逐渐增长到一个稳定的速度,因此达到平衡状态。

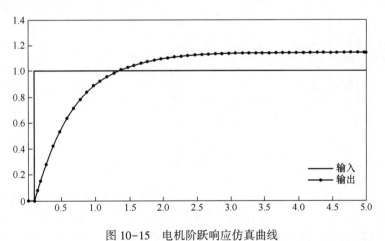

图 10-15 电机阶跃响应仿真曲线

◎ 10.5.3 直流电机驱动下的位置控制方法

利用直流电机进行位置控制,在机床加工、精密测量领域等方面有非常重要的意义。

先来了解一下直流电机是如何进行位置控制的。直流电机的总体控制思路如图 10-16 所示。在传感器获取当前位置后,比较目标位置与当前位置,得到位置偏差;根据位置偏差的大小,采用一定的控制方案,给电机施加适当的电压。

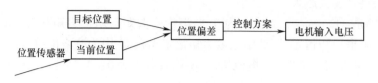

图 10-16 位置控制下的电机驱动思路

从图 10-16 中可以看出:控制的实质,就是把目标位置不断地与当前位置进行比较,如果没有到达目标位置,就继续前进;如果到达目标位置,则停止前进。

由于惯性,有可能到达目标位置后,电机旋转不能立刻停下来,还会继续前进。这时要求电机反向旋转,回到目标位置,…,这样使驱动时间过长。

因此,控制的目的是如何在尽量短的时间里,稳定地到达目标位置,这也是控制系统中快与稳的基本要求。

仅根据位置信息控制:落后目标位置,给电机加载正转驱动电压(假设正电压);超前目标位置,给电机加载反转驱动电压(负电压)。注意,由于惯性,加载电压并不能保证电机的旋转方向与电压方向始终一致。

按照这种方案,建立的模型只需在电机模型的基础上,使输入电压成为与位置偏差成正比的一个量即可。结合前面建立的电机模型,该方案的位置控制模型如图 10-17 所示。

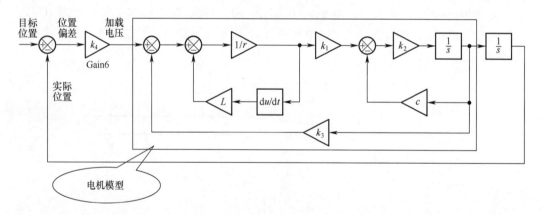

图 10-17 仅根据位置信息控制的方案

当设置 $k_1 = 10, r = 30, L = 0.05, k_3 = 0.9, c = 0.5, k_2 = 3, k_4 = 30$ 时,利用上面的模型仿真阶跃目标位置输入的情况。电机控制下系统的输出位置仿真如图 10-18 所示。

这是简单地以位置控制来进行调节电机驱动的方法。这种方法容易出现控制过头的现象,也就是控制中的超调现象。

当电机驱动到达目标位置后,由于惯性电机速度仍然很大,这样造成了电机继续前进的情况。该如何避免这种情况呢?能否在电机到达目标位置之前就通盘考虑电机的位置与速度,使电机到达目标位置时正好停下来。

怎样通盘考虑呢?分析图 10-18 中代表所有可能情况的 4 个位置点电机加载电压的情况。位置①电机驱动的系统还没有到达目标位置,此时电机加载正向电压,且电机有一定的正向速度。通盘考虑这时候加载电压与速度,应该在原来控制策略的基础上适当降低电压,且速度越大,加载电压应该降低得越多。位置②系统超过了目标位置,此时电机加载反向电压,但电机仍然在前进,速度仍为正。考虑到这时速度方向是远离目标方向的,理论上可以加载除位置信息以外的更大反向电压。位置③系统仍然在目标位置之上,电机加载反向电压。由于此时速度为负,考虑速度方向是朝靠近目标位置前进的,因此可以在原来的基础上使反向电压变小一点。位置④系统又回到目标位置以下,电机加载正向电压。由于此时速度为负,考虑速度方向是朝远离目标位置前进,因此加载的正向电压可以在原来的基础上更大一点。

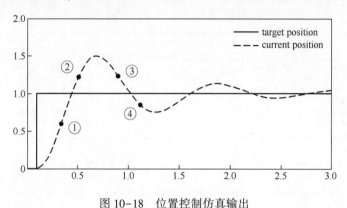

图 10-18   位置控制仿真输出

如果以正向电压为正,反向电压为负。在所有可能的基础上,可以总结出这样一条规律:在原来位置信息加载电压的基础上,应该再叠加一个与速度成正比,且与速度方向相反的电压信号,以克服惯性的影响。

这种通盘考虑速度的调节方式,称为微分调节。模型框图如图 10-19 所示。

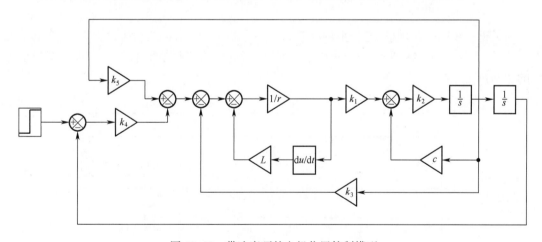

图 10-19   带速度环的电机位置控制模型

利用前面设置的参数,当设置 $k_5 = -3$ 时,得到的仿真结果如图 10-20 所示。仿真对象包括输入与输出位置信息、位置偏差、电机加载电压与反电动势、合力矩与电机旋转速度等。从仿真结果中可以看出,同单纯的位置偏差比例控制相比,含有速度环的电机驱动到达目标位置之后,超调量降低,稳定时间加快。

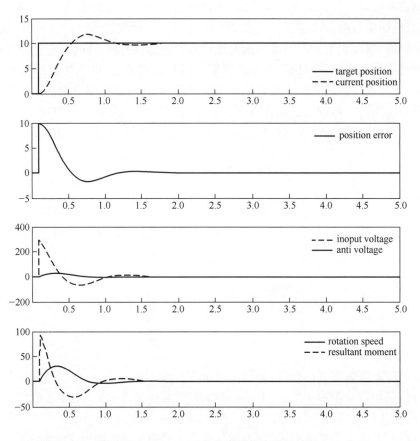

图 10-20 $k_5 = -3$ 时的各参数仿真输出结果

为了进一步减少超调量,进一步调整参数 k_5,提高驱动的稳定性。在设置 $k_5 = -8$ 的情况下,仿真结果如图 10-21 所示。从图中可以看出,调整后的控制结果消除了电机驱动惯性导致的超调量。

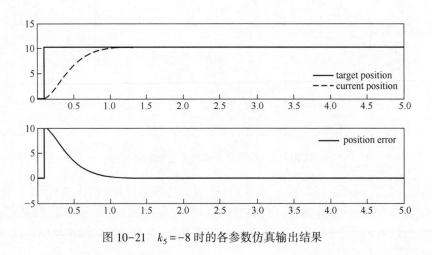

图 10-21 $k_5 = -8$ 时的各参数仿真输出结果

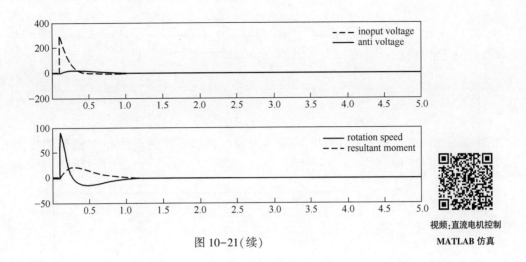

图 10-21(续)

10.6　温度控制系统温度模型及控制

如图 10-22 所示为附带温度传感测量的被测对象。

◎ 10.6.1　温度传感模型

针对图 10-22 有如下分析。

(1) 热量从被测体到达传感器有一个传热的过程,温差越大,单位时间内传热量越大,即传热功率与温差成正比,假设比例系数为 k_1,那么有

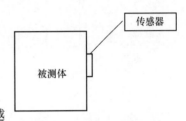

图 10-22　传感测量示意图

$$P(T_物 - T_传)k_1 \tag{10-52}$$

式中:P 为热传导功率;$T_物$ 为被测体温度;$T_传$ 为传感器温度。

(2) 功率的积分为能量或热量,热量与温度成正比,假设比例系数为 k_2,则有

$$T_传 = \int P\mathrm{d}t k_2 \tag{10-53}$$

这些参数的关系网如图 10-23 所示。

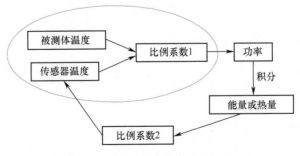

图 10-23　温度传感参数关系网

把以上的关系写成模型方框图如图 10-24 所示。应用该模型,进行 MATLAB 仿真,仿真

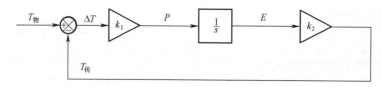

图 10-24　温度传感模型方框图

结果如图 10-25 所示。可以看出,在输入是单位阶跃温度的条件下,传感器温度的上升过程仿真如图 10-25 所示。

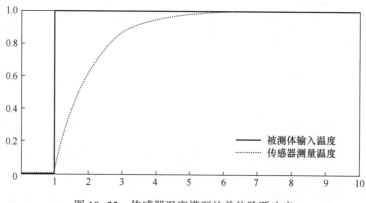

图 10-25　传感器温度模型的单位阶跃响应

◎ **10.6.2　加热致冷模型**

需要使用加热与致冷装置进行温度的控制。对于加热与致冷模型而言,它基本上可以看作一个积分环节:加热或致冷的功率积分得到能量,能量与温度的关系可以看作一个比例关系。因此,输入功率越大,被控对象温度升高得越快。

输入功率与被控对象温度满足比例积分关系,如图 10-26 所示。假设比例系数为 k_3。

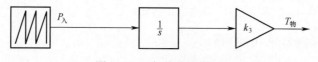

图 10-26　加热致冷模型

假设 $k_3 = 0.2$,在锯齿序列功率的输入作用下,物体温度变化的仿真输出如图 10-27所示。

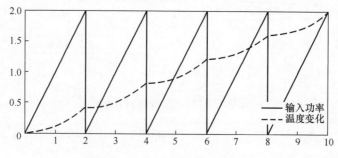

图 10-27　仿真加热温度变化过程

◎ **10.6.3　直接控制模型**

在分析了加热与传感模型的基础上,进一步进行温度控制的设想。简单而直观的控制方法是被控温度离目标温度(或设定温度)越远,输入功率越大;反之,输入功率越小或为 0 功率。假设目标温度与实际温度之差为温度,那么输入功率正比于温度偏差,设比例系数为 k_4。

基于以上考虑,假设目前已有的试验设备包括:(1)可自动调节功率的加热与致冷器;(2)与被测体连在一起的温度传感系统。因此,温度控制网络可以写成如图 10-28 所示的形式。

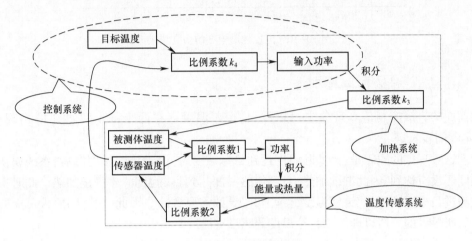

图 10-28　温度控制网络

按照这个逻辑网络,可以建立如图 10-29 所示的温度控制模型。

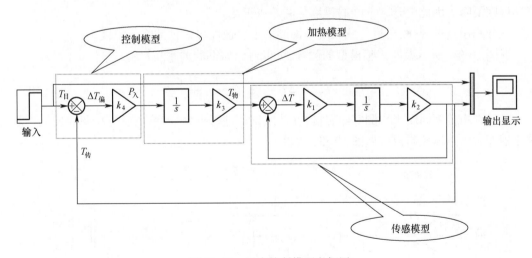

图 10-29　温度控制模型方框图

控制过程中可能存在的问题:系统只能知道传感温度,不能知道实际温度。根据前面对传感器系统的分析,传感温度并不能及时反映被测体温度,因为有一定的滞后时间。当然如果忽略延迟,可以直接用传感温度代替被测体温度。

利用 MATLAB 进行温度控制仿真的结果如图 10-30 所示。

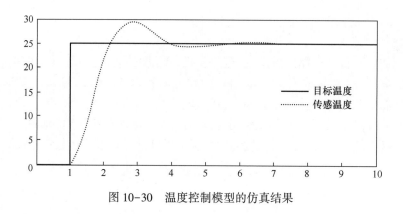

图 10-30　温度控制模型的仿真结果

◎ 10.6.4　预测控制模型

从前面的直接控制仿真现象中可以看出,控制温度存在两个基本问题:(1)出现超调;
(2)稳定时间较长。

出现这种现象的原因是:当实际温度达到目标温度时,由于传感温度滞后,系统误认为是
目标温度还没有达到,因此继续加热,直到传感温度达到目标温度,才停止加热。此时实际温
度已经超过目标温度,因此传感温度继续上升,导致需要致冷。因此,问题的原因可以归结为
传感滞后所导致的。所以理想的目标温度传感没有滞后。

理论上没有滞后的温度传感,实际上是不可能存在的。针对上述问题,采用的对策是对实
际温度进行预测。

进一步分析传感温度曲线发现这样的规律:传感温度比实际温度低,传感温度上升;否则,
传感温度下降。因此上升与下降的速度与温差成正比。

充分利用这种规律,通过传感温度与温度的上升速度可以预测实际温度。

对图 10-21 所示温度传感模型的倒推,可以得到如下的关系式:

$$T_{物} = T_{传} + \Delta T = T_{传} + \frac{1}{k_1 k_2} \frac{\mathrm{d}T_{传}}{\mathrm{d}t} \qquad (10-54)$$

如果利用传感温度来预测实际温度,在此基础上进行控制,就可以避免超调的现象。增加
预测模型后的总体控制模型如图 10-31 所示。

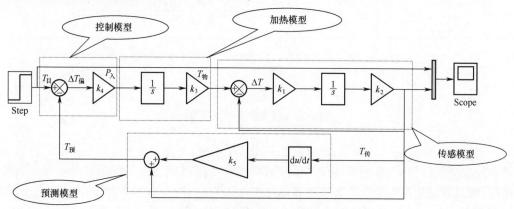

图 10-31　添加预测模型后的总体控制模型

应用 MATLAB 对该模型进行仿真,仿真结果如图 10-32 所示。可以看出,添加预测模型后,消除了超调量的影响。

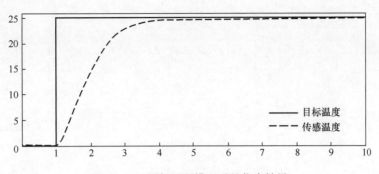

图 10-32　添加预测模型后的仿真结果

◎ **10.6.5　消除传感噪声的控制模型**

预测模型运用了微分环节,由第 6 章的频率分析可知,微分环节对高频噪声非常敏感,因此为了消除高频噪声的影响,保证有传感噪声偏差影响的前提下,控制仍然可靠。需要在微分环节之前,适当增加一个带有积分环节的惯性滤波系统。

图 10-33 显示了考虑传感含有白噪声条件下的预测控制模型。

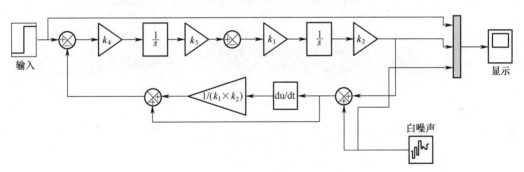

图 10-33　含有白噪声传感的预测控制模型

在噪声的影响下,预测控制模型的仿真结果输出如图 10-34 所示。

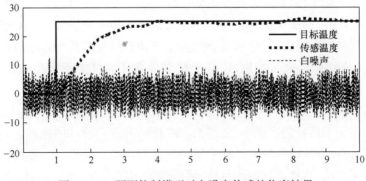

图 10-34　预测控制模型对白噪声传感的仿真结果

很明显,由于噪声偏差的影响,控制温度曲线难以稳定下来,且误差较大。

为了消除这种偏差,在进行微分之前,引入一个惯性环节消除白噪声的影响。其控制模型如图 10-35 所示。

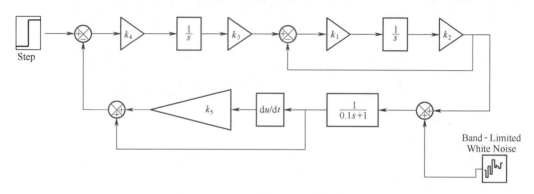

图 10-35　引入惯性环节的控制模型

MATLAB 仿真结果如图 10-36 所示。可以看出,传感温度受白噪声的影响减小,系统控制温度更加稳定。

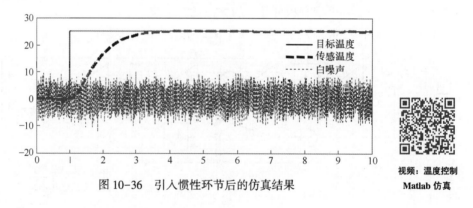

图 10-36　引入惯性环节后的仿真结果

视频:温度控制
Matlab 仿真

🔘 10.7　智能车寻迹的 PID 控制

智能小车集中运用了环境感知、路径规划、轨迹跟踪控制等技术,还涉及计算机、传感器信息融合、自动控制技术。全国大学生智能汽车竞赛是一项面向全国大学生开展的具有探索性的工程实践活动,以设置制作在特定赛道上能自主行驶且具有优越性能的智能模型汽车为任务,其设计内容涵盖了控制、模式识别、传感技术、汽车电子、电气、计算机、机械、能源等多个学科的知识。

在比赛项目中,组委会提供一个标准的汽车模型、直流电机和可充电式电池,参赛队伍要制作一个能够自主识别路径的智能车,在图 10-37 所示的专门设计的跑道上自动识别道路行驶,最快跑完全程而没有冲出跑道并且技术报告评分较高者为获胜者。参赛者选用一种有效的控制策略和控制算法,估算出智能车与路径引导线的相对位置,然后通过电机驱动模块执行相应的动作,最终实现智能车沿复杂多变的赛道快速而平稳地行驶。

为了实现智能车能够沿着既定的赛道自主寻迹的功能,需要比较精确地控制车速和方向,利用传感器获取小车及周边的状态参数,将期望的运动状态与实际状态进行对比,根据其差异形成带反馈的闭环控制,快速完成方向控制和速度控制,最终实现小车按照预定的路线准确而快速平稳地行进。

比赛中使用带数字处理能力的控制单元,根据设计好的 PID 控制算法,发出合适的 PWM 脉冲信号,控制直流电机和舵机较好地应对直道、S 道、交叉弯等复杂路况,很好地完成赛道。

图 10-37　智能车竞赛的跑道

◎ **10.7.1　PID 控制简介**

在 8.3.5 小节中讲过 PID 校正的作用及其设计原理,即从系统传递函数的 Bode 图出发,计算系统的幅值裕度与相位裕度,若不满足,则通过增加 PID 环节(相位超前、相位滞后、相位滞后—超前)改变不同频率处的幅值与相位以达到设计要求,这里使用的是完全解析的方法。在工程实际中,PID 控制也应用于不完全了解被控对象的结构和参数、数学模型不能确定、必须依靠经验和调试才能确定系统的控制参数等控制中。其原理如图 10-38 所示。由于该方法算法简单,响应速度快,得到了广泛应用。下面以智能小车的寻迹控制算法为例,对该方法的入门应用作介绍。

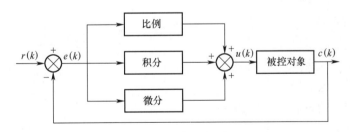

图 10-38　PID 控制原理方框图

在当前普遍应用的智能装备及嵌入式元器件中,带数字处理能力的 CPU 是基本配置,利用程序语言编写根据现场情况动态变化的 PID 参数的控制,就产生了数字 PID 控制算法。数字 PID 控制分为位置式 PID 和增量式 PID 两种。

在位置式 PID 控制中,计算机的输出直接关联着被控制对象,输出的值和被控对象的状态是同步对应的。位置式 PID 控制的算法如下:

$$u(k) = K_p \left\{ e(k) + \frac{T}{T_i} \sum_0^k e(k) + \frac{T_D}{T} [e(k) - e(k-1)] \right\} \qquad (10\text{-}55)$$

式中:k 为采样序号,$k = 0,1,2,\cdots$,$u(k)$ 为第 k 次输出量;$e(k)$ 为第 k 次偏差;$e(k-1)$ 为第 $k-1$ 次偏差;K_p 为控制器的比例放大系数;T_D 为控制器的微分时间;T_i 为控制器的积分时间。

增量式 PID 控制是通过对控制量的增量进行控制的一种控制算法。增量式 PID 控制的算法如下:

$$\Delta u(k) = K_p \Delta e(k) + K_i e(k) + K_D (\Delta e(k) - \Delta e(k-1)) \qquad (10\text{-}56)$$

式中:$\Delta u(k)$ 为第 k 次输出控制量,$\Delta e(k)$ 为第 k 次偏差 $e(k)$ 减去第 $k-1$ 次偏差 $e(k-1)$ 的差值;K_p、K_D、K_i 分别为比例系数、积分系数、微分系数。

位置式 PID 控制中第 k 次的输出与第 $k-1$ 次(上一个环节)的位置和状态有关,对系统偏差是累加的;而增量式 PID 控制与当前环节和上一个环节的误差无关,所以位置式 PID 控制受误差积累值的影响。智能车的运行与可不补偿过去的偏差值,只关注当前的位置偏差,因此可选取增量式 PID 算法作为智能车的控制算法。另外,增量式 PID 几乎不需要历史数据,若单片机出现问题,则直接重新启动即可运行,对被控制对象的负面影响较小。

PID 控制最关键的是控制器三个参数的整定,可通过被控对象的模型参数选择最佳的比例系数、积分系数和微分系数。比例系数 K_p 可缩短响应时间,提高控制精度,但数值过大容易产生超调,降低数值过小则因为调节不足而延长调节时间,使系统的静动态性能变差;积分系数 K_i 能够对过往的误差值进行,因此常用于消除系统稳态误差,如果数值设置过大,容易产生积分饱和,数值设置过小,容易导致积分能力不足而难以消除静态偏差,影响调节精度;微分系数 K_D 提升系统稳定性,对偏差提前抑制,但数值设置不合适会延长调节时间,导致系统抗干扰性能变差。

◎ 10.7.2　直流电机驱动的数学建模

对于智能车所用的直流电机,其物理模型如图 10-39 所示。

图中各符号的物理意义如下。

u_a—电枢输入电压(V);

R—电枢电阻(Ω);

L—电枢电感(H);

E—感应电动势(V);

M—电机电磁转矩(N·m);

J—转动惯量(kg·m^2);

C—黏滞阻尼系数(N·m·s);

i_a—流过电枢的电流(A);

θ—电机输出的转角(rad)。

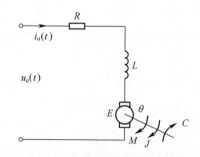

图 10-39　电机物理模型示意图

对于本电机,其电压平衡方程为

$$u_a(t) = Ri_a(t) + L\frac{\mathrm{d}i_a(t)}{\mathrm{d}t} + E \tag{10-57}$$

力矩平衡方程(不考虑负载以及轴的弹性变形):

$$M = J\ddot{\theta}(t) + C\dot{\theta}(t) \tag{10-58}$$

对于电机,其感应电动势与转速成正比,比例系数 K_e 为感应电动势常数,单位为 V·s/rad,则

$$E = K_e\dot{\theta} \tag{10-59}$$

电流作用下电机的力矩:

$$M = K_T i_a(t) \tag{10-60}$$

式中: K_T 为电机的转矩常数,单位为(N·m)/A。

对上述 4 个公式进行拉氏变换,得

$$U_a(s) = RI_a(s) + LsI_a(s) + E(s)$$
$$M(s) = Js^2\theta(s) + Cs\theta(s)$$
$$E(s) = K_e s\theta(s) \tag{10-61}$$
$$I(s) = K_T I_a(s)$$

消去中间变量 $M(s)$、$E(s)$、$I_a(s)$ 后得

$$U_a(s) = \frac{s\theta(s)(LJs^2 + JRs + LCs + RC + K_e K_T)}{K_T} \tag{10-62}$$

得到传递函数

$$\frac{\theta(s)}{U_a(s)} = \frac{1}{s} \times \frac{K_T}{LJs^2 + (JR + LC)s + RC + K_e K_T} \tag{10-63}$$

通过传递函数,利用电机参数额定电压 U_a、额定电流 I_a、电枢电感 L、转速 $\dot{\theta}$、转动惯量 J,电磁转矩 M,电磁功率可由电动机基本参数获取。利用这些基本参数,可以算出电枢电阻 R、转矩常数 K_T、阻尼系数 C 及感应电动势常数 K_e。 代入当前所用电机的相应参数,可得到系统的传递函数。

根据传递函数,可画出智能车的电机驱动系统的方框图,如图 10-40 所示。

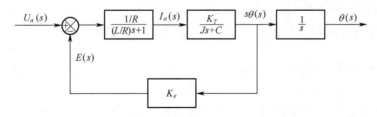

图 10-40　驱动装置的方框图

◎ 10.7.3　智能车舵机 PID 控制的仿真分析

智能小车控制的作用在于保证在运动过程中能够快速、平稳地跟踪整个跑道的轨迹。运行过程中,当车辆前进方向偏离轨道方向时就需要调整舵机的方向,偏离值越大,舵机的调整量越大;换言之,就是舵机的调整速度需要随之变大。因此,在控制算法中需要让舵机的控制

电压与所需求的目标速度一致。由于舵机控制是由 PWM 波形控制的,可以认为舵机的 PID 控制算法为

$$pwm = K_p e + K_i \sum e + K_D \Delta e \qquad (10\text{-}64)$$

式中:e 为车身与跑道的偏移量;K_p、K_i、K_D 分别为比例系数、积分系数与微分系数;pwm 为舵机 PWM 输出量;Δe 为上一次偏移量与当前偏移量之差。

根据前面分析,在 MATLAB 中通过 Simulink 进行仿真,以阶跃信号作为输入,系统的仿真结构方框图如图 10-41 所示。

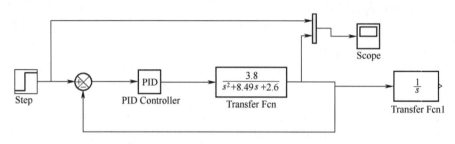

图 10-41　智能车舵机 PID 控制方框图

舵机 PID 参数整定就是选择合理的比例系数、积分系数与微分系数,对于智能小车的寻迹控制算法,考虑如下的基本情况:由于积分项会导致舵机转向延迟,可将积分项系数置 0。而且在运动过程中,寻迹算法是针对当前的实际跑道进行纠偏,并不需要将历史过程中的偏差数据累积起来起作用。在实际测试中,发现在置 0 的情况下,通过合理的调节比例项,车身能够在高速行驶时保持车身稳定,没有振荡,因此设置 K_i 为 0。一般舵机在跑道中需要较好的动态响应能力,可以保持微分系数 K_D 使用定值;对舵机控制其主要作用的是比例系数 K_p,在遇到急弯时要增大,提高舵机转弯的快速反应性能;在遇到直道时要减小,在较小的偏差时给小车一个比较大的控制量,能使智能车在直道上运行时更加平稳。同时为了防止某些时刻输出参数过大,导致小车运行不稳定,可对输出的控制值加以限制,即设定极大值和极小值,超出该范围的值以所设定的极值作为输出。

在上述分析的基础上,为了能够较为精确地得到仿真参数,可采用稳定边界法来整定 PID 参数。对于本应用,其具体方法如下。

(1)将积分系数 K_i 和微分系数 K_d 设为 0,比例系数 K_p 设定一个较小的值,使系统稳定运行。

(2)逐渐增大比例系数 K_p,直到系统出现稳定振荡,记录此时临界震荡增益 K_p 和临界振荡周期 T。

(3)按照 PID 调节的经验公式 $K_p = 0.455 K_p$、$K_i = 0.535 K_p / T$ 整定相应的 PID 参数。

利用稳定边界法整定 PID 参数,从输出的波形对比可以看到系统过渡时间变短,输出曲线的振荡时间长度变短。

本 章 小 结

本章在前面几章的基础上,结合一些典型工程系统的实例,应用控制工程

基础的相关基础知识;针对工程系统,分析工程系统的工作原理,根据工程系统和分析的需要选定系统的输入和输出,应用前面几章的方法求出系统的微分方程,推导出工程系统的传递函数。

习　　题

10.1　如题 10.1 图所示,$f(t)$ 为输入力,系统的弹性刚度为 k,轴的转动惯量为 J,阻尼系数为 C,系统的输出为轴的转角 $\theta(t)$,轴的半径为 r,试求系统的传递函数。

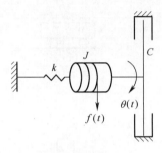

题 10.1 图

10.2　如题 10.2 图所示为一拖车系统,其中拖车的质量为 m,牵引挂钩的弹性刚度为 k,牵引挂钩的阻尼系数为 c,其阻力正比于车头与拖车间的相对速度,拖车的阻尼系数为 c_t,车头的位移为 $y_1(t)$,拖车的位移为 $y_2(t)$,车头的牵引力为 $f(t)$,试求以 $y_2(t)$ 为输出量、$f(t)$ 为输入量时系统的传递函数。

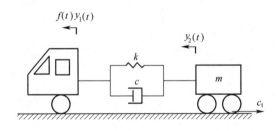

题 10.2 图

10.3　如题 10.3 图所示液压缸负载系统,当系统的输入量为液压油压强 $p(t)$,液压缸右腔排油压强为 0,输出量为位移 $y(t)$,试求系统的传递函数。设液压缸的工作面积为 A,系统的负载质量为 m,弹性刚度为 k,阻尼系数为 c。

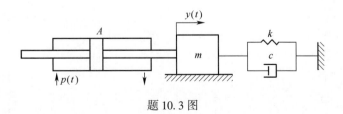

题 10.3 图

10.4 如题 10.4 图所示为倒立摆系统的原理图,设摆的长度为 $2l$,质量为 m,台车的质量为 M,台车所受外力 $f(t)$ 是整个系统的控制输入量,试求该系统在 $\theta(t) = \dot{\theta}(t) = 0$ 附近的线性微分方程和传递函数。(注:各部分的摩擦忽略不计)

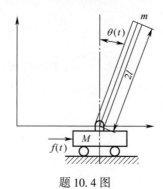

题 10.4 图

附录 A 拉普拉斯变换

表 A-1 拉普拉斯变换简表

编号	象原函数 $f(t)$	象函数 $F(s)$
1	$\delta(t)$	1
2	$u(t)$	$1/s$
3	$t^n, n = 0,1,2,\cdots$	$n!\,/s^{n+1}$
4	e^{at}	$1/(s-a)$
5	$\sin(\omega t)$	$\omega/(s^2+\omega^2)$
6	$\cos(\omega t)$	$s/(s^2+\omega^2)$
7	$e^{-at}\sin(\omega t)$	$\omega/((s+a)^2+\omega^2)$
8	$e^{-at}\cos(\omega t)$	$(s+a)/((s+a)^2+\omega^2)$
9	$\sinh(\omega t)$	$\omega/(s^2-\omega^2)$
10	$\cosh(\omega t)$	$s/(s^2-\omega^2)$
11	$\dfrac{1}{\omega_n\sqrt{1-\xi^2}}e^{-\xi\omega_n t}\sin\left(\omega_n\sqrt{1-\xi^2}\,t\right) \quad (\xi<1)$ $te^{-\omega_n t} \quad (\xi=1)$ $\dfrac{1}{\omega_n\sqrt{\xi^2-1}}e^{-\xi\omega_n t}\sinh\left(\omega_n\sqrt{\xi^2-1}\,t\right) \quad (\xi>1)$	$\dfrac{1}{s^2+2\xi\omega_n s+\omega_n^2}$
12	$1-\dfrac{1}{\sqrt{1-\xi^2}}e^{-\xi\omega_n t}\sin\left(\omega_n\sqrt{1-\xi^2}\,t+\arctan\dfrac{\sqrt{1-\xi^2}}{\xi}\right) \quad (\xi<1)$	$\dfrac{\omega_n^2}{s(s^2+2\xi\omega_n s+\omega_n^2)}$
13	$\dfrac{1}{\sqrt{1-\xi^2}}e^{-\xi\omega_n t}\sin\left(\omega_n\sqrt{1-\xi^2}\,t+\arctan\dfrac{\sqrt{1-\xi^2}}{\xi}\right) \quad (\xi<1)$	$\dfrac{s+2\xi\omega_n}{s^2+2\xi\omega_n s+\omega_n^2}$
14	$1-\cos(\omega t)$	$\omega^2/s/(s^2+\omega^2)$
15	$1-(1+\omega t)e^{-\omega t}$	$\omega^2/s/(s+\omega)^2$
16	$1/Te^{-\frac{1}{T}}$	$1/(1+Ts)$
17	$k\left(1-e^{-\frac{1}{T}}\right)$	$\dfrac{k}{s(1+Ts)}$
18	$\dfrac{t^{n-1}}{(n-1)!}e^{-at}, n=0,1,2,\cdots$	$\dfrac{1}{(s+a)^n}$
19	$ce^{-at}\cos(bt)$	$\dfrac{c(s+a)}{(s+a)^2+b^2}$
20	$\dfrac{1}{b-a}(e^{-at}-e^{-bt})$	$\dfrac{1}{(s+a)(s+b)}$

表 A-2 拉普拉斯变换运算法则表

编号	象原函数	象 函 数
1	$af(t) + bg(t)$	$aF(s) + bG(s)$
2	$f(at), a > 0$	$\dfrac{1}{a}F\left(\dfrac{s}{a}\right)$
3	$f(t - a)u(t - a), a > 0$	$e^{-as}F(s)$
4	$f(t + a), a < 0$	$e^{as}\left[F(s) - \int_0^a e^{-st}f(t)\,dt\right]$
5	$e^{-at}f(t)$	$F(s + a)$
6	$f(t)\cos(bt)$	$\dfrac{1}{2}\left[F(s - jb) + F(s + jb)\right]$
7	$f(t)\sin(bt)$	$\dfrac{1}{2j}\left[F(s - jb) - F(s + jb)\right]$
8	$e^{-at}f(t)\cos(bt)$	$\dfrac{1}{2}\left[F(s + a - jb) + F(s + a + jb)\right]$
9	$e^{-at}f(t)\sin(bt)$	$\dfrac{1}{2j}\left[F(s + a - jb) - F(s + a + jb)\right]$
10	$tf(t)$	$-\dfrac{d}{ds}F(s)$
11	$\dfrac{f(t)}{t}$	$\int_s^\infty F(u)\,du$
12	$\dfrac{d}{dt}f(t)$	$sF(s) - f(0^+)$
13	$\dfrac{d^n}{dt^n}f(t)$	$s^n F(s) - s^{n-1}f(0^+) - s^{n-2}f'(0^+) - \cdots - f^{(n-1)}(0^+)$
14	$\int_0^t f(u)\,du$	$\dfrac{1}{s}F(s)$
15	$f(t) = f(t + T)$	$F(s) = \dfrac{1}{1 - e^{-Ts}}\int_0^T e^{-st}f(t)\,dt$
16	$f(t) * g(t)$	$F(s)G(s)$

注:1. $F(s) = \int_0^\infty f(t)e^{-st}\,dt$;

2. 在 MATLAB 命令窗口中,使用 laplace 函数和 ilaplace 函数可作拉氏变换和反变换。

例如:键入:syms t a w T;Fs=laplace[exp(-a*t)*cos(w*t)] 返回:Fs=(s+a)/[(s+a)^2+w^2]继续键入:ft=ilaplace[1/(1+T*s)] 返回:ft= exp(-t/T)/T

参 考 文 献

1. 钟毓宁 . 机械控制工程基础 . 武汉:武汉理工大学出版社,2010
2. 杨叔子,杨克冲,吴波,熊良才 . 机械工程控制基础 . 第七版 . 武汉:华中科技大学出版社,2017
3. 陈康宁 . 机械工程控制基础 . 西安:西安交通大学出版社,1999
4. 孙增圻 . 系统分析与控制 . 北京:清华大学出版社,1994
5. 朱骥北 . 机械控制工程基础 . 北京:机械工业出版社,1990
6. 董景新,赵长德 . 控制工程基础 . 北京:清华大学出版社,1992
7. 李士勇 . 模糊控制、神经网络控制和智能控制 . 哈尔滨:哈尔滨工业大学出版社,1996
8. 薛定宇 . 控制系统计算机辅助设计 . 北京:清华大学出版社,1996
9. 魏克新,王云亮,陈志敏 . MATLAB 语言与自动控制系统设计 . 北京:机械工业出版社,1997
10. Mohand Mokhtari(法). 赵彦玲,吴淑红译 . MATLAB 与 SIMULINK 工程应用 . 北京:电子工业出版社,2002
11. K. O. gata. Designing Linear Control System with MATLAB. Prentice-Hall,1994
12. 楼顺天,于卫 . 基于 MATLAB 的系统分析与设计-控制系统 . 西安:西安电子科技大学出版社,1998
13. 施阳,李俊 . MATLAB 语言工具箱 . 西安:西北工业大学出版社,1997
14. 孔祥东,姚成玉 . 控制工程基础 . 第四版 . 北京:机械工业出版社,2019